高等职业教育校企合作系列教材

客车空调装置

翟士述　麻冰玲　主编
郭小光　主审

中国铁道出版社有限公司

2023年·北　京

内 容 简 介

本书为高等职业教育校企合作系列教材之一，是按照“项目引导、任务驱动”的原则，基于工作过程进行开发的项目化教材。本书根据行业职业标准，依据完成职业岗位实际工作任务所需要的知识、能力、素质要求，进行内容选取。主要内容包括制冷的热力学基础、湿空气、制冷原理、客车空调装置制冷系统维护与检修、客车空调装置采暖及通风系统维护与检修、客车空调装置电气控制系统维护与检修、客车空调机组调试及故障分析等。

本书可作为高等职业教育铁道车辆技术专业的教材，也可以作为相关行业岗位培训教材或自学用书。

图书在版编目(CIP)数据

客车空调装置/翟士述，麻冰玲主编．—北京：中国铁道出版社有限公司，2021.1(2023.2 重印)

ISBN 978-7-113-27176-3

Ⅰ.①客… Ⅱ.①翟… ②麻… Ⅲ.①旅客列车-空气调节设备 Ⅳ.①U271.038

中国版本图书馆 CIP 数据核字(2020)第 153562 号

书　　名：客车空调装置
作　　者：翟士述　麻冰玲

策　　划：阚济存
责任编辑：阚济存　　**编辑部电话**：(010)51873133　　**电子邮箱**：td51873133@163.com
封面设计：崔丽芳
责任校对：王　杰
责任印制：高春晓

出版发行：中国铁道出版社有限公司(100054，北京市西城区右安门西街 8 号)
网　　址：http://www.tdpress.com
印　　刷：三河市兴博印务有限公司
版　　次：2021 年 1 月第 1 版　2023 年 2 月第 3 次印刷
开　　本：787 mm×1 092 mm　1/16　**印张**：12.5　**插页**：2　**字数**：320 千
书　　号：ISBN 978-7-113-27176-3
定　　价：38.00 元

前　言

我国铁路客车的发展方向是高速舒适，铁路客车的高速化和舒适化，对客车空调系统提出了更高的要求，客车空调装置的维护检修是铁道车辆运用维修的一项重要工作。本书作为铁道车辆专业客车空调装置课程的配套教材，可以使学生掌握客车空调装置的组成和工作原理；培养学生维护与检修客车空调装置的技术能力及职业素养；使学生能适应铁道车辆运用与维修的工作要求。

本书编写以严谨、求实为原则，力求做到用语准确、层次分明、针对性强、解决问题，以满足铁道车辆检修、运用部门相关岗位对高技能型人才的岗位需求为目标，针对关键工作岗位的作业流程和生产任务，分析岗位所需的职业技能，以能力培养制定学习目标，做到教学内容与典型工作任务相对接；能力培养、考核与职业技能训练、鉴定相对接；学生素质培养评价与企业文化、职业素养要求相对接。

本书特点如下：

1. 与行业企业共同开发。参与编写的人员有中国铁路沈阳局集团有限公司工程师、长白山技能名师，紧密结合生产实际，理念先进，结构合理，适合于学生自主学习。

2. 在内容的构建中，以职业资格标准为依据，根据车辆电工在检修运用生产中的典型工作任务，确定本书的教学内容，以典型工作任务来设置本书的教学项目。将人文素质、职业道德的培养融入课程教学中，充分体现教学的职业性、实践性、开放性。

3. 内容选取紧紧围绕“为职业岗位技能服务”的宗旨，贯彻基础理论以“必需、够用”为原则，以“降低难度、精选内容、重视应用”为指导思想，体现了高等职业教育的特点。

参加本书编写工作的有：辽宁铁道职业技术学院翟士述（绪论、项目一、项目四)；辽宁轨道交通职业学院麻冰玲(项目三)；中国铁路沈阳局集团有限公司车辆部王冬(项目二)；吉林铁道职业技术学院滕丽娜(项目五)；辽宁轨道交通职业学院王天睿(项目六)；吉林铁道职业技术学院、长白山技能名师郑涛(项目七)。本书由辽宁铁道职业技术学院翟士述、辽宁轨道交通职业学院麻冰玲担任主编，中国铁路沈阳局集团有限公司沈阳车辆段郭小光担任主审。

本书在编写过程中参考了部分已出版教材并引用了部分插图，编者在此对所参考教材的作者深表感谢。

为方便教学，本书配有教学 PPT。欢迎与本书的责任编辑联系获取。联系方式：12059282@qq. com，或致电(010)51873133。

本书的编写力求符合高等职业教育教学改革要求，具有产教融合、校企合作特色，但由于编者水平有限，书中不足之处在所难免，恳请读者提出宝贵意见。

编者

2020 年 10 月

目　录

绪　论

一、客车空调装置的作用和分类

近年来，空调被广泛应用于我国的工农业生产和人们的日常生活中，对我国国民经济发展和人民物质文化生活水平提高具有重要意义。目前，空调已被大量应用在铁路客车车辆上，车辆客室内的空气调节已经成为车辆舒适乘坐环境的标志。客车空调装置的作用是将一定量的车外新鲜空气和车内再循环空气混合，经过滤、冷却或加热、减湿或加湿等处理后，以一定的流速送入车内，并将车内一定量的污浊空气排出车外，从而控制客室内温度、湿度、风速、清洁度及噪声，并使之达到规定标准，以提高车内的舒适性，改善乘车环境。

客车空调装置按制冷压缩机的工作方式分为：活塞式、螺杆式和离心式；按安装方式分为：分装式和单元式；按客车空调供电方式分为：本车供电和集中式供电；还可以按使用制冷剂或其他特殊结构进行分类。

二、客车空调装置的组成

客车空调装置一般具备通风、制冷、加热、加湿等功能，典型客车空调与制冷装置由通风系统、空气冷却系统、空气加热系统、空气加湿系统以及自动控制系统等五大部分组成。

通风系统的作用是将车外新鲜空气吸入并与车内再循环空气混合，在滤清灰尘和杂质后，再加压分配到车内，同时排出车内多余的污浊空气，以保证车内空气的洁净度以及合理的流动速度和气流组织。通风系统一般由通风机组、空气过滤器、新风口、送风道、回风口、回风道以及排废气口等组成。

空气冷却系统（也称制冷系统）的作用是对车内的空气进行降温、减湿处理，使车内空气的温度与相对湿度保持在规定的范围内。冷却系统工作时，蒸发器将要送入车内的空气冷却，由于蒸发器表面的温度低于空气的露点温度，空气中的部分水蒸气就会凝结成水滴，形成我们通常所说的“空调水”。因此，空气在通过蒸发器冷却的同时也得到了减湿处理。为保证制冷系统安全、有效地工作，制冷系统除压缩机、蒸发器、冷凝器、节流装置 4 大件外，还配有储液器、干燥过滤器、气液分离器等辅助设备。

空气加热系统的作用是在低温时对进入车内的空气进行预热和对车内的空气进行加热，以保证车内空气的温度在规定的范围内。在空气温度较低时，通风系统向车内送风过程中，由预热器对空气进行加热，然后再送入车内，而车内地面式加热器对车内空气加热，以补偿车体和门窗的热损失。空气加热系统通常包括空气预热器和地面空气加热器两部分。

空气加湿系统的作用是在车内空气相对湿度较低时，对空气进行加湿处理，以保证车内空气的相对湿度在规定的范围内。目前，我国在一般车辆的空调与制冷装置中不设加湿系统，仅在某些高级公务车及特殊要求的车辆上才设此系统。加湿最简单的方法是采用电极加湿器。

自动控制系统的作用是控制各功能系统按给定的方案协调、有序地工作，以使车内的空气参数控制在规定的范围内，并同时对空调与制冷装置起自动保护作用。电气控制系统一般由各设备的控制电器、保护元件以及相关仪表和电路等组成。

三、我国铁路客车空调装置的发展

早在 20 世纪 30 年代，铁路空调客车开始在一些工业发达国家出现，至 50 年代已经较大范围地采用，60 年代得到迅速发展，与此同时，空调装置的形式和用电方式也在不断更新。我国铁路从 50 年代开始生产空调客车，但发展速度较慢。1958 年，四方机车车辆厂设计了我国第一列铁路空调客车。1966—1968 年，四方机车车辆工厂又设计制造了中越联运 18 型空调软卧和硬卧客车。1976 年以后，为了满足旅游事业不断发展的需求，四方机车车辆工厂为“广九”铁路通车生产了“广九”空调客车。1980—1981 年，四方、长春、浦镇车辆工厂又分别试制了 25.5 m 干线空调客车。为了探求适应我国铁路客车空调与制冷装置的新形式，从 1980 年开始，长春客车厂引进和试制单元式空调机组，并把它确定为我国铁路客车空调与制冷装置的主导型，此后生产的铁路客车空调装置均采用了这种形式。随着我国经济的快速发展和市场的迫切需求，我国铁路空调客车发展迅速，1989 年我国利用日元贷款生产了 168 辆 25.5 m 新型集中供电空调客车(即 25A 型空调列车)，被视为我国铁路空调客车发展史上的一个里程碑。它由长春客车厂、唐山机车车辆厂、浦镇车辆厂联合设计制造，在生产过程中大量使用新材料、新技术、新工艺和新结构。在运用过程中，采用全列集中供电，并于 1990 年 9 月投入运行。继 25A 型空调客车之后，我国又生产了 25G 型集中供电空调客车，在保证质量和性能的前提下，主要以降低材料成本为目的。1994 年前后，我国又研制了广深准高速铁路 25Z 型全列空调客车，这是一种高档、舒适、快捷的新型铁路空调客车。随着我国铁路发展，铁路列车全面大提速，空调客车占全国铁路客车保有量数的比例越来越大，从而把我国铁路空调客车的发展推进到一个新的历史时期。

我国铁路客车空调装置的发展和面临如下问题：

从客车空调供电方式来看，客车空调经历了由本车供电向集中供电的转变。所谓本车供电指的是空调客车装置的用电由单车柴油发电机组供电。这种供电方式的特点是：电压制为 110 V，空调与制冷装置的使用不受整车电压的影响，列车编组较为灵活，但车内用电器的互换性较差，维修量大。而集中式供电是指全列车空调与制冷装置的用电由地面电站通过接触电网集中供电或由列车中编挂的发电车集中供电。这种供电方式的特点是：具有良好的机动性和适应性，不受机车牵引动力的限制；电压制为 380/220 V，车内设备可直接使用民用设备，便于维护和使用。

但柴油机使用的柴油消耗量大，运行成本较高，如呼和浩特铁路局包头到北京的 K263/

264 次列车往返两趟需要消耗柴油 5 t 左右。而且柴油机的磨损较大，寿命较短，检修频繁。特别是整车用电对发电车的依赖性大，一旦发电车出现故障从列车中摘解后，将会对全列车的用电造成影响。尽管有以上的不足之处，但由于它无可比拟的优越性，列车集中供电仍然是铁路客车用电制的发展方向。

从空调机组安装来看，客车空调系统经历了由分装式空调机组向单元式空调机组的过渡。所谓分装式空调机组就是将制冷压缩机、冷凝器、冷凝风机、储液器集中装在一个箱体中，并悬挂在车体底架下，而将蒸发器、通风机、膨胀阀、空气预热器等安装在车顶内部，用铜管将各设备连接起来，组成一个封闭的循环系统。送风道布置在车内顶棚中央，其上均匀地布置送风口。电器控制柜安装在乘务员室内。分装式空调机组多采用开启式压缩机或半封闭式压缩机。这种安装形式的特点是：车体重心降低，提高了列车运行的平稳性；但由于体积大，拆装和检修不方便，而且制冷管路长，接头多，容易漏泄，有色金属铜的使用量较大。单元式空调机组是把压缩机、冷凝器、节流装置、蒸发器、通风机、冷凝风机以及空气预热器等部件放置在一个箱体内，组成一个完整的单元，吊装在车体顶部。根据车型的不同，每辆车上使用一个或两个单元式空调机组。送风道布置在车顶棚的中央或两侧，电气控制柜安装在乘务员室内。单元式空调机组多采用全封闭式压缩机。这种安装形式结构紧凑，制冷量大，管路短不易泄漏，检修起来方便，不占用车下空间。所以，我国从 1981 年以后生产的空调客车均采用此种形式。目前，单元式空调机组的主要形式是 KLD29 型和 KLD40 型，它们的制冷量在设计条件下分别为 29 kW 和 40 kW，基本上能够满足我国空调客车的舒适性要求。但由于单元式空调机组吊装在车顶，致使车体钢结构的整体承载能力下降，提高了车辆的重心，降低了列车运行的平稳性。

从使用制冷剂的种类来看，目前铁路客车空调较普遍采用 R22，这是一种氟利昂系列的制冷剂，这类化合物的化学稳定性好，便于制造，成本低廉，具有理想的温度—压力性能。在氟利昂系列制冷剂中，不含氢的氟利昂称为氯氟化碳，是公害物质，属于限制和禁止使用的物质(如 R12)；含氢的氟利昂称为氢氯氟化碳，是低公害物质，属于过渡性使用的物质(如 R22)。国内地铁车辆已经开始采用非共沸混合制冷剂、共沸混合制冷剂等来替代氟利昂制冷剂。

从压缩机种类来看，客车空调系统使用的压缩机是全封闭式压缩机，这种压缩机结构紧凑，密封性好，体积小，质量轻，电机能被制冷剂很好地冷却。但这种压缩机的缺点是不易拆卸，检修困难。全封闭式压缩机属于活塞式压缩机，尽管发展较早，技术较为成熟，但由于活塞式压缩机必须设吸、排气阀片，易损件较多，维修量大，而且输气量受活塞体积的限制，活塞往复运动产生的惯性力和振动比较大。旋转式压缩机具有结构简单、体积小、质量轻、容积效率高、运行平稳、噪声和振动小、可靠性高等优点，我国的铁路客车空调与制冷装置正向这方面发展。

项目1 制冷的热力学基础

项目描述

热力学知识是客车空调装置的理论基础，本项目主要对热力学基本知识和热力学定律进行学习，在此基础上，再进一步展开对空调知识的学习。

学习目标

1. 知识目标：掌握气体基本参数的定义。

   掌握理想气体状态方程的内容和表达式，并能应用其解决问题。

   了解热力学定律在制冷技术中的应用。

2. 能力目标：能正确运用热力学知识对制冷工作过程进行分析。

3. 素质目标：培养推理能力和抽象思维能力。

   养成善于沟通、团结共事的团队意识。

相关案例

1824年，卡诺(Sadi Carnot)最早提出了热能转化为机械能的根本条件：必须有温度不同的热源和冷源。实质上，它是热力学第二定律的一种表达方式。随着蒸汽机的出现，人们在提高热机效率的研究中认识到，只有一个热源的热动力装置是无法工作的，要使热能连续地转化为机械能至少需要两个(或多于两个)温度不同的热源，通常以大气中的空气或环境温度下的水作为低温热源，另外还需有高于环境温度的高温热源，例如高温烟气。1851年左右，开尔文(Lord Kelvin)和普朗克(Max Planck)等人从热能转化为机械能的角度先后提出更为严密的表述，被称为热力学第二定律的开尔文说法：不可能制造出从单一热源吸热、使之全部转化为功而不留下其他任何变化的热力发动机。

典型工作任务1 气体基本参数及气体状态方程认知

1.1.1 任务目标

1. 掌握气体基本状态参数及其特性。
2. 掌握理想气体状态方程的定义。

1.1.2 相关配套知识

热力学是研究自然界中与热现象有关的各种状态变化和能量转化规律的一门科学。热能与机械能之间的相互转换是通过工质在热力设备中循环状态变化来实现的。热力学定律则是转换必须遵守的基本定律。

在热力学中,将实现能量转换的物质称为工质。热力过程常以各种物质的蒸气作为工质。工质在某瞬间所表现出的宏观物理状况称为热力学状态,简称状态。

在工程热力学中,通常选取一定的工质或空间作为研究对象,称之为热力系统,简称系统。热力学中的系统是由大量分子、原子、离子等物质微粒组成的宏观集合体。

系统之外的物体称为外界或环境。系统和环境之间的分界称为边界。边界可以是实在的物理界面,也可以是虚构的界面。

系统通过边界与外界发生相互作用,进行物质和能量交换。按照系统与外界之间的相互作用的具体情况,系统可分为以下几类:

(1)开口系统:系统和环境之间既有物质的交换又有能量的交换,也称开放系统。

(2)闭口系统:系统和环境之间只有能量交换而无物质交换,又称关闭系统。

(3)绝热系统:系统与外界没有热量交换。

(4)孤立系统:系统和环境之间既无物质交换又无能量(功、热量)交换,又称隔离系统。

严格意义上讲,自热界中不存在完全的绝热系统和孤立系统。系统的类型并不是绝对的,它与研究对象的选择有关。

系统总是处于某种状态下的,系统所处的状态是系统的一切宏观性质的综合表现,当各种宏观性质都有定值时,系统的状态也就确定了;反之,当系统处于某一状态时,系统的各种宏观性质也都有确定的数值。

1. 气体状态参数

描写工质宏观状态的物理量,称为工质的状态参数,制冷技术中常用的状态参数有六个:压力、温度、比容、内能、焓、熵。其中压力、温度、比容称为基本状态参数,内能、焓、熵称为导出参数。

(1)压力

压力是指单位面积上所承受的垂直作用力,又称压强,以 p 表示:

$$p=\frac{F}{A} \tag{1-1}$$

式中 F——垂直作用力,N;

A——面积,m^2。

国际单位制中，压力单位以 N/m^2 计算，称帕斯卡(Pa)，简称帕。因帕的单位太小，通常用兆帕(MPa)、千帕(kPa)作为实用单位，压力单位曾采用巴(bar)和物理大气压(atm)为暂时并用单位，随着国际标准化的要求，巴(bar)和物理大气压(atm)逐渐被取消使用，本文由于现场需要，对此进行简单说明，其换算关系为

$$1\ \text{MPa}=10^3\ \text{kPa}=10^6\ \text{Pa}$$

$$1\ \text{bar}=0.1\ \text{MPa}$$

$$1\ \text{标准大气压(atm)}=1.013\times10^5\ \text{Pa}$$

地球表面单位面积上所受到的大气的压力称为大气压力或大气压，以符号 p_b 表示。空气对容器壁面的实际压力称为绝对压力，以符号 p 表示。在空调系统中，空气的压力常用压力表来测定。压力表指示的压力是所测量空气的绝对压力与当地大气压力的差值，称为工作压力(或表压力)，表压力用 p_e 表示。工作压力与绝对压力的关系为

(空气的)绝对压力＝当地大气压＋工作压力(表压力)，即

$$p=p_b+p_e \quad 或 \quad p_e=p-p_b \tag{1-2a}$$

由此可见，当绝对压力大于大气压力时，表压力为正；当绝对压力小于表压力时，表压力为负。当表压力出现负值时，称为出现真空。

当工质的绝对压力低于大气压力时，测压仪表指示的读数称为真空度，用符号 p_V 表示。它与绝对压力、大气压力之间的关系为

$$p=p_b-p_V \quad 或 \quad p_V=p_b-p \tag{1-2b}$$

显然，绝对压力越低，真空度越高。反之，绝对相压力越接近大气压力，则真空度就越低。

图 1-1 是表压力、真空度和绝对压力之间的关系示意图。

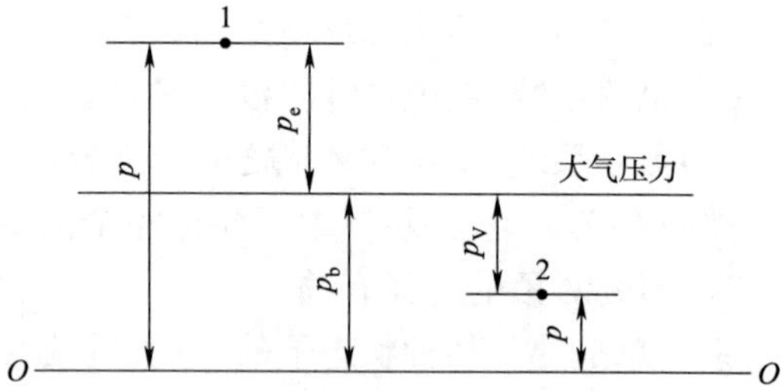

图 1-1　表压力、真空度和绝对压力之间的关系示意图

制冷系统在加注制冷剂前，应对系统抽真空。所谓抽真空就是把制冷系统内与当地大气压相等的空气抽出来，一般用真空度来计量。显然绝对压力愈低，真空度愈高。反之，则愈低。

大气压力随测量的时间、地点不同而不同，可用大气压力计测定。工程计算中，如被测工质的压力很高，可将大气压力视为常数，一般近似地取为 0.1 MPa。如被测工质的压力较低，则须按当地大气压力的具体数值计算。总之，即使绝对压力不变，由于大气压力变化，表压力和真空度也会变化。只有绝对压力才能真正反映工质的热力状态，才是状态参数。工质的基本状态参数之一的压力指的就是工质或系统的“绝对压力”。

例 1-1　锅炉汽锅内的蒸汽的表压力 p_e 是 3.1 MPa，汽轮机凝汽器内维持 94 643 Pa 的真空压力。如果当时当地的实际大气压力 p_b 为 101 974.5 Pa，求汽锅和凝汽器内的绝对压力。如果大气压力变动到 97 975.5 Pa，汽锅和凝汽器的压力表的读数又各为多少？

解：(1)依题意可知，当时当地的大气压力为

$$p_b=101\ 974.5\ \text{Pa}$$

汽锅内的绝对压力为

$$p_{汽}=p_b+p_e=(101\ 974.5+3.1\times10^6)\ \text{Pa}=3.202\times10^6\ \text{Pa}=3.202\ \text{MPa}$$

凝汽器内的真空度为

$$p_V=94\ 643\ \text{Pa}$$

凝汽器内的绝对压力为

$$p_{凝}=p_b-p_V=(101\ 974.5-94\ 643)\ \text{Pa}=7\ 331.5\ \text{Pa}$$

(2)当大气压力为 97 975.5 Pa 时,令

$$p_b'=97\ 975.5\ \text{Pa}$$

汽锅内的压力计的读数为

$$p_e'=p_{汽}-p_b'=(3.202\times10^6-97\ 975.5)\ \text{Pa}=3.104\times10^6\ \text{Pa}=3.104\ \text{MPa}$$

凝汽器内的压力计的读数为

$$p_V'=p_b'-p_{凝}=(97\ 975.5-7\ 331.5)\ \text{Pa}=90\ 644\ \text{Pa}$$

(2)温度

温度是表示物体冷热程度的物理量参数。气体分子运动论认为:温度是气体内部大量分子热运动平均动能的量度。气体温度越高,表明分子平均动能越大。

温度也是判别工质与外界或两个物体间是否有热量传递的依据。因为热量总是由高温物体传向低温物体。若两者温度相同,即表示两者处于热平衡状态。

测量温度的标尺称为温标。目前国际上常用的温标有三种。

①热力学温标:国际单位制采用热力学温标作为基本温标,用这种温标确定的温度称为热力学温度,也称为绝对温度,用符号 T 表示,单位为K(开尔文,简称开)。热力学温标取水的三相点(纯水的固、液、气三相平衡共存的状态点)为基准点,并定义其温度为273.15 K。

②摄氏温标:在标准大气压下,把纯水结冰的温度规定为零度,沸腾时的温度定为100 ℃,将其之间平均分成100等分,每一份作为1 ℃。按这种规定和划分方法定出的温度标准称为摄氏温度。用符号 t 表示,单位为℃。

绝对温度与摄氏温度间的换算关系是:

$$t=T-273.15(℃) \tag{1-3}$$

③华氏温标:华氏温标是欧美一些国家习惯用的一种温标。把纯水的冰点温度定为32 ℉,把标准大气压下水的沸点温度定为212 ℉,中间分为180等分,每一等份代表1华氏度,这就是华氏温标。用符号 t_F 表示,单位为℉。

华氏温度与摄氏温度的换算关系是:

$$t_F=\frac{9}{5}t+32(℉) \tag{1-4}$$

在制冷系统中,显示的温度是指被测处此刻的制冷剂的温度。

在空气调节中,表示的温度是指被测的空间此处的湿空气的温度。

(3)比容与密度

单位质量工质占有的容积称为比容,用符号 v 表示,单位为 m^3/kg。

$$v=\frac{V}{m}\ (m^3/kg) \tag{1-5}$$

式中　m——工质的质量,kg;

V——工质的总容积,m^3。

单位容积工质的质量称为密度,用符号 ρ 表示,单位 kg/m^3,显然比容和密度互为倒数。

比容和密度都是说明工质在某一状态下分子疏密程度的物理量,其中任何一个都何以作为工质的状态参数。

(4)内能

内能是工质内部具有的各种能量的总称。用符号 U 表示,单位为 kJ(千焦)或 J(焦)。按照分子运动论的观点,工质的内能就是分子作不规则运动时所具有的能量。在热能和机械能相互转换的热力状态变化中,一般涉及工质的化学变化和原子反应,因此在工程热力学中,通常只考虑内动能和内位能两部分。

内能、功量和热量都表示能量,但它们有着本质的区别。内能是工质内部储存的能量,是工质的状态参数,对应于任何一个平衡状态,都有一个确定的数值。在状态变化过程中,内能的变化量取决于工质的初、终状态,而与状态变化的过程无关。而功量和热量都是工质在状态变化过程中与外界间交换的能量,与状态变化过程有着密切的关系,是过程量而不是状态参数。工质的任一平衡状态不存在功量和热量。

(5)焓

焓是一个复合的热力状态参数,是表征系统中所有的总能量,用 H 表示。它是内能与压力位能之和。当工质在一定状态(压力 P、容积 V、温度 T)时,焓的数值,代表工质所具有的总能量。

对于开放系统(即与外界既有能量交换又有物质交换的热力学系统),当工质流进(或流出)系统时,不仅把工质所具有的内能带入(或带出)系统,而且还把它所获得的推动功也带入(或带出系统),就是说对于开放系统,当工质流进(或流出)系统时,它的内能和推动功总是同时出现。例如,对空气进行加热和冷却时,常需要确定空气吸收或放出多少热量。为计算方便,把工质的内能和推动功之和定义为焓。1 kg 工质的焓,称比焓,有时也简称焓,用符号 h 表示,单位为 J/kg 或 kJ/kg。

焓只是个与状态有关而与过程无关的状态参数。在计算中焓通常查表求得。在空气调节和制冷循环中,只计算出工质变化前后的焓差值的大小、正负,而与焓的绝对值无关。

(6)熵

熵是表征工质状态变化时,与外界热交换程度的一个导出的热力状态参数。也就是热量和功量状态变化过程中系统和外界传递的能量,两者具有某些共同特征,在做功过程中,压差是做功的动力,状态参数比容(v)的变化是衡量是否做功的尺度。同样在传热过程中,温差是传热的动力,也有一个参数,它的变化是衡量是否传热的尺度,这个参数定义为熵,用符号 S 表示,单位是 J/(kg·K)。制冷剂被加热时熵增大,反之,从制冷剂中散发热量时,熵就减少,只要制冷剂不吸热也不放热,熵值就不变。

2. 理想气体状态方程式

在研究气体的性质时,人们最容易发现的是气体状态参量的变化。例如,皮球、充过气的轮胎,若把它们放在夏天的阳光下晒,皮球、轮胎内气体的压强、体积、温度都会变化;压瘪了的乒乓球浸泡到热水中,球里的空气温度升高,使得体积增大,球往往会鼓起来;把氧气装入钢罐中，氧气的压强、体积、温度，这三个参量也会变化。自然界和工程中所遇到的类似现象，大多数都是气体的压强、体积和温度这三个量同时发生变化的情况，只有两个量变化，另一个量不变化的情况也是有的。对于一定质量的气体，如果这三个量都不改变，我们就说气体处于一定的状态。如果这三个量或任意两个量同时变化，我们就说气体的状态改变了。那么，在气体状态改变时，这三个量的变化是任意的还是相互关联，遵循一定的规律呢？

(1)理想气体

在工质的热力性质中，压力、比容、温度之间的关系具有特别重要的意义。对于实际气体，这种关系一般比较复杂。但是，通过大量实验发现，当密度比较小，也就是比容比较大的时候，处于平衡状态的气态物质的基本状态参数之间将近似地保持一种简单的关系。为此，人们提出了理想气体的模型：气体分子之间的平均距离相当大，分子体积与气体的总容积相比可忽略不计；分子之间无作用力；分子之间的相互碰撞以及分子与容器壁的碰撞都是弹性碰撞。

理想气体是经过科学抽象的假想气体，尽管自然界中并不存在，但引进理想气体的概念仍有很大的实用价值。实验证明，当气体的压力不太高，温度不太低时，气体分子间的作用力及分子本身的体积皆可忽略，气体的性质就接近理想气体，气体可以作为理想气体处理。例如，在常温下，只要压力不超过 5 MPa，工程上常用的 O_2、N_2、H_2、CO 等气体以及主要由这些气体组成的气体混合物，都可以作为理想气体处理，不会产生很大误差。另外，大气或燃气中所含的少量水蒸气，由于其分压力很低，比容很大，也可作为理想气体处理。

(2)理想气体状态方程

通过大量实验人们发现，理想气体在平衡状态下，气体的温度、压力、比容三者之间存在着一定的函数关系，这就是物理学中的波义耳—马略特定律、盖—吕萨克定律和查理定律所表达的内容。这三条定律可以综合表达为

$$pv=R_gT \tag{1-6}$$

式(1-6)称为理想气体状态方程式，1834 年由克拉伯龙首先导出，因此也称为克拉伯龙方程式。对于质量为 m(kg)的理想气体，状态方程式的形式为

$$pV=mR_gT \tag{1-7}$$

式中　p——气体的绝对压力，Pa；

v——气体的比容，m^3/kg；

V——质量为 m 的气体的容积，m^3；

T——气体的热力学温度，K；

R_g——气体常数，J/(kg·K)。

R_g 称为气体常数，它与气体的状态无关，但与气体的种类有关，对于同一种气体，气体常数是一定的。

在国际单位制中，物质的量以 mol(摩尔)为单位。1 mol 物质的质量称为摩尔质量，用 M 表示，单位为 kg/mol。1 mol 物质的质量的数值与气体的相对分子质量相同。例如，氧、氮和空气的摩尔质量分别为 32.00×10^{-3} kg/mol、28.2×10^{-3} kg/mol 和 28.96×10^{-3} kg/mol。1 mol 物质的体积称为摩尔体积，用 V_m 表示，$V_m=Mv$。

对于理想气体，由式(1-6)可得

$$pV_m=MR_gT$$

令 $R=MR_g$，则得

$$pV_m=RT \tag{1-8}$$

根据阿伏伽德罗定律，在相同的温度和压力下，所有气体的摩尔体积 V_m 都相等。由式(1-8)可知，所有气体的 R 都相等，并且其数值与气体所处的具体状态无关。R 称为摩尔气体常数，其值可由气体在任意一状态下的参数确定，如在标准状态($p_0=101\ 325$ Pa，$T_0=273.15$ K)下，1 mol 任何气体所占的体积皆为 22.414 10 m^3代入式(1-8)可得

$$R=\frac{p_0V_{m0}}{T_0}=\frac{101\ 325\times 22.414\ 10}{273.15\times 1\ 000}=8.314\ [\mathrm{J/(mol\cdot K)}]$$

有了摩尔气体常数，只要知道气体的摩尔质量(或相对分子质量)，任何一种气体的气体常数 R_g 就可以按式(1-9)确定：

$$R_g=\frac{R}{M} \tag{1-9}$$

利用摩尔气体常数，质量为 m(kg)的理想气体的状态方程式(1-7)还可以写成

$$pV=nRT \tag{1-10}$$

式中，$n=m/M$，n 称为物质的量。

需要注意的是：当理想气体状态方程运用于实际气体时会有所偏差，因为理想气体的基本假设在实际气体中并不成立。如实验测定 1 mol 乙炔在 20 ℃、101 kPa 时，体积为 24.1 dm^3，而同样在 20 ℃时，在 842 kPa 下，体积为 0.114 dm^3，它们相差很多，这是因为，它不是理想气体所致。

一般来说，沸点低的气体在较高的温度和较低的压力时，更接近理想气体，如氧气的沸点为−183 ℃、氢气沸点为−253 ℃，它们在常温常压下摩尔体积与理想值仅相差 0.1%左右，而二氧化硫的沸点为−10 ℃，在常温常压下摩尔体积与理想值的相差达到了 2.4%。应用一定量处于平衡态的气体，其状态由 p、V 和 T 衡量，表达这几个量之间的关系的方程称之为气体的状态方程，不同的气体有不同的状态方程。但真实气体的方程通常十分复杂，而理想气体的状态方程具有非常简单的形式。

虽然完全理想的气体并不可能存在，但许多实际气体，特别是那些不容易液化、凝华的气体(如氦气、氢气、氧气、氮气等，由于氦气不但体积小、互相之间作用力小、也是所有气体中最难液化的，因此它是所有气体中最接近理想气体的气体。)在常温常压下的性质已经十分接近于理想气体。

各种气体符合理想气体状态方程的温度和压力范围不一样。有如下规律：

①越难液化的气体，即沸点越低的气体(如 H_2、He、Ar 等)符合理想气体状态方程的温度和压力范围越宽，即可在比较低的温度和比较高的压力下应用理想气体状态方程。

②易液化的气体，即沸点较高的气体(如 CO_2、NH_3、SO_2等)符合理想气体状态方程的温度和压力范围就较窄，甚至在较高的温度和很低的压力下也与理想行为有明显的偏差。

此外，有时只需要粗略估算一些数据，使用这个方程会使计算变得方便很多。

例 1-2 长期放在室内的一个氧气瓶，容量为 25 L，压力表指示的瓶内氧气的表压力为 5 bar，室温为 20 ℃，大气压力为 1×10^5 Pa，试求瓶内所存氧气的质量。

解：据题意可知，瓶内氧气的热力学参数分别为

$$p=(5+1)\ \mathrm{bar}=6\ \mathrm{bar}=6\times10^5\ \mathrm{Pa}$$

$$T=(20+273)\mathrm{K}=293\ \mathrm{K}$$

$$V=25\ \text{L}=0.025\ \text{m}^3$$

氧的摩尔质量 $M=32.00\times10^{-3}\ \text{kg/mol}$

由式(1-9)和式(1-10)得

氧的气体常数 $R_g=\dfrac{R}{M}=\dfrac{8.314}{32.00\times10^{-3}}=259.8\ \ [\text{J/(kg}\cdot\text{K)}]$

氧气的质量 $m=\dfrac{pV}{RT}=\dfrac{6\times10^5\times0.025}{259.8\times293}=0.197(\text{kg})$

例 1-3 某容积为 4 m³的容器内充有 $p=9.81\times10^4$ Pa,$t=20$ ℃的空气,抽气后容器的真空度 $p_V=93\ 310$ Pa,当时当地的大气压力 $p_b=98\ 055.48$ Pa。若抽气前后温度保持不变,试求:

(1)抽气后容器内空气的绝对压力为多少?

(2)抽气后容器内空气的质量为多少?

(3)抽走多少千克空气?

解:以 1 和 2 分别表示抽气前后的状态。

(1)抽气后容器内的空气的绝对压力

$$p_2=p_b-p_V=(98\ 055.48-93\ 310)\ \text{Pa}=4\ 745.48\ \text{Pa}$$

(2)依题意,抽气后容器内的热力学参数为 $p_2=4\ 745.48$ Pa,$T_2=(20+273)\text{K}=293$ K,$V_2=4\ \text{m}^3$。

空气的摩尔质量 $M=28.96\times10^{-3}\ \text{kg/mol}$

空气的气体常数 $R_g=\dfrac{R}{M}=\dfrac{8.314}{29.86\times10^{-3}}=287[\text{J/(kg}\cdot\text{K)}]$

抽气后容器内空气的质量为

$$m_2=\frac{p_2V}{R_gT}=\frac{4\ 750\times4}{287\times293}=0.226(\text{kg})$$

(3)抽气前容器内的空气质量为

$$m_1=\frac{p_1V}{R_gT}=\frac{9.81\times10^4\times4}{287\times293}=4.67(\text{kg})$$

所抽走的空气质量为

$$\Delta m=m_1-m_2=(4.67-0.226)\text{kg}=4.44(\text{kg})$$

典型工作任务 2 热力学定律制冷技术应用

1.2.1 任务目标

1. 掌握热力学定律及其含义。
2. 了解热力学定律的应用。

1.2.2 相关配套知识

1. 热力学过程

在环境的作用下,系统从一个平衡状态变化到另一个平衡状态的过程称为热力学过程。在实际过程中,系统所经历的一系列状态一般都是不平衡状态,如果所经历的状态都无限接近于平衡状态，并且没有摩擦，则为可逆过程。可逆过程是实际过程所能趋近的极限。

通常热力学过程有以下几类：

①等温过程：系统的始态和终态的温度与环境温度相同，且环境温度不变的过程。在变化过程中系统温度不一定恒定。

②等压过程：系统的始态和终态的压力与环境压力相等，且环境压力为一恒定值的过程。在变化过程中系统的压力不一定恒定。

③等容过程：系统的始态和终态体积相等的过程，即 $\Delta V=0$。

④绝热过程：系统与环境之间用绝热壁隔开，此时系统中所进行的过程称为绝热过程。

⑤循环过程：系统经一系列变化后又回到原来状态的过程。

2. 热力学定律

热力学定律是描述物理学中热学规律的定律，包括热力学第零定律、热力学第一定律、热力学第二定律和热力学第三定律。其中热力学第零定律又叫热平衡定律，这是因为热力学第一、第二定律发现后才认识到这一规律的重要性；热力学第一定律即能量守恒定律；热力学第二定律有多种表述，也叫熵增加原理。热力学定律是热力学的基础。

根据热力学第零定律，确定了状态函数——温度；

根据热力学第一定律，确定了状态函数——内能和焓；

根据热力学第二定律，确定了状态函数——熵。可以用熵对第二定律作定量的表述。

(1)热力学第一定律

热力学第一定律是能量守恒定律，也叫能量不灭原理。自然界的一切物质都具有能量，能量有不同形式，能量不可能被创造也不可能被消灭，而只能在一定条件下从一种形式转变为另一种形式，而在转变过程中总能量是守恒的。

因此，热力学第一定律可表述为：在热能与其他形式能的相互转换过程中，能的总量始终保持不变。

(2)热力学第二定律

自然界中任何过程的发生都遵循热力学第一定律和热力学第二定律；热力学第一定律是从能量转化的量的角度来衡量、限制并规范过程的发生；热力学第二定律是从过程的方向性上规定着过程的进行。

热力学第二定律有以下几种表述方式：

①热不可能自发地、不付代价地从低温物体传到高温物体(不可能使热量由低温物体传递到高温物体，而不引起其他变化，这是按照热传导的方向来表述的)。

②不可能从单一热源取热，把它全部变为功而不产生其他任何影响(这是从能量消耗的方向来表述的)。

③孤立系统的熵永不减少，即熵增加原理。

(3)热力学第三定律

热力学第三定律是对熵的论述，通常表述为：

在绝对零度时，所有纯物质的完美晶体的熵值为零；或者绝对零度不可达到。

所谓“完美晶体”是指没有任何缺陷的规则晶体。

(4)热力学第零定律

热力学第零定律又叫热平衡定律，它是在第一、第二定律发现之后才被人类发现的，由于其重要性，我们将之命名为第零定律。表述如下：

如果两个热力学系统中的每一个都与第三个热力学系统处于热平衡(温度相同)，则它们彼此也必定处于热平衡。

热力学第零定律的重要性在于它给出了温度的定义和温度的测量方法。定律中所说的热力学系统是指由大量分子、原子组成的物体或物体系。它为建立温度概念提供了实验基础。这个定律反映出：处在同一热平衡状态的所有的热力学系统都具有一个共同的宏观特征，这一特征是由这些互为热平衡系统的状态所决定的一个数值相等的状态函数，这个状态函数被定义为温度。而温度相等是热平衡之必要的条件。

3. 热力学定律在制冷技术中的应用

人工制冷也叫"机械制冷"，是借助于一种专门的设备(制冷机)，消耗一定的外界能量，迫使热量从温度较低的被冷却物体，传递给温度较高的环境介质，得到人们所需要的各种低温。人工制冷的方法很多，大致可分为物理方法和化学方法两类，而绝大多数的人工制冷方法属于物理方法。在普通制冷技术领域内，应用最广泛的物理方法有相变制冷、蒸汽压缩式制冷、吸收式制冷等。

在这些制冷方法中，不仅有能量的转移，也包括热功转换的过程。热力学第一定律是能量守恒定律指出：自然界中的一切物质都具有能量，能量能够从一种形式转换为另一种形式，从一个物体转移到另一个物体，而在转换和转移的过程中能量的总量不变。热力学第一定律指出了能量转换和转移在数量上的关系。热力学第二定律提示了能量转换的条件。热力学第二定律指出：机械功可以全部变为热，但热不能无条件的全部转换为机械功，即不可能从单热源取热，使之完全变为功而不引起其他的变化。由此可知，利用一个热源无法完成循环过程。第二定律同时指出：不可能把热从低温物体传到高温物体而不引起其他变化。因此，要使热量从低温物体传到高温物体，必须要有一个补偿过程。人工制冷的过程就是在外界的补偿下，将低温物体的热量向高温物体传送的过程。

除此之外，我们还利用热力学第零定律实现了温度的测量，在无法直接获取被测物体温度的前提下，我们使用第三个物体，通过热平衡来对被测物体的温度进行间接反映。

复习思考题

1. 常用的温标有哪几种？它们之间有何关系？

2. 表压力与绝对压力是否相等？若工质压力不变，测量其压力的压力表读数能否发生变化？

3. 热力学第一定律的实质是什么？

4. 热力学第零定律的意义是什么？

5. 气体状态参数中比容的物理意义是什么？

6. 热力学系统的分类是什么？

项目2 湿空气

项目描述

在空调工程中，无论是工业用的，如纺织车间、计算机房，还是民用的，如办公室、商场等，要处理的对象都是空气。湿空气是构成空气环境的主体，也是空调的基本工质。湿空气是干空气和水蒸气的混合物，由于水蒸气的分压力很低，所以湿空气可以作为理想气体混合物，由于空气和水蒸气组成湿空气中，水蒸气的含量虽少，但其作用颇大，在某种意义上，空气调节的任务之一就是对空气中水蒸气量的调节。因而，首先需要对空气的物理性质有所了解。本项目主要讨论下述四个问题：①空气的组成和物理性质；②空气的状态参数；③焓湿图的绘制和应用；④几种典型的空气处理过程在焓湿图中的应用。

学习目标

1. 知识目标：掌握湿空气状态参数的含义。
   掌握湿空气焓湿图组成及使用方法。
2. 能力目标：能正确使用湿空气焓湿图。
3. 素质目标：培养推理能力和抽象思维能力。
   养成善于沟通团结共事的团队意识。

相关案例

1. 预防感冒

每到冬季，气候异常干燥。据测，在北方地区近150个供暖日中，仅有2.5天达到健康湿度，另有研究表明，室内空气污染是室外的5～10倍，所以冬季许多人缺少湿润、洁净的空气。科学家通过对流行病的研究发现，在干燥的冬季，白喉、流感、百日咳、脑膜炎、哮喘、支气管炎等的发病率显著增加，导致上述疾病的原因很多，除了冬季温度偏低、温差变化大导致人体抵抗力下降外，还有如下两方面的原因：其一，环境相对湿度过低使流感病毒和致病力强的革兰氏阳性菌繁殖速度加快，而且随粉尘扩散，引起疾病流行。其二，环境相对湿度过低可使人的呼吸系统抵抗力下降，诱发和加重呼吸系统疾病。因此，从某种意义上说，克服干燥就是克服流行病。

冬季，居室小气候的最佳组合为：温度 18～25 ℃，相对湿度 45%～65%。这时，人的身体、思维皆处于良好状态，无论工作、休息都可收到较好的效果。

2. 书画收藏知识

中国书画的质地是宣纸、绢、绫等纤维或有机材料，时间长了，很容易被虫蛀蚀或老化破损。古人对保管书画有专门的论述，如今的书画收藏保管，除沿袭古人的一些传统方法外，收藏书画则更为讲究。一般接触书画时必须带上白色的细纱手套，免得手上油污沾着书画。当书画展开时，切忌说话、咳嗽，以免唾涎星沫飘落在画面上，来年形成霉斑。根据科学的数据证实，大多数蛀虫和霉菌的生存温度在 10 ℃以上，低于这个温度，害虫即丧失活动能力和停止繁殖，而相对湿度在 65%以下，多数霉菌就无法正常发育。因此，有条件的收藏家，书画库房温度宜控制在 10～18 ℃，相对湿度应控制在 50%～65%之间，这样可以抑制害虫、霉菌的生长繁殖，有利于书画纸张的保养。倘若将相对湿度降至 45%以下，并持续较长的时间，纸张又会因干燥而脆裂，造成物理性朽坏。所以，保持相对湿度 50%的下限，是对书画保藏的一个严格要求。

3. 室内温度、湿度合适值

据生理学家研究，室内温度过高时，会影响人的体温调节功能，由于散热不良而引起体温升高、血管舒涨、脉搏加快、心率加速。冬季，如果室内温度经常保持在 25 ℃以上，人就会神疲力乏、头晕脑胀、思维迟钝、记忆力差。同时，由于室内外温差悬殊，人体难以适应，容易患伤风感冒。如果室内温度过低，则会使人体代谢功能下降，脉搏、呼吸减慢，皮下血管收缩，皮肤过度紧张，呼吸道黏膜的抵抗力减弱，容易诱发呼吸道疾病。因此，科学家们把人对“冷耐受”的下限温度和“热耐受”的上限温度，分别定为 11 ℃和 32 ℃。在注意室内温度调节的同时，还应注意室内的相对湿度。夏天，室内相对湿度过大时，会抑制人体散热，使人感到十分闷热、烦躁。冬天，室内相对湿度大时，则会加速热传导，使人觉得阴冷、抑郁。室内相对湿度过低时，因上呼吸道黏膜的水分大量散失，人会感到口干、舌燥，甚至咽喉肿痛、声音嘶哑和鼻出血等，并易患感冒。所以，专家们研究认为，相对湿度上限值不应超过 80%，下限值不应低于 30%。然而，人的体感并不单纯受气温或相对湿两种因素的影响，而是两者综合作用的结果。通过实验测定，最宜人的室内温湿度是：冬天温度为 18～25 ℃，相对湿度为 30%～80%；夏天温度为 23～28 ℃，相对湿度为 30%～60%。在此范围内感到舒适的人占 95%以上。在装有空调的室内，室温为 19～24 ℃，湿度为 40%～50%时，人会感到最舒适。如果考虑到温度、相对湿度对人思维活动的影响，最适宜的室温度应是 18 ℃，工作效率高。相对湿度应是 40%～60%，此时，人的精神状态好，思维最敏捷。

典型工作任务 1　湿空气的状态参数认知

2.1.1　任务目标

1. 了解湿空气的组成。
2. 掌握湿空气状态参数的含义。

2.1.2 相关配套知识

1. 湿空气的组成

在空调工程中，我们把空气看作是由干空气和水蒸气两部分组成的混合物。为什么要这样来划分呢？这是因为，在正常情况下，大气中干空气的组成比例基本上是不变的，见表2-1，虽然在某些局部范围内，可能因为某些因素（如人的呼吸作用使氧气减少，二氧化碳的含量增加，或在生产过程中，产生了某些有害气体污染了空气）使空气的组成比例有所改变，但这种改变可以认为对干空气的热工特性影响很小。这样，在研究空气的物理性质时，可以把干空气作为一个整体来看待，以便分析讨论。

表 2-1 空气的主要组成成分

主要组成成分	分　子　量	质量分数(%)
氮	28.016	78.084
氧	32.000	20.946
氩	39.944	0.934
二氧化碳	44.010	0.033

相对来说，湿空气中的水蒸气的含量很少，它来源于地球上的海洋、江河、湖泊表面水分的蒸发，各种生物的代谢，以及生产过程中。在湿空气中，水蒸气的百分比是不固定的，常常随着海拔、地区、季节、气候、湿源等各种条件的变化而变化。虽然湿空气中水蒸气的含量少，但它的变化对人们的影响却很大。如在南方多雨地区，空气比较潮湿，湿衣服就不容易干。夏天，会感到身上总是湿湿的，很不舒服。而在北方的兰州、乌鲁木齐等地区，由于空气干燥，在同样的温度下，就要舒适得多。空气中水蒸气的多少，除了对人们的日常生活有影响外，对工业生产也十分重要。如在纺织车间，相对湿度小时，纱线变粗变脆，容易产生飞花和断头。可是空气太潮湿也不行，纱线会粘结，不好加工。

因此，从空气调节的角度来说，空气的潮湿程度是我们十分关心的问题，这也是把水蒸气专门划分出来的原因之一。

2. 湿空气的状态参数

湿空气的物理性质是由它的组成成分和所处的状态决定的。

湿空气的状态通常可以用压力、温度、相对湿度、含湿量及焓等参数来度量和描述，这些参数称为湿空气的状态参数。

在热力学中，常温常压下的干空气可视为理想气体。所谓理想气体，就是假设气体分子是一些有弹性的、不占有空间的质点，分子相互之间没有作用力。因为空调工程中所涉及的压力和温度都可以看作属于这个范畴，所以，空调工程中的干空气也可看作是理想气体。此外，湿空气中的水蒸气由于数量很少，而且处于过热状态，压力小，比体积大，也可近似看作理想气体。这样，水蒸气状态参数之间的关系也可用理想气体状态方程来表示。

(1)压力

①大气压力

气体的压力是指单位面积上所受到的气体的作用力，在国际单位制(SI)里，压力的单位是 Pa(帕),1 Pa=1 N/m^2。地球表面单位面积上所受到的大气的压力称为大气压力或大气压。大气的压力随海拔高度不同而变化。同时,在同一地区的不同季节,大气压力也有大约±5%的变化。图 2-1 是大气压力与海拔高度的关系。同一个海拔高度处,在不同的季节和不同的天气状况下,大气压力也有变化。通常把在 0 ℃下、北纬 45°处海平面上作用的大气压力作为一个标准大气压(atm),其数值为

1 atm=101 325 Pa

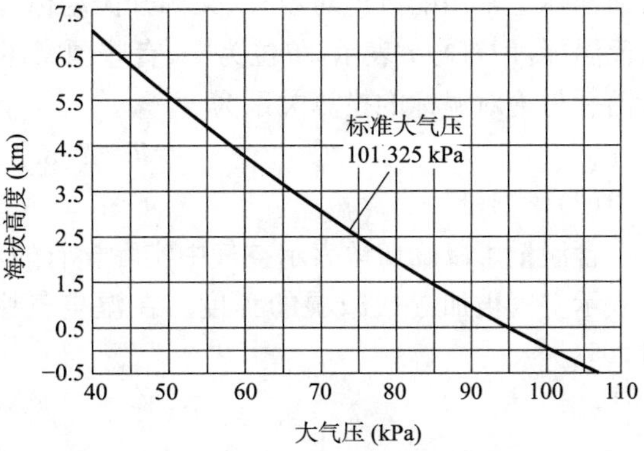

图 2-1 大气压力与海拔高度的关系

在空调系统中,空气的压力常用压力表来测定。压力表指示的压力是所测量空气的绝对压力与当地大气压力的差值,称为工作压力(或表压力),工作压力与绝对压力的关系为

(空气的)绝对压力=当地大气压+工作压力(表压力)

如果没有特别指出,空气的压力都是指绝对压力。由于大气压力不是定值,因此,在设计和运行中应当考虑由于当地大气压的不同所引起的误差修正。工作压力并不代表空气压力的真正大小,只有绝对压力才是空气的一个基本状态参数。

②水蒸气分压力与饱和水蒸气分压力

湿空气中水蒸气的分压力,是指湿空气中的水蒸气单独占有湿空气的体积并具有与湿空气相同温度时所具有的压力。水蒸气分压力的大小,反映了湿空气中水蒸气含量的多少。水蒸气含量越多,其分压力也越大;在一定温度条件下,一定量的空气中能够容纳水蒸气的数量是有限度的。湿空气的温度越高,它允许的最大水蒸气含量也越大。当空气中水蒸气的含量超过最大允许值时,多余的水蒸气会以水珠形式析出,这就是结露现象,此时水蒸气达到饱和状态,所对应的湿空气称为饱和湿空气。由此可知,未饱和空气中,水蒸气含量没有达到最大允许值,它还具有吸收水蒸气的能力。我们周围的大气通常都是未饱和空气。

根据道尔顿分压力定律(混合气体的总压力等于各组成气体的分压力之和)可知,湿空气的总压力应等于水蒸气分压力与干空气分压力之和,即

$$B = p_a + p_v \tag{2-1}$$

式中 B——湿空气的总压力,即当地大气压,Pa;

p_a——干空气分压力,Pa;

p_v——水蒸气分压力,Pa。

在一定温度下,空气中的水蒸气含量越多,空气就越潮湿,水蒸气分压力也越大。如果空气中水蒸气的量超过某一限量时,多余的水蒸气就会凝结成水从空气中析出。湿空气处于饱和状态时相应的水蒸气分压力称之为饱和水蒸气分压力,用 $p_{v,b}$表示。$p_{v,b}$值仅取决于温度。

(2)温度

湿空气的温度是表示空气冷热程度的标尺。湿空气中干空气的温度与水蒸气的温度相等。湿空气温度的高低对人体的舒适感和某些生产过程的影响较大,因此温度是衡量空气环境对人和生产是否合适的一个非常重要的参数。温度的高低用“温标”来衡量,在空调中,

目前国际上常用的有绝对温标（又称开氏温标），用符号 T 表示，单位为 K（开尔文，简称开）；摄氏温标，用符号 t 表示，单位为℃；有些国家还采用华氏温标，用符号 t 表示，单位为℉。摄氏温标与绝对温标的换算关系为

$$t=T-273.15\approx T-2F_3 \tag{2-2}$$

(3)含湿量

含湿量可以确切地表示空气中实际含有的水蒸气量的多少。空调中常用含湿量的变化来表示空气被加湿或减湿的程度。在湿空气中与 1 kg 干空气并存的水蒸气量称为含湿量，即

$$d=\frac{m_v}{m_a} \tag{2-3}$$

式中 d——含湿量，kg/kg(a)；

m_v——水蒸气的质量，kg；

m_a——干空气的质量，kg(a)。

若湿空气中含有 1 kg 干空气和 d kg 水蒸气，那么，湿空气的质量应当是 $(1+d)$kg。

如果对于湿空气中的干空气和水蒸气分别应用气体状态方程式，则由道尔顿分压力定律有

$$p_vV=m_vR_vT$$
$$p_aV=m_aR_aT$$

从中解出 m_v 和 m_a，代入含湿量的定义式有

$$d=\frac{R_ap_v}{R_vp_a}=\frac{287p_v}{461(B-p_v)}=0.622\frac{p_v}{B-p_v} \tag{2-4}$$

由于空气中的水蒸气含量很少，d 的单位也可用 g（克）来表示，即

$$d=622\frac{p_v}{B-p_v} \tag{2-5}$$

(4)相对湿度 φ

从含湿量的概念可知，其大小只表明了空气中水蒸气含量的多少，而不能表明空气的潮湿程度。怎样才能判断空气的潮湿程度呢？从上面含湿量 d 的计算式可以看出：当大气压力不变，温度 t 不变，空气的水蒸气分压力 p_v 增加时，含湿量 d 也随之增大，空气的潮湿程度增大。所以，湿空气中的水蒸气分压力 p_v，与同温度下饱和水蒸气分压力 $p_{v,b}$ 的接近程度就反映了空气的潮湿程度。空气的水蒸气分压力与同温度下饱和空气的水蒸气分压力之比称为相对湿度，即

$$\varphi=\frac{p_v}{p_{v,b}}\times 100\% \tag{2-6}$$

式中 φ——相对湿度；

p_v——湿空气中的水蒸气分压力，Pa；

$p_{v,b}$——相同温度下湿空气的饱和水蒸气分压力，Pa。

φ 是表示空气接近饱和的程度。φ 值小，说明空气干燥，远离饱和状态，吸收水蒸气的能力强；φ 值大，则说明空气潮湿，接近饱和状态，吸收水蒸气的能力弱。$\varphi=100\%$ 为饱和空气，$\varphi=0$ 则为干空气。

(5)比焓

比焓是空调中的一个重要参数,用来计算在定压条件下对湿空气加热或冷却时吸收或放出的热量。湿空气的比焓不是温度 t 的单值函数,而取决于温度和含湿量两个因素。温度升高,焓值可以增加,也可以减少,取决于含湿量的变化情况。

比焓是指 1 kg 干空气的比焓和共存的 d kg(或 g)水蒸气的比焓的总和,单位 kJ/kg 干空气,取 0 ℃时空气的焓值为零,则湿空气的焓可表示为

$$h=h_a+dh_v \tag{2-7a}$$

式中 h——含有 1 kg 干空气的湿空气所具有的焓,kJ/kg(a);

h_a——干空气的焓,kJ/kg(a),按式(2-7b)计算;

$$h_a=c_{p,a}t=1.01t \tag{2-7b}$$

h_v——水蒸气的焓,kJ/kg,按式(2-7c)计算。

$$h_v=2\ 500\ \text{kJ/kg}+c_{p,v}t \tag{2-7c}$$

其中 $c_{p,a}$——干空气的比定压热容,为 1.01 kJ/(kg·K);

2 500 kJ/kg——0 ℃时水的汽化潜热。

水蒸气的比定压热容为 1.84 kJ/(kg·K)。

把 h_a 和 h_v 的表达式代入湿空气焓的计算式中,整理可得

$$h=(1.01+1.84d)t+2\ 500d \tag{2-7d}$$

式(2-7d)中,$(1.01+1.84d)t$ 是随温度而变化的量,通常称为“显热”。$2\ 500d$ 是 0 ℃时 d kg 水的汽化潜热,仅与含湿量 d 有关,称为“潜热”。由于 2 500 比 $(1.01+1.84d)$ 大得多,因而,当温度升高时,若含湿量有所下降,则综合后的结果有可能是湿空气的焓不一定会增加。

(6)干、湿球温度和露点温度

根据空气温度形成的过程和用途不同可将空气的温度分为干球温度、湿球温度和露点温度。

干球温度是指暴露于空气中而又不受太阳直接照射的干球温度表上所读取的数值,用 t 表示。

湿球温度也称热力学湿球温度。湿球温度是标定空气相对湿度的一种手段,其含义是,某一状态下的空气,同湿球温度表的湿润温包接触,发生绝热热湿交换,使其达到饱和状态时的温度。该温度是用温包上裹着湿纱布的温度表,在流速大于 2.5 m/s 且不受直接辐射的空气中,所测得的纱布表面温度,以此作为空气接近饱和程度的一种度量。周围空气的饱和差愈大,湿球温度表上发生的蒸发愈强,而其湿度也就愈低。根据干、湿球温度的差值,可以确定空气的相对湿度。

通常,相对湿度可由干湿球温度计测量干、湿球温度得到。干湿球温度计含有两支普通温度计,如图 2-2 所示。

其中一支的温包直接和湿空气接触,其测得温度称为干球温度;另一支的温包则用保持浸润的湿纱布包着,测得温度称湿球温度。如果来流空气是未饱和的,那么湿纱布表面的水分会不断蒸发,由于水蒸发时吸收热量,从而使贴近纱布的一层空气温度降低。随着与主流空气建立的温差,主气流向纱布传热。当温度降低到一定程度时,传入纱布的热量正好等于

水蒸发所需的热量，这时温度维持不变，此时的温度就是湿球温度。空气的相对湿度愈小，湿球温度比干球温度就低得愈多。如果空气是饱和的，则由于空气不能接纳更多的蒸汽，故纱布上水不会蒸发，这时湿球温度和干球温度是相同的。因此干湿球温度的差值与相对湿度存在一定的函数关系，如图 2-3 所示。

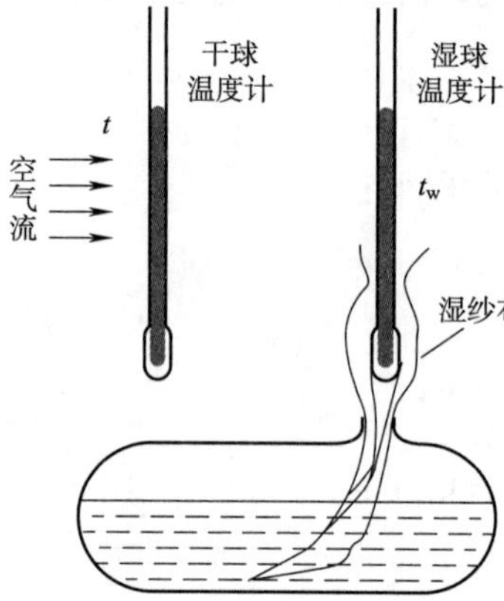

图 2-2　干湿球温度计

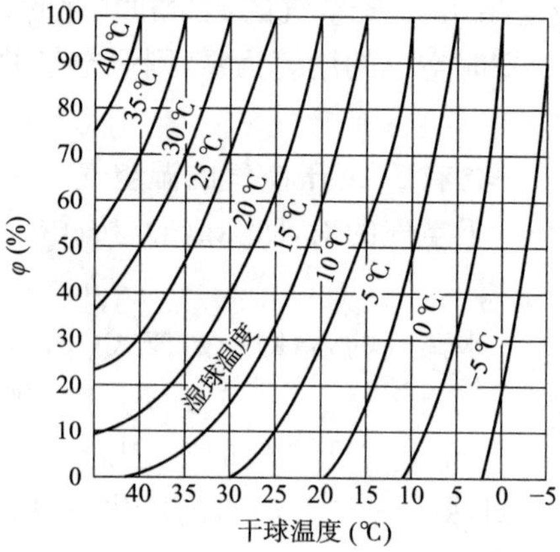

图 2-3　干湿球温度与相对湿度关系

根据对露点温度和湿球温度的讨论，干球温度、湿球温度和露点温度的关系如下：

对于未饱和空气：

露点温度＜湿球温度＜干球温度

对于饱和空气：

露点温度＝湿球温度＝干球温度

应该指出，湿球温度计的读数和掠过湿球温度计的风速有一定的关系，湿球温度并非热力学状态参数。严格的场合应用绝热饱和温度作为确定湿空气状态的一个参数，但绝热饱和温度的确定很困难。研究表明，在风速超过 2 m/s 直至 40 m/s 以下的宽广范围内，湿球温度计的读数变化很小，故工程上近似用湿球温度替代绝热饱和温度，作为一种表征湿空气的状态参数。在以干、湿球温度查图表或进行计算求取相对湿度等时，应以通风式干—湿球温度计的读数为准。

露点温度：露点温度指空气在水汽含量和气压都不改变的条件下，冷却到饱和时的温度，用 t_L 表示。形象地说，就是空气中的水蒸气变为露珠时候的温度叫露点温度。露点温度本是个温度值，可为什么用它来表示湿度呢？这是因为，当空气中水汽已达到饱和时，气温与露点温度相同；当水汽未达到饱和时，气温一定高于露点温度。所以露点与气温的差值可以表示空气中的水汽距离饱和的程度。

露点温度对应的含湿量是饱和含湿量，当 $\varphi=100\%$ 时，从相对湿度的含义可知 $d=d_b$，这时等温线和 100%相对湿度线的交点就是露点温度。

露点温度在冬天的玻璃窗上或夏季的自来水管上常常可以看到有凝结水或露水存在，这一现象可以用露点温度形成来解释。在空调工程中的很多除湿过程，就是利用结露规律进行的。

(7)密度和比体积

湿空气是由于空气和水蒸气混合而成，而干空气和水蒸气是均匀混合并占有相同的体积，因此，湿空气的密度等于干空气的密度和水蒸气的密度之和，对于湿空气，单位体积的气体所具有的质量称为密度，即

$$\rho=m/V \tag{2-8}$$

式中 ρ——气体的密度，kg/m^3；

m——气体的质量，kg；

V——气体所占有的体积，m^3。

单位质量的物质所占有的体积称为比体积，也称为比容，用符号 v 表示，单位为 m^3/kg。比体积和密度实际上是两个相关的参数。两者呈倒数关系，即

$$v=\frac{V}{m}=\frac{1}{\rho}$$

式中 v——气体的比体积，m^3/kg。

由于湿空气是由于空气和水蒸气组成的混合物，两者具有相同的温度并占有相同的体积，即

$$m=m_a+m_v \tag{2-9}$$

式(2-9)各项同除以体积 V，则湿空气的密度等于干空气的密度加水蒸气的密度，即

$$\rho=\rho_a+\rho_v \tag{2-10}$$

将理想气体状态方程代入式(2-10)有

$$\begin{aligned}\rho&=\frac{p_a}{R_aT}+\frac{p_v}{R_vT}+\frac{B-p_v}{287T}+\frac{p_v}{461T}\\&=0.003\,49\frac{B}{T}-0.001\,34\frac{p_v}{T}\\&=0.003\,49\frac{B}{T}-0.001\,34\frac{\varphi\cdot p_{v,b}}{T}\end{aligned} \tag{2-10a}$$

从式(2-10a)可知，在大气压力和温度相同的情况下，湿空气的密度比干空气小，即湿空气比干空气轻。

如果我们仔细观察一下生活中的现象，我们也会意识到，潮湿的空气比干燥的空气要轻，比如，我们蒸桑拿的时候，所处位置越高就越难受，这是因为高处的水蒸气多，进而导致氧气的浓度较低，当然出汗效果也更好。如果我们观察蒸馒头的蒸笼，你也会发现，上面水汽缭绕，下面却没有什么水蒸气。在夏季，人们感到潮湿的空气闷热，并不是由于它的密度较大的原因所致，而是因为潮湿的空气降低了人们的发汗能力。

典型工作任务2 湿空气的焓湿图认知

2.2.1 任务目标

1. 了解湿空气焓湿图的组成及作用。
2. 掌握湿空气焓湿图的使用方法。

2.2.2 相关配套知识

1. 焓湿图的组成

在工程计算中，用公式计算和用查表方法来确定空气状态和参数是比较烦琐的，而且对空气的状态变化过程的分析也缺乏直观的感性认识。因此，为了便于工程应用，通常把一定大气压力下各种参数之间的相互关系做成线算图来进行计算。根据所取坐标系的不同，线算图有多种，国内常用的是焓湿图，简称 h-d 图。

以比焓 h 为纵坐标，以含湿量 d 为横坐标，表示大气压力 B 一定时，湿空气各个参数之间的关系。它包含五种线群：

①等焓线（为使图线不过密，两坐标轴间夹角为 135 ℃）。

②等温线（干球温度线）。

③等相对湿度线 φ。

④水蒸气分压力线 P_q。

⑤热湿比线。

h-d 图是取两个独立参数 h 和 d 作坐标轴，另一个独立状态参数 B 取为定值。为了使各种参数在坐标图上反映得清晰明了，两坐标轴之间的夹角取 135°，如图 2-4 所示，图中 d 为横坐标，h 为纵坐标，与 h 轴平行的各条线是等焓线，与 d 轴平行的直线是等含湿量线。此外，图上还作出了以下几条线。

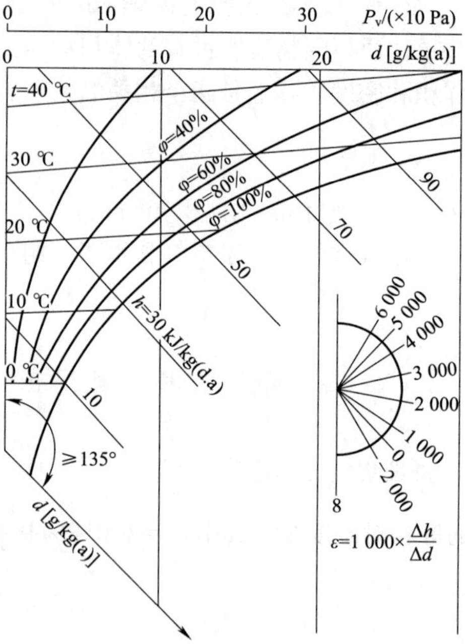

图 2-4 湿空气的焓湿图

(1)等温线

等温线是根据公式 $h=(1.01+1.84d)t+2\,500d$ 绘制的。当 $t=$constan t 时，等温线是一直线方程。其中 $1.01t$ 是截距，$(2\,500+1.84t)$ 是斜率。当温度取某一定值时，根据过两点可作一条直线的原理，即可在 h-d 图上作出该条等温线。

下面简要说明等温线的绘制过程。

①绘制 $t=0$ ℃的等温线当 $t=0$ ℃时，任取 $d_1=0$ 和 $d_2=d_x$，则可计算出 $h_1=0$ 和 $h_2=2\,500d$，由(0,0)和$(2\,500d_x, d_x)$在 h-d 图上可定出两个状态点 D 和 A，则 DA 直线就是 $T=0$ ℃的等温线，如图 2-5 所示。

②绘制 $t=10$ ℃的等温线当 $t=0$ ℃时，取 $d_1=0$，可计算出 $h_1=10.1$，取 $d_2=d_x$，$h=(1.01+1.84d)t+2\,500d_x$，因为(10.1,0)在纵轴上，即可由点 D 向上截取 DB 段（截距等于 10.1）得到 B 点，又根据$(10.1+2\,518.4d_x, d_x)$可在 h-d 图上定出状态点 C，则 BC 直线就是 $t=10$ ℃的等温线。

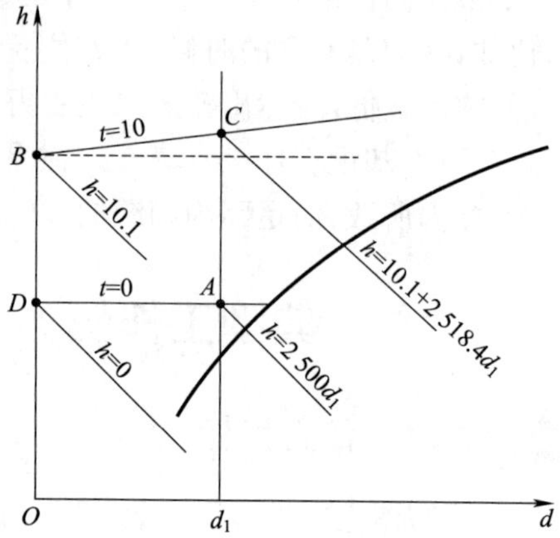

图 2-5 等温线的绘制

当 t 取 1 ℃,2 ℃,3 ℃,…,一系列的常数时,用上面同样的方法可绘出一簇不同的等温线。因为等温线的斜率($2\ 500+1.84t$)随着 t 值的不同有微小变化,所以各条等温线是不平行的。但由于 $1.84t$ 的数值比 2 500 小得多,t 值变化对等温线斜率的影响很小,因此,各条等温线可近似看作是平行的。

(2)等相对湿度线

等相对湿度线根据公式 $d=0.003\ 49\dfrac{B}{T}-0.001\ 34\dfrac{\varphi p_{\mathrm{v,b}}}{T}$ 绘制。从公式可知,含湿量是大气压力 B、相对湿度 φ 和饱和水蒸气分压力 $p_{\mathrm{v,b}}$ 的函数,即 $D=F(b,\varphi,p_{\mathrm{v,b}})$。由于大气压力 B 在作图时已取为定值,在本式中作为一常数。饱和水蒸气分压力 $p_{\mathrm{v,b}}$ 是温度的单值函数,可根据空气温度 t 从水蒸气性质表中查取。所以,实际上有:

$$d=f(\varphi,t)$$

这样当 φ 取一系列的常数时,即可根据 d 与 t 的关系在 h-d 图上绘出等相对温度线。

如当 $\varphi=90\%$ 时,有

$$d=622\times0.9p_{\mathrm{v,b}}/(b-0.9p_{\mathrm{v,b}})$$

任取温度 t,查取 $p_{\mathrm{v,b}}$,然后由上式计算出含湿量 d。当 t 取不同的值 $t_i(i=1,2,\cdots,n)$ 时,可从水蒸气性质表中查取 $p_{\mathrm{v,b}i}$,计算出相应的 d_i。由于每一对(t_i,d_i)可在 h-d 图上定出一个状态点,把 n 个状态点连接起来,就得出了 $\varphi=90\%$ 的等相对湿度线,如图 2-6 所示。当 φ 取不同的值重复上面的过程时,就可作出不同的等相对湿度线。其中,$\varphi=100\%$ 的是饱和湿度线,其下方是过饱和区,上方是湿空气区(未饱和区)。在湿空气区中的水蒸气处于过热状态。

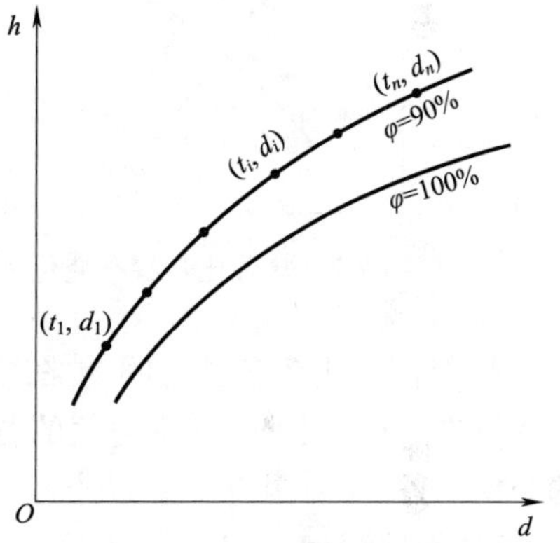

图 2-6 等相对湿度线的绘制

(3)水蒸气分压力线

由含湿量的计算式 $d=622p_{\mathrm{v}}/(B-p_{\mathrm{v}})$ 可知:当大气压力 B 等于常数时,$p_{\mathrm{v}}=f(d)$,即水蒸气的分压力 p_{v} 和含湿量 d 是一一对应的,有一个 d 就可确定出一个 p_{v}。所以,在 d 轴的上方设了一条水平线,标出了与 d 所对应的 p_{v} 值。

(4)热湿比线(又称角系数,状态变化过程线)

为了说明空气状态变化的方向和特征,常用空气状态变化前后的焓差和含湿量差的比值来表征,这个比值称为热湿比 ε,即

$$\varepsilon=(h_{\mathrm{B}}-h_{\mathrm{A}})/(d_{\mathrm{B}}-d_{\mathrm{A}})=\Delta h/\Delta d$$

从热湿比的定义式可知,ε 实际上是直线 AB 的斜率(图 2-7)。因为直线的斜率与起始位置无关,两条斜率相同的直线必然平行。因此,在 h-d 图的右下方作出了一簇射线(ε 线),供在图上分析空气状态变化过程时使用。

实际工程中,除了用平行线法作热湿比线外,还可在图上直接绘制 ε 线,这种方法比平行线法精确些。如设有

$$\varepsilon=\Delta h/(\Delta d/1\ 000)=5\ 000$$

则由 $\Delta h:\Delta d=5:1$,任取 $\Delta d=2$,有 $\Delta h=10$。如取空气初状态 A 的值为(h_1,d_1),则可计算

出另一状态点(h_2,d_2),过这两点的直线就是所求的热湿比线。

需要注意的是,以上 h-d 图的绘制是在大气压力 B 等于某个定值的情况下得出的。如果大气压力不同,所求出的参数也不同。如温度 t 和相对湿度 φ 相同的两种湿空气,如果所处的大气压力 B 不同,则该两种湿空气所具有的含湿量 d 是不同的。由含湿量 d 的计算式(2-4)可知:含湿量 d 随着大气压力 B 的增加而减少,反之亦然。因此,如果大气压力 B 有变化,等相对湿度线必将会产生相应的变化,如图 2-8 所示。所以,在实际应用中,应采用符合当地大气压力的 h-d 图。当大气压力的差值小于 2 kPa 时,相对湿度 φ 值的差别一般小于 2%。这时,大气压力不同的地区可近似采用同一个 h-d 图。

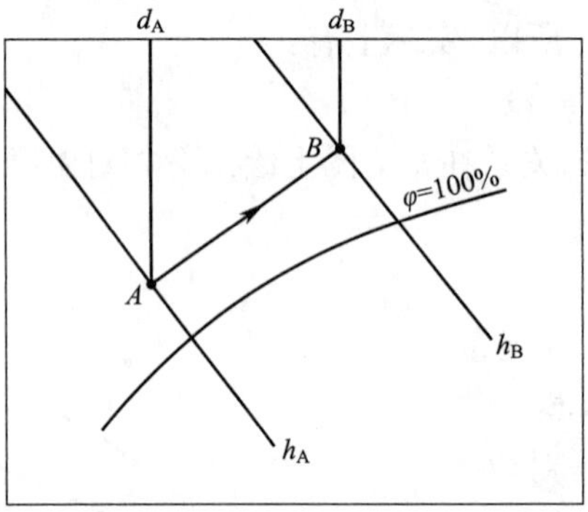

图 2-7 热湿比与状态变化过程线的关系

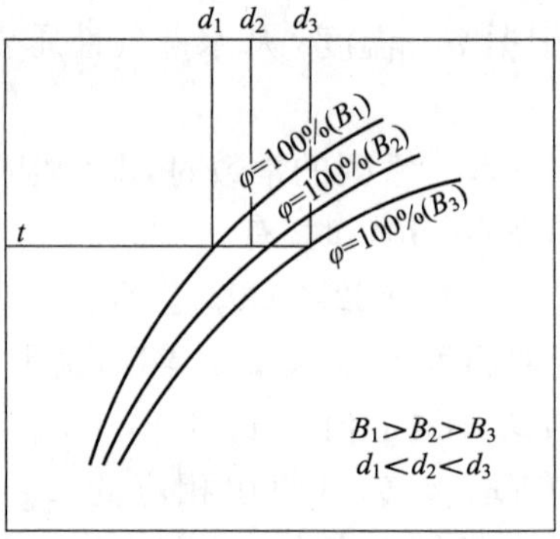

图 2-8 大气压对相对湿度的影响

2. 焓湿图上各参数之间的关系

首先,焓湿图表示了湿空气的各个状态参数,他们之间的关系是怎么样的呢,通过上面的介绍,可得所有湿空气参数分为五个独立参数(组):

(1)干球温度(t)或饱和水蒸气分压力(P_{qb}),前者是独立参数,后者不是,但和干球温度一一对应,二者知其一即可。

(2)湿球温度(t_s)。

(3)含湿量(d),水蒸气分压力(P_g),露点温度(t_L),其中含湿量是独立参数,而后两者都由含湿量决定,且是一一对应关系,因此三者知其一就可得出其他两个。

(4)相对湿度(φ)。

(5)焓(h)。

这五个独立参数(组)只要知道其中两个,就可以确定湿空气在焓湿图上的位置,如果都是独立参数,可以直接从图上查出,如果不是,则有时需要计算出独立参数才可以从图上查出,继而得出其他参数。

因为不同的大气压力有不同的焓湿图,因此使用焓湿图之前都要先确定大气压力值,如果不是在高原地区,一般使用标准大气压力(atm)及对应的焓湿图。

例 2-1 已知大气压力 B=101 325 Pa,空气初状态 A 的温度 t_A=20 ℃,相对湿度 φ=60%。当空气吸收 Q=10 000 kJ/h 的热量和 W=2 kg/h 湿量后,空气的焓值为 h_b=59 kJ/kg(a),求终状态 B。

解:(1)平行线法

在大气压力 $B=101\ 325$ Pa 的 h-d 图上，由 $t_A=20$ ℃，$\varphi=60\%$确定出空气的初状态 A。求出热湿比 $\varepsilon=Q/W=(10\ 000/2)kJ/kg=5\ 000$ kJ/kg。

根据ε值，在 h-d 图的ε标尺上找出 $\varepsilon=5\ 000$ kJ/kg 的线，然后过 A 点作与 $\varepsilon=5\ 000$ kJ/kg 线平行的线。此过程线与 $h_B=59$ kJ/kg(a)的等焓线的交点，就是所求的终状态点 B，如图 2-9 所示。

由图中可查得：$t_B=28$ ℃，$\varphi_B=51\%$，$d_B=12$ g/kg(a)

(2)辅助点法

$$\varepsilon=(h_B-h_A)/(d_B-d_A)=\Delta h/\Delta d=(10\ 000/2)\ \text{kJ/kg}=5\ 000\ \text{kJ/kg}$$

任取 $\Delta d=4$ g/kg(a)，则有 $\Delta h=(5\ 000\times4\times10^{-3})$ kJ/kg(a)$=20$ kJ/kg(a)

现分别作过初状态点 A，$\Delta h=20$ kJ/kg(a)的等焓线和 $\Delta d=4$ g/kg(a)的等含湿量线。设两线的交点为 B'，则 AB'连线就是 $\varepsilon=5\ 000$ kJ/kg 的空气状态变化过程线。

此过程与 $h=59$ kJ/kg(a)的等焓线的交点 B，就是所求的终状态点，如图 2-10 所示，图中点 B'称为辅助点。

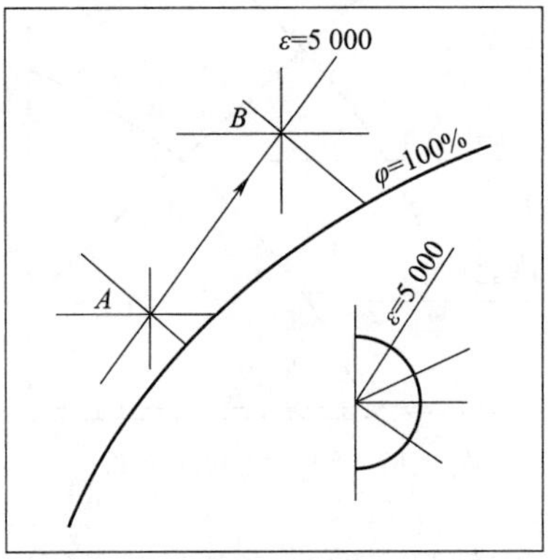

图 2-9　平行线法绘制热湿比线

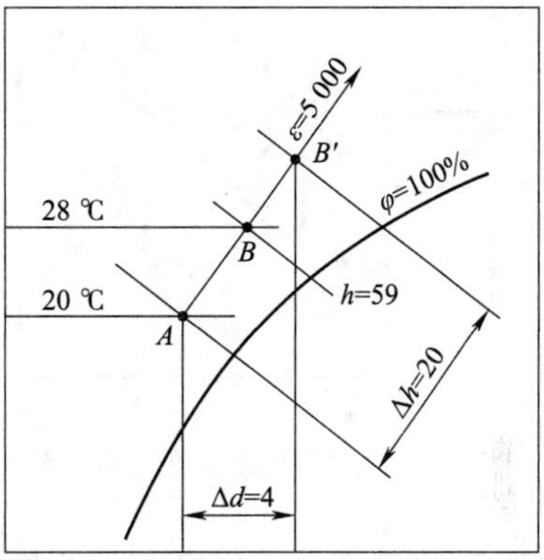

图 2-10　辅助点法绘制热湿比线

典型工作任务 3　湿空气焓湿图应用

2.3.1　任务目标

1. 理解单级蒸气压缩式制冷实际循环与理论循环的区别。
2. 掌握液体过冷、吸气过热及回热的概念，能够绘制相应的压焓图。
3. 掌握各种实际情况变化对制冷循环的影响，能够进行性能分析。

2.3.2　相关配套知识

无论是在空调系统设计计算中，还是在空调系统运行调试与管理中，都离不开湿空气的焓湿图。通过湿空气的焓湿图可以：

①确定湿空气的状态参数；

②表示湿空气状态变化过程；

③求得两种或多种湿空气的混合状态；

④确定空调系统的送风状态点及送风焓差；

⑤分析空调系统设计与运行工况。

1. 根据两个独立的状态参数确定空气状态及其余参数

湿空气的独立参数共有 t、d、φ、h 及 t_s 5 个。当大气压力 B 一定时，可以根据其中任意两个决定空气状态，再从 h-d 图上查得 t_d、p_v、$p_{v,b}$ 及 d_b 等参数，如图 2-11 所示。

例 2-2 已知大气压力 $B=101\ 325$ Pa，空气的温度 $t=20$ ℃，相对湿度 $\varphi=60\%$，求露点温度 t_L 和湿球温度 t_s。

解：已知 $B=101\ 325$ Pa，$t=20$ ℃，$\varphi=60\%$，在湿空气的 h-d 图上确定空气状态点 A，如图 2-12 所示。

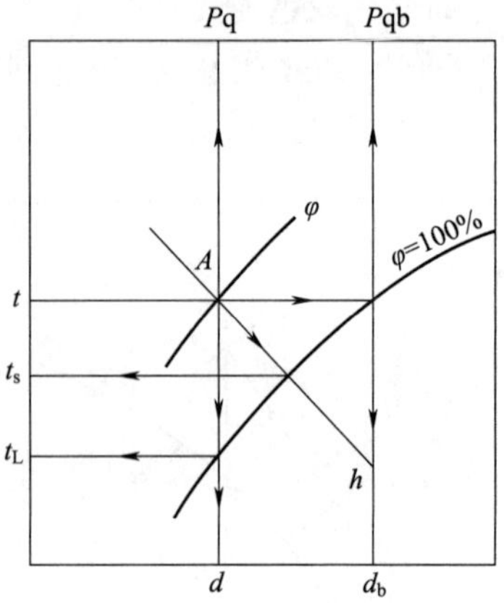

图 2-11 空气状态参数间的关系

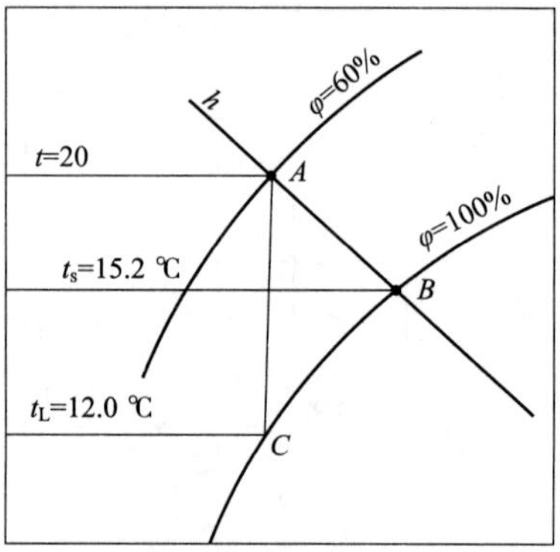

图 2-12 湿空气的 h-d 图

前已述及，将不饱和空气冷却达到饱和时，所对应的温度即为露点温度。所以在 h-d 图上，将 A 状态空气沿等 d_A 线冷却到与 $\varphi=100\%$ 的饱和线相交，则交点 C 的温度即为 A 状态空气的露点温度，$t_L=12$ ℃(图 2-12)。

过 A 点作 $h=42.5$ kJ/kg(a)等焓线与 $\varphi=100\%$线相交，则交点 B 的温度即为 A 状态空气的湿球温度，$t_s=15.2$ ℃(图 2-12)。

2. 空气状态变化过程在 h-d 图上的表示

利用 h-d 图能表示空气状态的变化过程，各种变化过程的方向和特征可用热湿比 ε 表示。图 2-13 绘制了空气状态变化的几种典型过程，现分述如下。

(1)等湿(干式)加热过程

空气调节中常用表面式空气加热器(或电加热器)来处理空气。当空气通过加热器时获得了热量，提高了温度，但含湿量并没变化。因此，空气状态变化是等湿增焓升温过程，如图 2-13 中 $A\rightarrow B$ 所示。在状态变化过程中 $d_A=d_B$，$h_A>h_B$，故其热湿比 ε 为

$$\varepsilon=\frac{h_E-h_A}{d_E-d_A}=\frac{h_B-h_A}{d_B-d_A}=\frac{h_B-h_A}{0}=+\infty$$

(2)等湿(干式)冷却过程

如果用表面式冷却器处理空气，且其表面温度比空气露点温度高，则空气将在含湿量不

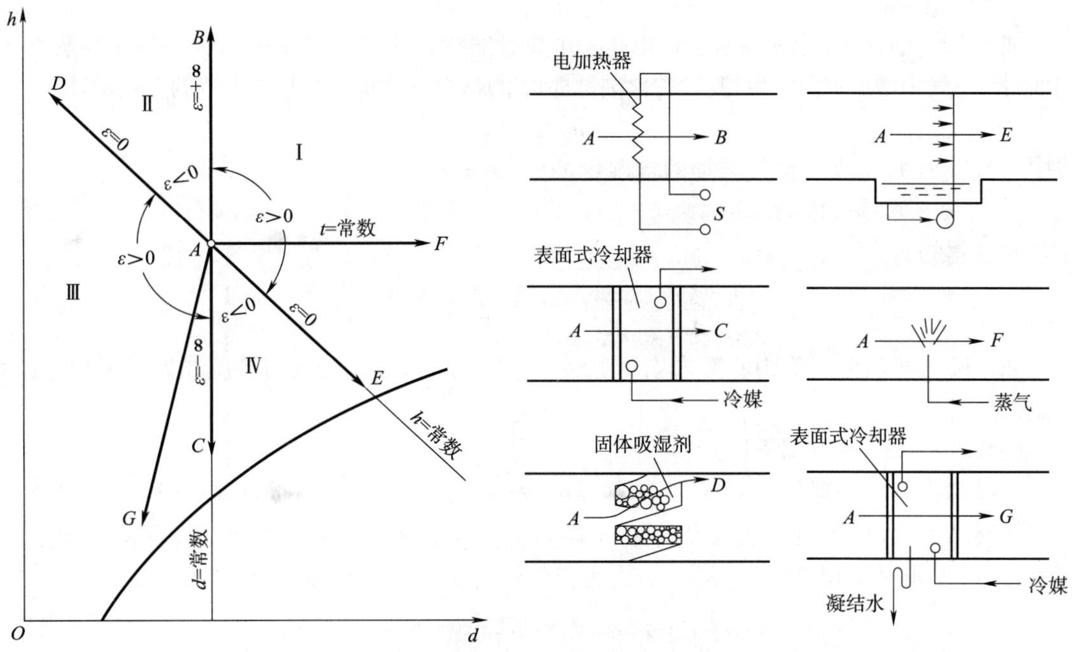

图 2-13 几种典型的空气状态变化过程

变的情况下冷却，其焓值必相应减少。因此，空气状态为等湿减焓降温过程，如图 2-13 中 $A \to C$ 所示。由于 $d_A = d_C$，$h_A < h_C$，故其热湿比 ε 为

$$\varepsilon = \frac{h_C - h_A}{d_C - d_A} = \frac{h_C - h_A}{0} = -\infty$$

(3)等焓减湿过程

用固体吸湿剂(例如硅胶)处理空气时，水蒸气被吸附，空气的含湿量降低，空气失去潜热而得到水蒸气凝结时放出的汽化热，使温度增高，但焓值基本没变，只是略微减少了凝结水带走的液体热，空气近似按等焓减湿升温过程变化，如图 2-13 中 $A \to D$ 所示，其 ε 值为

$$\varepsilon = \frac{h_D - h_A}{d_D - d_A} = \frac{0}{d_D - d_A} = 0$$

(4)等焓加湿过程

用喷水室喷循环水处理空气时，水吸收空气的热量而蒸发为水蒸气，空气失掉显热量，温度降低，水蒸气到空气中使含湿量增加，潜热量也增加。由于空气失掉显热，得到潜热，因而空气焓值基本不变，所以称此过程为等焓加湿过程。由于此过程与外界没有热量交换，故又称为绝热加湿过程。此时，循环水温将稳定在空气的湿球温度上，如图 2-13 中 $A \to E$ 所示。由于状态变化前后空气焓值相等，因而 ε 值为

$$\varepsilon = \frac{h_E - h_A}{d_E - d_A} = \frac{0}{d_E - d_A} = 0$$

此过程和湿球温度计表面空气的状态变化过程相似。严格地讲，空气的焓值也是略有增加的，其增加值为蒸发到空气中的水的液体热，但因这部分热量很少，因而近似认为绝热加湿过程是一等焓过程。

(5)等温加湿过程

如图 2-13 中 $A \to F$ 所示过程。这也是一个典型的状态变化过程，是通过向空气中喷蒸汽而实现的。空气中增加水蒸气后，其焓和含湿量都将增加，焓的增加值为加入蒸汽的全热量，即

$$\Delta h = \Delta d h_V$$

式中 Δd——每千克干空气增加的含湿量，kg/kg(a)；

h_V——水蒸气的焓。

此过程的 ε 值为

$$\varepsilon = \frac{\Delta h}{\Delta d} = \frac{\Delta d h_V}{\Delta d} = h_V = 2\ 500 + 1.84t$$

如果喷入蒸汽温度为 100 ℃左右，则 $\varepsilon = 2\ 690$ kJ/kg，该过程线与等温线近似平行，故为等温加湿过程。

(6)减湿冷却(或冷却干燥)过程

如果用表面冷却器处理空气，当冷却器的表面温度低于空气的露点温度时，空气中的水蒸气将凝结为水，从而使空气减湿(或称干燥)，空气的变化过程为减湿冷却过程或冷却干燥过程，此过程如图 2-13 中 $A \to G$ 所示，因为空气焓值及含湿量均减少，故热湿比 ε 为

$$\varepsilon = \frac{h_G - h_A}{d_G - d_A} = \frac{-\Delta h}{-\Delta d} > 0$$

如果用温度低于空气露点温度的水处理空气，也能实现此过程。

以上介绍了空气调节中常用的六种典型空气状态变化过程。从图 2-13 可看出代表四种过程的 $\varepsilon = \pm\infty$ 和 $\varepsilon = 0$ 的两条线将 h-d 图平面分成了四个象限，每个象限内的空气状态变化过程都有各自的特征，详见表 2-2。

表 2-2 空气状态变化的四个象限及特征表

象 限	热湿比	状态变化特征
Ⅰ	$\varepsilon > 0$	增焓加湿升温(或等温、降温)
Ⅱ	$\varepsilon < 0$	增焓减湿升温
Ⅲ	$\varepsilon > 0$	减焓减湿降温(或等温、升温)
Ⅳ	$\varepsilon < 0$	减焓加湿降温

3. 两种不同状态空气混合过程的计算

不同状态的空气互相混合，在空气调节过程中是最基本、最节能的处理过程。如新回风的混合，冷热风的混合，干湿风的混合等等。为此，必须研究不同状态的空气混合规律及空气混合时在 h-d 图上的表示，具体方法如下。

设有两种状态分别为 A 和 B 的空气相混合(图 2-14)，根据能量和质量守恒原理，有

$$G_A h_A + G_B h_B = (G_A + G_B) h_C \qquad (2\text{-}11)$$

$$G_A h_A + G_B h_B = (G_A + G_B) d_C \qquad (2\text{-}12)$$

混合后空气的状态点即可从式(2-12)和式(2-13)中解出，即

$$h_C = (G_A h_A + G_B h_B)/(G_A + G_B) \qquad (2\text{-}13)$$

$$d_C = (G_A d_A + G_B h_B)/(G_A + G_B) \qquad (2\text{-}14)$$

这里需要注意的是：G 的单位本应当是 kg(a)，但是由于空气中的水蒸气量是很少的，因

此，用湿空气的质量代替干空气的质量计算时，所造成的误差处于工程计算所允许的范围。

由式(2-11)和(2-12)可以分别解得

$$\frac{G_A}{G_B}=\frac{(h_B-h_C)}{(h_C-h_A)}$$

$$\frac{G_A}{G_B}=\frac{(d_B-d_C)}{(d_C-d_A)}$$

即

$$\frac{(h_B-h_C)}{h_B-h_C}=\frac{(d_B-d_C)}{(d_C-d_A)}$$

由上式可以得出

$$\frac{(h_B-h_C)}{d_B-d_C}=\frac{(h_C-h_A)}{(d_C-d_A)}$$

上式中的左边是直线$\overline{BC}$的斜率，右边是直线$\overline{CA}$的斜率。两条直线的斜率相等，说明直线$\overline{BC}$与直线$\overline{CA}$平行，又因为混合点 C 是两直线的交点，说明状态点 A、B、C 是在一条直线上，如图 2-14 所示。

从图 2-14 中可知，由平行切割定理

$$\frac{\overline{BC}}{\overline{CA}}=\frac{(d_B-d_C)}{(d_C-d_A)}$$

又因为

$$\frac{(d_B-d_C)}{(d_C-d_A)}=\frac{(h_B-h_C)}{(h_C-h_A)}=\frac{G_A}{G_B}$$

所以

$$\frac{\overline{BC}}{\overline{CA}}=\frac{G_A}{G_B} \tag{2-15}$$

此结果表明：当两种不同状态的空气混合时，混合点在过两种空气状态点的连线上，并将过两状态点的连线分为两段，所分两段直线的长度之比与参与混合的两种状态空气的质量成反比(即混合点靠近质量大的空气状态点一端)。

如果混合点 C 出现在过饱和区，这种空气状态的存在只是暂时的，多余的水蒸气会立即凝结，从空气中分离出来，空气将恢复到饱和状态。多余的水蒸气凝结时，会带走水的显热，因此，空气的焓略有减少。空气状态的变化如图 2-15 所示，并存在如下的关系

$$h_D=h_C-4.19\Delta d t_D \tag{2-16}$$

式(2-16)中的 h_D、Δd 和 t_D 是三个互相有关的未知数，要确定 h_D 的值，需要用试算法。实际上，由于水分带走的显热很少，空气的变化过程线也可近似看作是等焓过程。

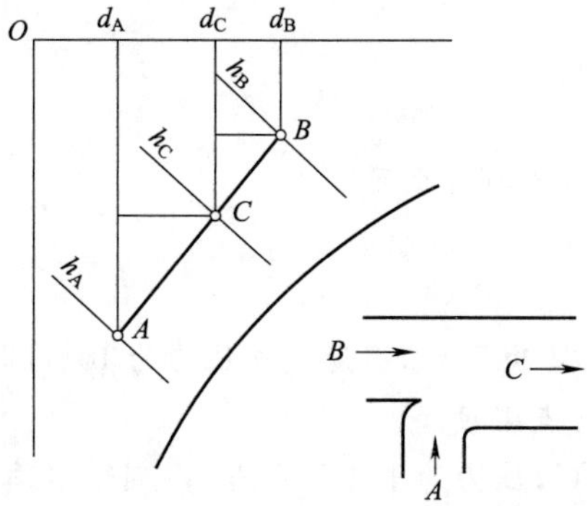

图 2-14 两种状态空气的混合在 h-d 图上表示

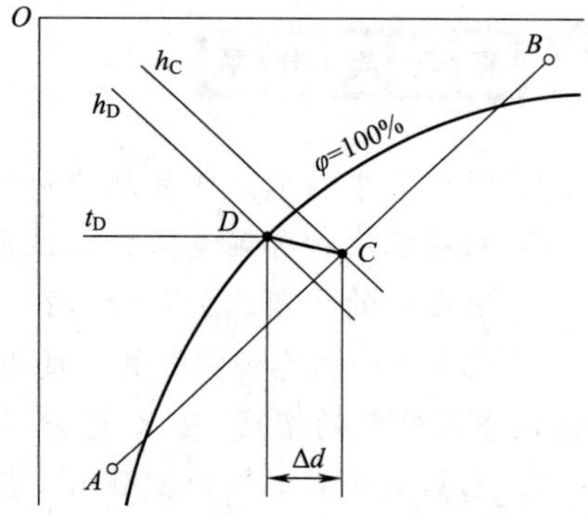

图 2-15 过饱和区空气状态的变化过程

例 2-3 某空调系统采用新风和部分室内回风混合处理后送入空调房间。已知大气压力 $B=101\ 325$ Pa，回风量 $G_A=10\ 000$ kg/h，回风状态的 $t_A=20$ ℃，$\varphi_A=60\%$。新风量 $G_B=2\ 500$ kg/h，新风状态的 $t_B=35$ ℃，$\varphi_B=80\%$。试确定出空气的混合状态点 C。

解：两种不同状态空气的混合状态点可根据混合规律用作图法确定，也可以用计算方法得出，这里采用计算法求解。

在大气压力 $B=101\ 325$ Pa 的 h-d 图上，由已知条件确定出 A、B 两种空气的状点，并得：$h_A=42.5$ kJ/kg(a)，$d_A=8.8$ g/kg(a)，$h_B=109.4$ kJ/kg(a)，$d_B=29.0$ g/kg(a)，将上述值代入式(2-13)和式(2-14)中，计算可得

$$h_C=\left(\frac{10\ 000\times42.5+2\ 500\times109.4}{10\ 000+2\ 500}\right)\ \text{kJ/kg(a)}=55.9\ \text{kJ/kg(a)}$$

$$d_C=\left(\frac{10\ 000\times8.8+2\ 500\times29.0}{10\ 000+2\ 500}\right)\ \text{g/kg(a)}=12.8\ \text{g/kg(a)}$$

由求出的 h_C、d_C，即可在 h-d 图上确定出空气的混合状态点 C 及其余参数(图 2-16)。

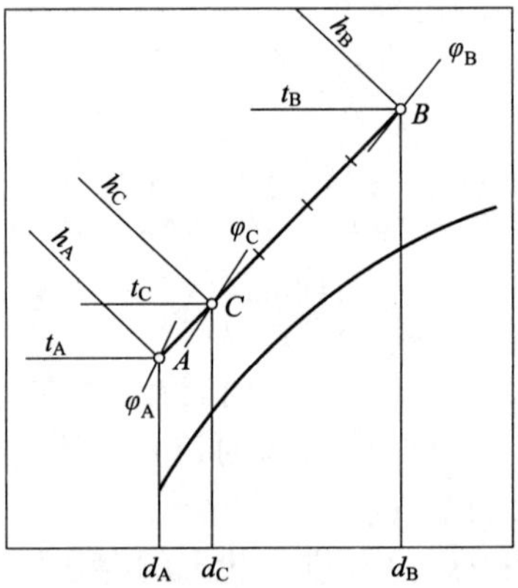

图 2-16 湿空气的 h-d 图

实际上，根据混合规律，空气的混合状态点 C 必定在过 $\overline{AB}$ 直线上的某个中间位置，因此，只需计算出 h_C、d_C 中的一个，即可在 h-d 图上由 h_C 或 d_C 线与 $\overline{AB}$ 直线的交点确定出空气的混合状态点 C 及其余参数。

复习思考题

1. 湿空气中的水蒸气分压力和饱和水蒸气分压力有什么不同？

2. 相对湿度和含湿量有什么区别和联系？

3. 热湿比的物理意义是什么？

4. 已知某一状态湿空气的温度为 30 ℃，相对湿度为 50%，当地大气压力为 101 325 Pa，试求该状态湿空气的密度、含湿量、水蒸气分压力和露点温度。

5. 已知某房间体积为 100 m^3，室内温度为 20 ℃，压力为 101 325 Pa，现测得水蒸气分压力为 1 600 Pa，试求：(1)相对湿度和含湿量。(2)房间中湿空气、干空气和水蒸气的质量。(3)空气的露点温度。

6. 100 kg 温度为 22 ℃、含湿量为 5.5 g/kg(a)的空气中加入 1 kg 的水蒸气，试求加湿后空气的含湿量、相对湿度和焓。设当地大气压力为 101 325 Pa。

7. 一空调冷水管通过空气温度为 20 ℃的房间，如果管道内的冷水温度为 10 ℃，且没有保温。为了防止水管表面结露，房间内所允许的最大相对湿度是多少？

8. 2 kg 压力为 101 325 Pa、温度为 32 ℃、相对湿度为 50%的湿空气，处理后的温度为 22 ℃，相对湿度为 85%。试求：(1)状态变化过程的热湿比。(2)空气处理过程中的热交换量和湿交换量。

9. 对 1 000 kg 温度为 22 ℃，相对湿度为 60%的空气中加入 1 700 kJ 的热量和 2 kg 的水蒸气，试求空气的终状态。

10. 试用辅助点法做出起始状态温度为 18 ℃、相对湿度为 45%、热湿比为 5 000 kJ/kg 和−2 000 kJ/kg 的空气状态变化过程线。

11. 已知空调系统的新风量及其状态参数为 G_W＝200 kg/h，t_W＝31 ℃，φ_W＝80%。回风量及其状态参数为 G_n＝1 400 kg/h，t_n＝22 ℃，φ_n＝60%，试求新、回风混合后混合空气的温度、含湿量和焓。

12. 状态为 t_1＝24 ℃，φ_1＝55%，t_2＝14 ℃，φ_2＝95%的两种空气混合，已知混合空气的温度为 t_3＝20 ℃，总风量为 11 000 kg/h，试求所需要的两种不同状态的空气量。

13. 某空调系统每小时需要 t_C＝25 ℃、φ_C＝60%的湿空气 15 000 m^3。若新空气 t_1＝5 ℃、φ_1＝80%；循环空气 t_2＝26 ℃、φ_2＝70%。将新空气加热后，与循环空气混合送入空调系统。试求(1)需将新空气加热到多少摄氏度？(2)新空气与循环空气进行绝热混合，它们的质量各为多少千克？

项目3 制冷原理

项目描述

用一定的方法使某物体或空间的温度低于周围环境介质的温度，并且使其维持在某一范围内，这个过程称为制冷。为了维持客车车厢内的温度比环境温度低，就必须把进入车内的余热（因车内外温度差通过车体传入的热量、太阳的辐射热量、旅客或货物散发的热量以及机电设备的散热等）不断地转移到周围环境中去。制冷装置就能起到转移热量的作用，因此制冷装置是空调客车和冷藏车不可缺少的设备。

根据热力学第二定律，要将热量从低温物体转移到高温物体，这是一个非自发的过程，必须要对系统进行能量补偿。具体的能量补偿方法有两种：(1)对工质做功；(2)对工质加热。因此根据补偿方法的不同有蒸气压缩式制冷、吸收式制冷等方法。由于蒸气压缩式制冷机结构紧凑，运行安全可靠，制冷温度和制冷量范围大，又便于实现自动控制和调节，目前在铁路冷藏运输和空气调节中应用最广泛。本项目主要学习蒸气压缩式制冷的工作原理、蒸气压缩式制冷循环的组成及工作过程、热泵的工作原理、其他一些制冷方法的原理、常用制冷剂的性质及特点，为客车空调装置的维护与检修奠定一定的理论基础。

学习目标

1. 知识目标：掌握蒸气压缩式制冷原理及工作过程。
   了解热泵的工作原理。
   了解其他制冷方法的原理、常用制冷剂的性质及特点。
2. 能力目标：能正确运用热力学知识分析蒸气压缩式制冷循环的工作过程。
   能阐述常用制冷剂的性质及特点。
3. 素质目标：养成爱护设备的良好习惯。
   养成安全生产及规范作业的意识。
   养成善于沟通、团结共事的团队意识。

相关案例

在日常生活中我们都有这样的体会,如果给皮肤上涂抹酒精液体时,就会发现皮肤上的酒精很快干掉,并给皮肤带来凉快的感觉,这是什么原因呢?这是因为酒精由液体变为气体时吸收了皮肤上热量的缘故。由此可见,液体汽化时要从周围物体吸收热量。单级蒸气压缩式制冷,就是利用制冷剂由液体状态汽化为蒸气状态过程中吸收热量,被冷却介质因失去热量而降低温度,达到制冷的目的。制冷剂在变为蒸气之后,需要对它进行压缩、冷凝,继而进行再次汽化吸热。

典型工作任务1 蒸气压缩式制冷工作原理认知

3.1.1 任务目标

1. 了解制冷剂的变化过程。
2. 掌握蒸气压缩式制冷的工作原理。
3. 熟悉制冷系统的基本组成及各部件的主要用途。

3.1.2 相关配套知识

1. 汽化与冷凝

物质由液态转变为气态的过程,称为汽化。汽化的方式有两种:蒸发和沸腾。无论是蒸发还是沸腾,都是吸热过程,吸收的热量称为汽化潜热。

只在液体表面发生的汽化现象,叫作蒸发。蒸发在任何温度下都可进行。蒸发的快慢主要取决于温度,同时还与蒸发面积、液面上的蒸气密度有关。温度越高、蒸发面积越大,液面上蒸气密度越小,蒸发速度愈快;反之,则愈慢。对不同液体,蒸发速度是不同的。

在液体表面和内部同时进行的剧烈的汽化现象,称为沸腾。在一定的压力条件下,只有当液体的温度达到一定的值时,才会发生沸腾,且在整个沸腾过程中温度始终保持不变。沸腾时的温度叫沸点。液体的沸点与所受的压力是一一对应的,通常把某一压力下的沸点叫作这一压力下的饱和温度,而对应的压力叫饱和压力。同一物质的饱和压力和温度呈正比例关系,即饱和压力高,饱和温度就高;反之,饱和温度就低。而不同物质即使在同一压力下饱和温度也不同,且有的相差很大。如水在一个大气压力下,饱和温度为 100 ℃,汽化潜热为 2 258 kJ/kg;而在两个大气压下饱和温度是 120 ℃,汽化潜热为 2 202.2 kJ/kg。而 R12 在一个大气压下的饱和温度是−29.8 ℃,汽化潜热为 165.3 kJ/kg;在两个大气压下的饱和温度是−12 ℃,汽化潜热为 157.3 kJ/kg。制冷常用工质 R12、R22、R134a 的饱和压力与饱和温度见附表 3-1~附表 3-3。

应该指出:在制冷工程中,制冷剂液体在蒸发器中进行的汽化过程实际上是沸腾过程而不是蒸发过程,且把沸点(即饱和温度)叫蒸发温度,相应的压力(饱和压力)叫蒸发压力。

物质由气态转变为液态的过程，称为冷凝（也称液化）。冷凝是汽化的相反过程。在一定压力下，只有当蒸气周围的温度低于其对应的冷凝温度时，蒸气才能向周围放出热量，冷凝成液体。在冷凝过程中放出的热量，称为冷凝潜热（也称液化潜热），冷凝潜热与汽化潜热在数值上相等；冷凝过程中温度同样保持不变。同一物质的冷凝温度与冷凝压力也是一一对应的，与蒸发温度与蒸发压力的对应关系一样。如在两个大气压力下，R12 气体的冷凝温度与 R12 液体的蒸发温度都是 −12 ℃，若使两个大气压力下的这种蒸气冷凝，只要周围有低于其冷凝温度 −12 ℃的冷却介质，则蒸气就会放出热量冷凝成液体。如用温度为 35 ℃的环境空气作为 R12 蒸气的冷却介质，则 R12 蒸气的冷凝温度一定得在 35 ℃以上，而相应的冷凝压力就一定得在 0.9 MPa 以上。

2. 蒸气压缩式制冷机的工作原理

由于一些物质在常压下的饱和温度很低，工程上常利用其汽化时吸热的特性来制冷。例如 R12 在一个大气压下的饱和温度是 −29.8 ℃，所以若将装有 R12 液体的容器敞开口，放在密闭的被冷却空间内，由于被冷却空间内空气的温度高于 R12 的沸点，所以 R12 液体将吸热汽化，使被冷却空间内空气温度逐渐下降，这个降温过程直到容器内的 R12 液体汽化完为止。为了将汽化的 R12 蒸气回收使用，需将它再冷凝成液体，如用环境介质（如大气或水）来冷凝，蒸气的冷凝温度就要比环境介质温度稍高一些。我们知道压力较高的蒸气其冷凝温度也比较高，因此只要将 R12 蒸气用压缩机压缩到所需的冷凝温度相对应的饱和压力，就能用环境介质来冷凝它，使在被冷却空间吸热汽化的 R12 蒸气重新冷凝成液体。由于冷凝后制冷剂液体的温度还高于被冷却空间空气的温度，因此必须让冷凝后的制冷剂液体降压降温，使其温度低于被冷却空间的温度，这样降压降温后的制冷剂液体就可以在被冷却空间内重新吸热汽化。

制冷剂在一个封闭的系统中只消耗压缩机的压缩功就能反复地实现制冷剂由液体变成蒸气，再由蒸气变成液体的相态变化，并通过这种相变将低温处的热量转移到高温处，这就是蒸气压缩式制冷机的工作原理。

蒸气压缩式制冷机主要由压缩机、冷凝器、节流装置和蒸发器四个部件组成，并用管道连接成一个封闭的循环系统，如图 3-1 所示。

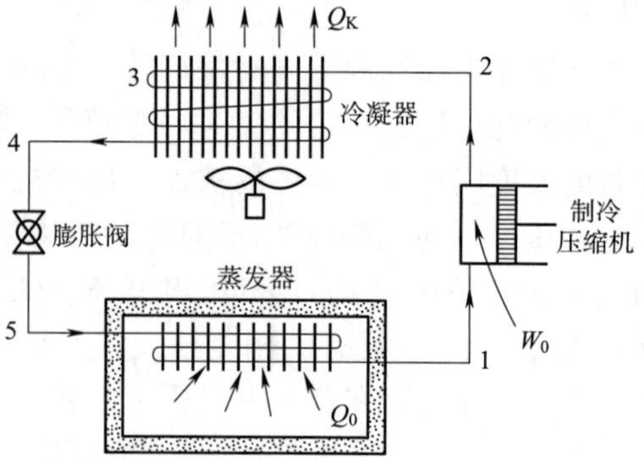

图 3-1　蒸气压缩式制冷工作原理图

其工作过程如下：

低温低压的制冷剂液体在蒸发器中吸收被冷却空间的热量而汽化成低温低压的蒸气被压缩机吸入。压缩机消耗一定的机械功将制冷剂蒸气压缩成压力、温度较高的蒸气并排入冷凝器。高温、高压的制冷剂蒸气在冷凝器内被环境介质（空气或水冷却），制冷剂蒸气放出热量而被冷凝成液体。高温、高压的制冷剂液体经过节流装置节流降压，同时温度也降低，然后再进入蒸发器。在蒸发器中，低压、低温的制冷剂液体又吸收被冷却空间的热量，蒸发成低压、低温蒸气，再被压缩机吸入，如此周而复始地循环。

这样，制冷剂在封闭的制冷系统中经压缩、冷凝、节流和蒸发等四个热力过程才完成一次循环。在循环中，压缩机要消耗一定的功，才能将低温物体放出的热量转移到高温的环境介质中去，以达到制冷的目的。

3. 制冷系统各部件的主要用途

(1)制冷压缩机

制冷压缩机是制冷循环的动力，它由原动机(如电动机)拖动而工作，它除了可以及时抽出蒸发器内蒸气，维持低温低压外，还可以通过压缩作用提高制冷剂蒸气的压力和温度，创造将制冷剂蒸气的热量向外界环境介质转移的条件，即将低温低压制冷剂蒸气压缩至高温高压状态，以便能用常温的空气或水作冷却介质来冷凝制冷剂蒸气。

(2)冷凝器

冷凝器是一个热交换设备，其作用是利用环境冷却介质如空气或水，将来自制冷压缩机的高温高压制冷剂蒸气的热量带走，使高温高压制冷剂蒸气冷却、冷凝成高压常温的制冷剂液体。冷凝器向冷却介质散发热量的多少，与冷凝器的面积大小成正比，与制冷剂蒸气温度和冷却介质温度之间的温度差成正比。所以，要散发一定的热量，就需要足够大的冷凝器面积，也需要一定的换热温度差。

(3)节流元件

高压常温的制冷剂液体不能直接送入低温低压的蒸发器。根据饱和压力与饱和温度一一对应原理，降低制冷剂液体的压力，从而降低制冷剂液体的温度。将高压常温的制冷剂液体通过降压装置——节流元件，得到低温低压制冷剂，再送入蒸发器吸热汽化。目前，蒸气压缩式制冷系统中常用的节流元件有膨胀阀和毛细管。

(4)蒸发器

蒸发器也是一个热交换设备。节流后的低温、低压制冷剂液体在其内蒸发(沸腾)变为蒸气，吸收被冷却介质的热量，使被冷却介质温度下降，达到制冷的目的。蒸发器吸收热量的多少与蒸发器的面积大小成正比，与制冷剂的蒸发温度和被冷却介质温度之间的温度差成正比，当然，也与蒸发器内液体制冷剂的多少有关。所以，蒸发器要吸收一定的热量，就需要与之相匹配的蒸发器面积，也需要一定的换热温度差，还需要供给蒸发器适量的液体制冷剂。

【拓展知识】

家用电冰箱制冷系统

家用电冰箱的制冷系统主要由压缩机、冷凝器、电磁阀、毛细管、蒸发器等组成。电冰箱的核心部件是压缩机，家用电冰箱压缩机采用全封闭式压缩机，电冰箱的制冷工作原理如下：

(1)第一制冷回路A：压缩机→冷凝器→二位三通电磁阀→第一毛细管→冷藏室蒸发器→冷冻室蒸发器→压缩机。

(2)第二制冷回路B：压缩机→冷凝器→二位三通电磁阀→第二毛细管→冷冻室蒸发器→压缩机。

典型的压缩式电冰箱制冷系统，如图3-2所示。

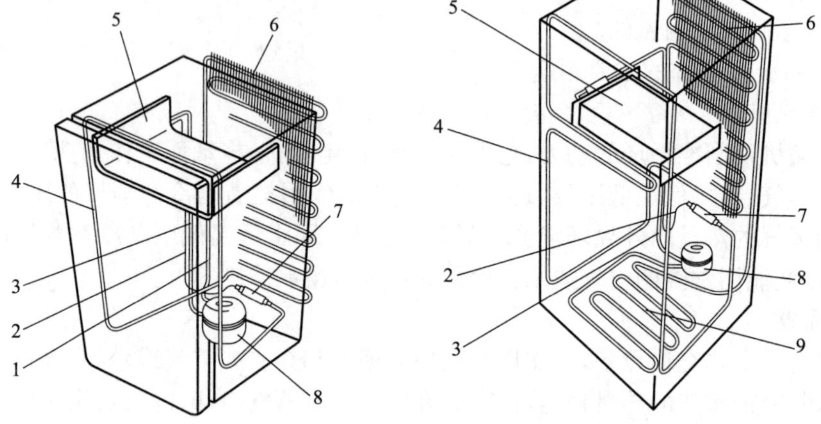

(a) 直冷式单门电冰箱制冷系统　　(b) 间冷式双门双温电冰箱制冷系统

图 3-2　电冰箱制冷系统布置图

1—排气管；2—毛细管；3—吸气管；4—防露管；5—蒸发器；6—冷凝器；7—干燥过滤器；8—压缩机；9—加热板(副冷凝器)

典型工作任务 2　蒸气压缩式制冷理论循环认知

3.2.1　任务目标

1. 了解制冷剂压焓图。
2. 掌握制冷循环过程。
3. 蒸气压缩式制冷理论循环的热力学计算。

3.2.2 相关配套知识

1. 制冷剂压焓图(p-h 图)

制冷剂的 p-h 图是以比焓 h(kJ/kg)为横坐标，压力 p(MPa)为纵坐标，依据工质状态参数之间的关系式，以 1 kg 工质为基准绘制的图线。为使图线清晰起见，绘制时压力按对数标度排列，所以也称为 $\lg p$-h 图，如图 3-3 所示。

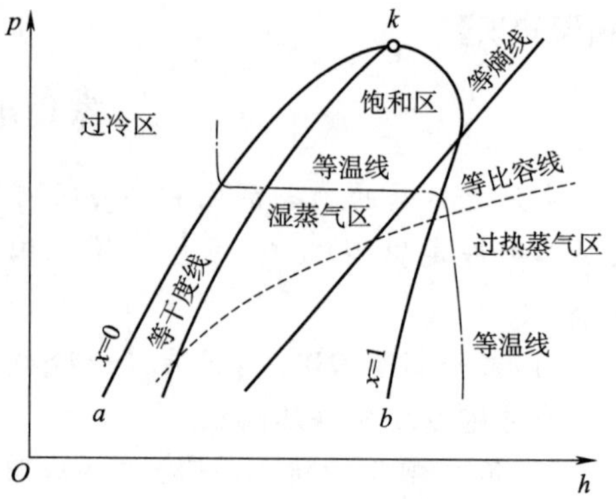

图 3-3　压焓图结构示意图

在 $\lg p$-h 图中有两条比较粗的曲线，左边一条叫饱和液体线，右边一条叫干饱和蒸气线，这两条曲线若向上延长将交于一点 k，称为临界点。因为一般制冷循环都在远离临界点以下进行，故在一些制冷剂的 $\lg p$-h 图中，临界点都未表示出来。

饱和液体线与干饱和蒸气线将图划分为三个区域：

(1)过冷液体区，是指饱和液体线左边的区域。

(2)过热蒸气区，是指干饱和蒸气线右边的区域。

(3)湿饱和蒸气区，是指饱和液体线与干饱和蒸气线包容的区域。在这个区域中，气态和液态的制冷剂共同存在。在湿饱和蒸气中，制冷剂蒸气所占的重量比例称之为干度，用符号 x 来表示。制冷剂饱和液体的干度 $x=0$，当干度 $x=1$ 的饱和蒸气称为干饱和蒸气。湿饱和蒸气的干度：$0<x<1$。在饱和液体线与干饱和蒸气线之间绘有等干度线在 $\lg p$-h 图中，制冷剂的五种状态分别为：未饱和液体（未饱和液态区内任一点）、饱和液体（饱和液体线上任一点）、湿蒸气（湿饱和蒸气区内任一点）、干饱和蒸气（干饱和蒸气线上任一点）及过热蒸气（过热区内任一点）。

在 $\lg p$-h 图中，还有六组等参数线为：

等压（p=常数）线——与横坐标并行的水平线；

等比焓（h=常数）线——与纵坐标轴平行的垂直线；

等温（T=常数）线——在未饱和液态区近于垂直 h 轴，在湿蒸气区，因为制冷剂的状态变化是在等压、等温下进行的，故与各温度对应的饱和压力线重合，为水平线，在过热蒸气区则弯曲向下；

等比熵（s=常数）线——向右上方倾斜的实线；

等比容（v=常数）线——向右上方倾斜但比等比熵线平缓的虚线；

等干度（x=常数）线——仅在湿蒸气区内存在的近似平行于饱和液体线或干饱和蒸气线的线。

同其他状态参数图一样，在制冷剂的压焓图上，一个点就表示一个状态；一条曲线（或直线）就表示制冷剂所经历的一个过程；一条封闭的曲线就表示制冷剂所经历的一个循环。因此，有了制冷剂的压焓图，就可将蒸气压缩制冷循环表示在图上了。

R12、R22 制冷剂的压焓图如附图 3-1、附图 3-2 所示。

2. 蒸气压缩制冷的理论循环

(1)制冷剂的变化过程

制冷剂在循环系统中不停地流动，其状态也不断地变化，它在循环系统的每一部位的状态都是各不相同的。.

①制冷剂在制冷压缩机中的变化

按压缩机工作原理的要求，制冷剂蒸气由蒸发器的末端进入压缩机吸气口时，应该处于饱和蒸气状态，但这是很难实现的。制冷剂的饱和压力和饱和温度存在着一一对应关系，即压力越高温度越高，压力越低温度越低。

制冷剂蒸气在压缩机中被压缩成过热蒸气，压力由蒸发压力 P_0 升高到冷凝压力 p_k。由于压缩过程是在瞬间完成的，制冷剂蒸气与外界几乎来不及发生热量交换压缩就已完成，所以称为绝热压缩过程。蒸气的被压缩是由于外界施给能量而实现的，即外界的能量对制冷剂做功，这就使得制冷剂蒸气的温度再进一步升高，使蒸气进一步过热，即压缩机排出的蒸气温度高于冷凝温度。

②制冷剂在冷凝器中的变化

过热蒸气进入冷凝器后，在压力不变的条件下，先是散发出一部分热量，使制冷剂过热蒸气冷却成饱和蒸气，然后饱和蒸气在等温条件下，继续放出热量而冷凝产生了饱和液体。继续不断地冷凝，饱和液体会越来越多，饱和蒸气越来越少，最终会把制冷剂蒸气全部冷凝为饱和液体，这时饱和液体仍维持冷凝压力 P_K 和冷凝温度 T_K。

③制冷剂在节流元件中的变化

饱和液体制冷剂经过节流元件，由冷凝压力 P_K 降至蒸发压力 P_0，温度由 T_K 降至 T_0。由节流元件出口流出的制冷剂变为液体约占 80%、气体约占 20%(体积分数)的两相混合状态，这其中少量蒸气的产生，是由于压力下降液体膨胀而出现的闪发气体，其汽化时吸收的热量来源于制冷剂本身，与外界几乎不存在热量的交换，故称为绝热膨胀过程。

④制冷剂在蒸发器中的变化

以液体为主的两相混合状态的制冷剂，流入蒸发器内吸收被冷却介质的热量而不断汽化，制冷剂在等压等温条件下的不断汽化，使得液体越来越少，蒸气越来越多，直到制冷剂液体全部汽化变为饱和蒸气时，又重新流回到压缩机的吸气口，再次被压缩机吸入、压缩、排出，进入下一次循环。

以上是制冷剂的一个完整的状态变化过程，也称为一个完整的制冷循环过程。正是由于制冷循环的存在和制冷剂的物理状态变化，通过制冷剂的流动，实现了在蒸发器周围吸收热量，在冷凝器周围又放出热量，起到了把热量搬运、转移的作用，达到蒸发器周围温度下降，即制冷的目的。

单级蒸气压缩式制冷循环，是指制冷剂在一次循环中只经过一次压缩，最低蒸发温度可达－40～－30 ℃。单级蒸气压缩式制冷广泛用于制冷、冷藏、工业生产过程的冷却，以及空气调节等各种低温要求不太高的制冷工程。

(2)理论制冷循环的假设条件

实际的制冷循环极为复杂，难以获得完全真实的全部状态参数。因此，在分析和计算单级蒸气压缩式制冷循环时，通常采用理论制冷循环。

理论制冷循环是建立在以下假设基础上：

①压缩过程为等熵过程，即在压缩过程中不存在任何不可逆损失。

②在冷凝器和蒸发器中，制冷剂的冷凝温度等于冷却介质的温度，蒸发温度等于被冷却介质的温度，且冷凝温度和蒸发温度都是定值。

③离开蒸发器和进入制冷压缩机的制冷剂蒸气为蒸发压力下的饱和蒸汽；离开冷凝器和进入节流元件的液体为冷凝压力下的饱和液体。

④除节流元件产生节流降压外，制冷剂在设备、管道内的流动没有阻力损失(压降)，与外界环境没有热交换。

⑤节流过程为绝热过程，即与外界不发生热交换。

(3)蒸气压缩制冷的理论循环过程

蒸气压缩制冷的理论循环过程表示在图 3-4 所示的压焓图上。

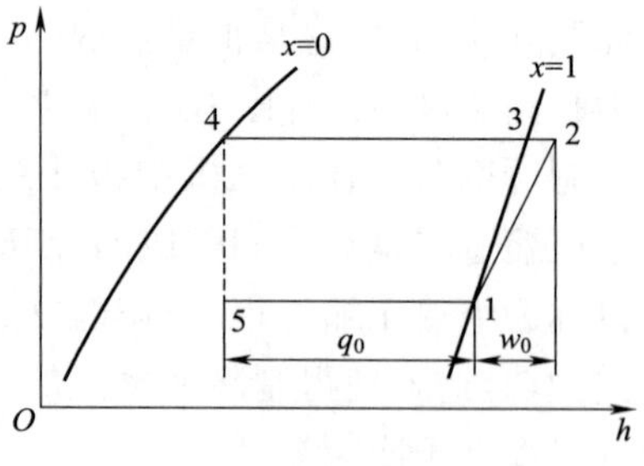

图 3-4　蒸气压缩式制冷的理论循环

假定由蒸发器流出的制冷剂是饱和蒸气(点 1 状态)，系统的连接管道与周围空气没有热交换，压缩机吸入的就是饱和蒸气。而且蒸气压缩进行得很快，可以看成是在绝热条件下进行的。同时假设吸、排气阀没有阻力，所以压缩过程是等熵过程。

图3-4中5-1过程表示制冷剂在蒸发器中进行的等压蒸发吸热过程。过程中制冷剂在保持蒸发温度 T_0 和蒸发压力 P_0 不变的条件下，吸收被冷却空间的热量而蒸发为干饱和蒸气。干饱和蒸气状态点1是制冷剂离开蒸发器时的状态，也是压缩机开始压缩的状态点。

1-2过程表示制冷剂在压缩机中进行等熵（绝热）压缩过程。过热蒸气状态点2是制冷剂离开压缩机时的状态，也是进入冷凝器时的状态。

2-3-4过程表示制冷剂在冷凝器中的等压冷却(2-3)、冷凝(3-4)过程。在冷却阶段(2-3)，制冷剂蒸气放出过热热量，其温度由 T_2 降至 T_K，然后进入冷凝阶段(3-4)，在 T_K 不变的条件下放出冷凝热而冷凝成饱和液体（点4状态）。在冷凝器中制冷剂压力等于冷凝温度 T_K 所对应的饱和蒸气压力 P_K。饱和液体状态点4是制冷剂离开冷凝器时的状态，也是进入节流装置时的状态。

4-5过程表示制冷剂在节流装置中进行的节流降压过程。由于制冷剂通过膨胀阀时对外不做功，而且制冷剂流速较高可以认为与外界没有热量交换。所以节流前后焓值相等，即 $h_4=h_5$。节流时制冷剂的压力突然降低，由 p_k 降至 p_0，对应的饱和温度也降低，由 T_K 降至 T_0。部分制冷剂液体吸收制冷剂本身的热量而迅速汽化成饱和蒸气，这一过程也称为闪发降温。湿蒸气状态点5是制冷剂离开节流装置时的状态也是进入蒸发器时的状态。由于节流过程为非可逆过程，故在压焓图上用虚线表示。

显然，压缩机和膨胀阀把整个循环过程分成高压和低压两部分：高压段压力为冷凝压力 p_k，低压段压力为蒸发压力 p_0。

3. 蒸气压缩式制冷理论循环的热力学计算

理论循环热力学计算的目的是求单位质量制冷量、单位容积制冷量、单位理论功、单位冷凝热量、制冷系数和循环效率等热力学经济性能指标。

(1)单位质量制冷量 q_0

单位质量制冷量是指每千克制冷剂在蒸发器中所吸收的热量。在压焓图中用蒸发过程线5-1的长度表示，即等于制冷剂蒸发过程终、始两点的焓差：

$$q_0=h_1-h_5=h_1-h_4 \quad (\text{kJ/kg}) \tag{3-1a}$$

或

$$q_0=r_0(1-x_5) \quad (\text{kJ/kg}) \tag{3-1b}$$

式中 r_0——在蒸发温度为 T_0 时制冷剂的汽化潜热，kJ/kg；

x_5——制冷剂节流后湿蒸气的干度。

由式(3-1b)可知，制冷剂的汽化潜热 r_0 越大，或节流后的干度 x_5 越小，则 q_0 越大。r_0 和 x_5 与制冷剂的种类有关，而且 x_5 还与制冷剂节流膨胀前后的温度范围有关。制冷剂节流膨胀温度范围越大，节流后产生的蒸气就越多，x_5 的数值也越大。

(2)单位容积制冷量 q_v

单位容积制冷量是指吸气状态时的每立方米制冷剂蒸气在蒸发器所能制得的冷量。

$$q_v=\frac{q_0}{v_0} \quad (\text{kJ/m}^3) \tag{3-2}$$

其中，v_0 是吸气状态时制冷剂蒸气的比容(m³/kg)。q_v 不仅与制冷剂种类有关，而且受蒸发温度影响很大。蒸发温度越低，v_0越大，单位容积制冷量 q_v 就越小。

(3)单位理论功 w_0

压缩机每输送 1 kg 制冷剂所消耗的功称单位理论功。由于工质在节流膨胀过程中不对外做功，所以循环的单位功 w_0 与压缩机所消耗的单位压缩功相等。由热力学知道，等熵压缩过程所消耗的单位压缩功是用过程终、始两点的焓差来表示，因此

$$w_0 = h_2 - h_1 \quad (\text{kJ/kg}) \tag{3-3}$$

这说明压缩机所消耗的功全部被制冷剂吸收而使其焓值增加。在压焓图用点 2 与点 1 的横坐标差表示。显然，循环的单位理论功不仅随冷凝温度和蒸发温度而变，而且与制冷剂的种类有关。

(4)单位冷凝热 q_k

循环的每公斤制冷剂蒸气在冷凝器中放出的热量称为单位冷凝热。在压焓图上用线段 4-2 长度表示，即等于点 2 与点 4 的焓差。

$$q_k = h_2 - h_4 = (h_2 - h_3) + (h_3 - h_4) \tag{3-4}$$

它包括两部分：在冷凝器中制冷剂蒸气冷却时放出的过热热量$(h_2 - h_4)$和凝结时放出的潜热$(h_3 - h_4)$。根据能量平衡关系，每公斤制冷剂在冷凝器中放出的热量应等于它在蒸发器中吸收的热量与压缩机所消耗的功所转化的能量之和，同样也可求得单位冷凝热。

$$q_k = q_0 + w_0 = (h_1 - h_4) + (h_2 - h_1) = h_2 - h_4 (\text{kJ/kg})$$

(5)制冷系数 ε_0

制冷系数是循环的单位质量制冷量与所消耗的单位理论功之比，即

$$\varepsilon_0 = \frac{q_0}{w_0} = \frac{h_1 - h_4}{h_2 - h_4} \tag{3-5}$$

制冷系数表示了消耗一个单位的功所能制得的冷量。在给定的条件下，制冷系数越大，说明制冷机循环的经济性越好，所以它是衡量制冷机循环的一个重要技术经济指标。

(6)循环效率 η_s

任何一个不可逆循环，其制冷系数与工作在相同工作温度(T_0, T_K)间的逆卡诺循环制冷系数 ε_c 之比，称为循环效率或热力完善度。

$$\eta_k = \frac{\varepsilon_0}{\varepsilon_c} = \frac{h_1 - h_4}{h_2 - h_1} \cdot \frac{T_K - T_0}{T_0} \tag{3-6}$$

循环效率 η_s 和制冷系数 ε_0 都是评价制冷循环经济性的性能指标，但对于不同温度区间工作的制冷循环其经济性只能用循环效率来评价。

例 3-1 假定循环为单级蒸气压缩式制冷的理论循环，蒸发温度方 $t_0 = -10$ ℃，冷凝温度 $t_k = 35$ ℃，工质为 R22，循环的制冷量 $Q_0 = 55$ kW，试对该循环进行热力计算。

解：要进行制冷循环的热力计算，首先需要知道制冷剂在循环各主要状态点的某些热力状态参数，如比焓、比体积等。这些参数值可根据给定的制冷剂种类、温度、压力，在相应的热力性质图和表中查到。

该循环在压焓图上的表示如图 3-5 所示。根据 R22

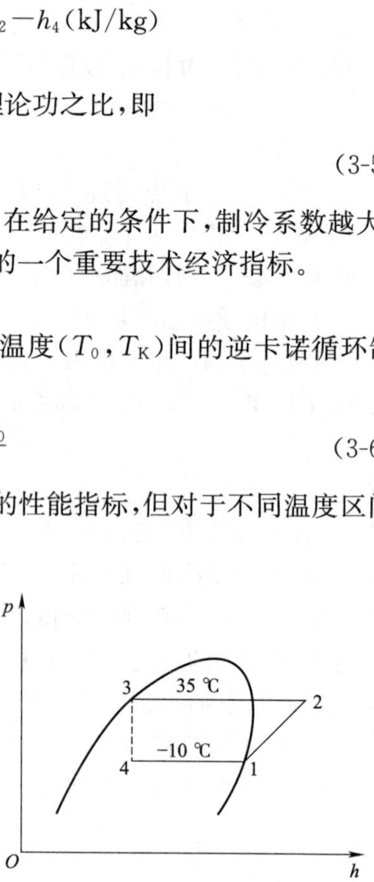

图 3-5　压焓图

的热力性质表(见附表 3-2)，查出处于饱和线上的有关状态参数值。

点 1：$t_1=t_k=-10$ ℃，$p_1=p_0=0.3543$ MPa，$h_1=401.555$ kJ/kg，$v_1=0.0653\ m^3/kg$。

点 3：$t_0=t_k=35$ ℃，$p_3=p_k=1.3548$ MPa，$h_3=243.114$ kJ/kg。

在 R22 的 $\lg h-p$ 图(见附图 3-2)上找到 $p_0=0.3543$ MPa 的等压线(或 $t_0=-10$ ℃的等温线)与饱和蒸气线的交点 1，由 1 点作等熵线，此线和 $p_k=1.3548$ MPa 等压线相交于点 2，该点即为压缩机的出口状态。由图可知，$h_2=435.2$ kJ/kg，$t_2=57$ ℃。

(1)单位质量制冷量。

$$q_0=h_1-h_4=h_1-h_3=401.555\ kJ/kg-243.114\ kJ/kg=158.441\ kJ/kg$$

(2)单位容积制冷量。

$$q_v=q_0/v_1=(158.441/0.0653)\ kJ/m^3=2426\ kJ/m^3$$

(3)制冷剂质量流量。

$$q_m=Q_0/q_0=55/158.441\ kg/s=0.3471\ kg/s$$

(4)理论比功。

$$w_0=h_2-h_1=435.2\ kJ/kg-401.555\ kJ/kg=33.645\ kJ/kg$$

(5)压缩机消耗的理论功率。

$$P_0=q_m w_0=0.3471\ kg/s\times 33.645\ kJ/kg=11.68\ kW$$

(6)制冷系数。

$$\varepsilon_0=q_0/w_0=-158.441/336.54=4.71$$

(7)冷凝器单位热负荷。

$$q_k=h_2-h_3=435.2\ kJ/kg-243.114\ kJ/kg=192.086\ kJ/kg$$

(8)冷凝器热负荷。

$$Q_k=q_m q_k=0.3471\ kg/s\times 192.086\ kJ/kg=66.67\ kW$$

典型工作任务 3　蒸气压缩式制冷实际循环认知

3.3.1　任务目标

1. 理解单级蒸气压缩式制冷实际循环与理论循环的区别。
2. 掌握液体过冷、吸气过热及回热的概念，能够绘制相应的压焓图。
3. 掌握各种实际情况变化对制冷循环的影响，能够进行性能分析。

3.3.2　相关配套知识

单级蒸气压缩式制冷理论循环中的理想化假设在实际制冷循环中是不能实现的。对于单级蒸气压缩式制冷来说，单级蒸气压缩式制冷实际循环与理论循环的区别：

①制冷压缩机的压缩过程不是等熵过程，且有摩擦损失。

②实际制冷循环中压缩机吸入的制冷剂往往是过热蒸气，节流前往往是过冷液体，即存在气体过热、液体过冷现象。

③热交换过程中，存在着传热温差，被冷却介质温度高于制冷剂的蒸发温度，环境冷却介质温度低于制冷剂冷凝温度。

④制冷剂在设备及管道内流动时，存在着流动阻力损失，且与外界有热量交换。

⑤实际节流过程不完全是绝热的等焓过程，节流后的焓值有所增加。

⑥制冷系统中存在着不凝性气体。

1. 过冷循环

在理论循环中认为从冷凝器流出的及进入节流装置的制冷剂都是饱和液体状态，而在实际制冷装置中，制冷剂在冷凝器中冷凝成饱和液体后还在继续放热而变成过冷液体（未饱和液体）后才流出。特别在车辆制冷装置中，冷凝器采用风冷式冷凝器，液体的冷凝温度总是高于环境气温，从冷凝器出来的制冷剂液体在储液器和管路中流动时还要不断向外界空气放热而继续过冷。因此，制冷剂液体流至节流装置前一般总有一定的过冷度。

图 3-6 为具有液体过冷的制冷循环。图中 4-4′代表过冷过程，点 4′为进入节流装置前过冷液体的状态，过冷度为 $\Delta t_1=t_4-t_4'$。

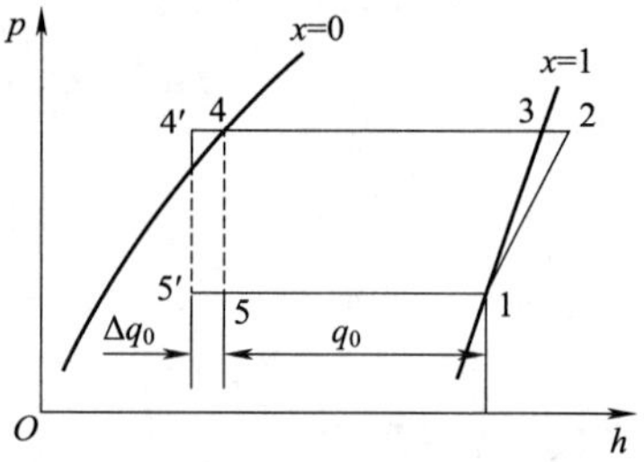

图 3-6　具有液体过冷的制冷循环

显然，具有液体过冷的循环与无液体过冷的理论循环相比，有两个不同点：一是缩小了节流装置前后制冷剂的温差，使制冷剂在节流过程中的节流损失减少。过冷度越大，节流损失越小；二是单位质量制冷量增加了 $\Delta q_0=h_5-h_5'$，过冷度 Δt_1 越大，Δq_0 越大，而循环所消耗的单位理论功 w_0 不变，因而其制冷系数是提高的。

实现制冷剂液体过冷，其本质是增大冷凝器的热负荷，可以用适当增大冷凝器表面积和提高冷却介质流量的方法来达到。一般车辆制冷的过冷度取 3～5 ℃。

2. 过热循环

在理论循环中，我们假定由蒸发器流出和被压缩机吸入的制冷剂都是饱和蒸气，压缩机吸气管道中不存在热交换。实际上，温度为蒸发温度的制冷剂饱和蒸气总是低于被冷却介质的温度，还有吸热制冷能力。制冷剂蒸气流出冷藏货物间时的温度仍低于环境温度，它流过吸气管时，还将从外界吸收部分热量继续过热。如果制冷装置所采用的压缩机要求低温制冷剂蒸气冷却电机（如全封闭式和半封闭式压缩机）时，制冷剂到达压缩机吸气腔时的实际过热度就会更大。

图 3-7 表示了具有吸气过热的制冷循环。1-1′为过热过程，压缩机的吸气温度 t_0 升高到 t_1'，过热度 $\Delta t_r=t_1-t_0$，吸入蒸气的过热热 $\Delta q_g=h_1-h_1'$。过热循环对制冷效果的影响要分两种情况讨论：一种是蒸气的过热热来自被冷却介质以外的环境；另一种是蒸气的过热热全部来自被冷却介质本身。

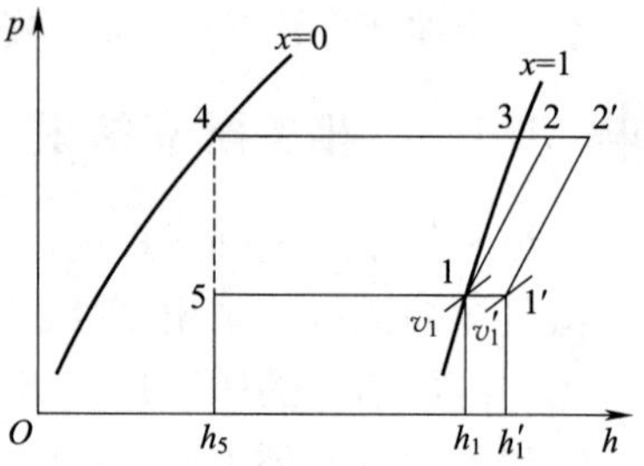

图 3-7　具有吸气过热的制冷循环

（1）如果制冷剂蒸气吸收的过热热是来自被冷却介质以外的环境，那么，制冷装置的有效制冷量即循环的单位质量制冷量没有改变仍是 q_0，但压缩机消耗的压缩功增加了 $w_0'=(h_2-h_0')>w_0=(h_2-h_1)$，因此使循环的制冷系数降低，过热度越大，制冷系数降低越多。这种过热称为有害过热。蒸发温度越低，有害过热影响越大。

在实际的制冷装置中，为了减少管路的有害过热，在吸气管道都用隔热材料包扎起来。

(2)如果制冷剂蒸气所吸收的过热热全部来自被冷却介质，那么，单位质量制冷量就包括制冷剂液体在蒸发器中蒸发时吸收的汽化潜热和在吸气管吸收的过热热量这两部分。显然，与理论循环相比，过热循环的单位质量制冷量提高了 $q_0'=q_0+q_g$，但同时压缩机所消耗的单位理论功也增大了，此时循环的制冷系数的变化是一个不定值，它取决于所采用的制冷剂的性质。对于使用 R12 的制冷装置，其过热循环的制冷系数是增大的，也就是说，这种过热对使用 R12 的制冷装置的循环是有益的，但对使用 R22 的制冷机的效果不明显。

实际上为了保证制冷压缩机的安全运行，必须使压缩机的吸气有一定的过热度。因为没有吸气过热度，压缩机就有可能吸入未蒸发完毕的少量液滴，液滴在压缩机汽缸中受热产生急剧的汽化，不仅会降低压缩机的实际吸气量，而且液体多时，有可能引起“液击”事故。一般吸气过热度取 3～7 ℃。

3. 回热循环

制冷压缩机吸入前的制冷剂蒸气温度高于蒸发压力下的饱和温度时，称为吸气过热，两者温度之差称为过热度。具有吸气过热的循环，称为过热循环。

实际循环中，为了不将液滴带入压缩机，通常制冷剂液体在蒸发器中完全汽化后仍然要继续吸收一部分热量，这样，在它到达压缩机之前已处于过热状态，如图 3-7 所示。图中 1-2-3-4-1 表示理论循环，1′-2′-3-4-1′表示具有吸气过热的循环。

过热分为有效过热和有害过热两种。过热吸收的热量来自被冷却介质，产生了有用的制冷效果，这种过热称为有效过热；反之，过热吸收的热量来自被冷却介质之外，没有产生有用的制冷效果，则称为有害过热。

实际循环中，形成制冷循环中吸气过热现象的原因很多，主要有：

(1)蒸发器的蒸发面积的选择大于设计所需的蒸发面积，制冷剂在蒸发器内吸收被冷却介质的热量而过热，属有效过热。

(2)制冷剂蒸气在压缩机的吸气管路中吸收外界环境的热量而过热，属有害过热。

(3)在半封闭、全封闭制冷压缩机中，低压制冷剂蒸气进入压缩以前，吸收电动机绕组和运转时所产生的热量而过热，属有害过热，但这是避免不了的。

(4)制冷系统设置了回热器，制冷剂蒸气在回热器中吸收制冷剂液体的热量而过热，属有害过热，但其过程有过冷过程伴随。

从前面的讨论可知，为保证制冷机的安全运行和提高它的制冷效果，循环中应保证有一定的吸气过热度和液体过冷度，并尽可能减少有害过热，为此可采用如图 3-8 所示的回热循环。回热循环就是让从蒸发器出来的低温制冷剂蒸气在回热交换器中与从冷凝器出来的高温制冷剂液体进行热交换，这不但使高温液体得到较大的过冷度，同时也使低温蒸气获得一定的过热度，减少了与环境的温差，进而减少制冷剂蒸气从周围环境中吸收的有害过热。

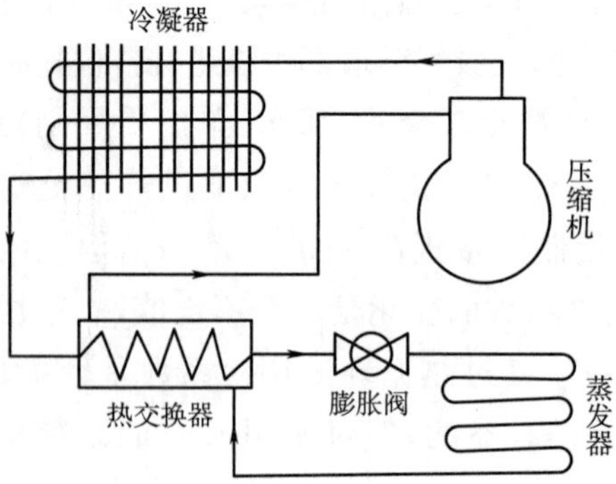

图 3-8　回热循环的原理图

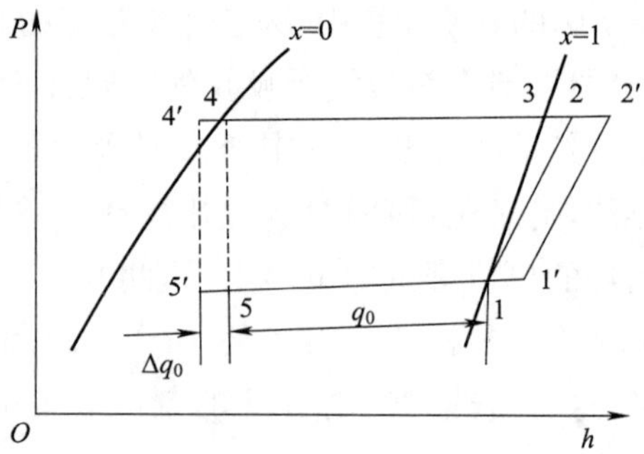

图 3-9　回热循环在压焓图上的表示

图 3-9 是上述回热循环在压焓图上的表示。其中 1-1′是吸热过程，吸收的热量 $q_g = h_1' - h_1$；4-4′是放热过程，放出的热量 $q'_g = h_4 - h_4'$。根据换热器的热平衡关系式可得：

$$h_1' - h_1 = h_4 - h_4' \tag{3-7}$$

当循环的冷凝温度和蒸发温度一定时，h_4 和 h_1 是以知的，当选定过热度 Δt_r 后，t_1' 就可以确定，根据 t_1' 就可查出 h_1'，然后按式(3-7)就可求出 h_4'，同时由制冷剂的热力学性质图表可查出液体过冷后的温度 t_4'。

将回热循环与无回热的理论循环 1-2-3-4-5-1 比较，可得出回热循环的单位质量制冷量增大了 Δq_0：

$$\Delta q_0 = h_1' - h_1 = h_4 - h_4' \tag{3-8}$$

但单位理论功也增大了 Δw_0：

$$\Delta w_0 = (h_2' - h_1') - (h_2 - h_1) \tag{3-9}$$

由图 3-7 可以看出，过热循环中压缩机的排气温度比理论循环的排气温度高；过热循环的比功大于理论循环比功；由于过热循环在过热过程中吸收了一部分热量，再加上压缩机功率又稍有增加，因此，每千克制冷剂蒸气在冷凝器中排出的热量较理论循环大；相同压力下，温度升高时，蒸气的比体积要增大，这说明对每千克制冷剂而言，将需要更大的压缩机容积，也就是说，对于给定压缩机，过热循环中压缩机的制冷剂质量流量始终小于理论循环的质量流量。

吸入过热蒸气对制冷量和制冷系数的影响取决于蒸气过热时吸收的热量是否产生有用的制冷效果以及过热度的大小。

分析表明，有害过热对循环是不利的，这种过热通常是由于制冷剂蒸气在压缩机吸气管路中吸收外界环境的热量而产生的，它并没有对被冷却介质产生任何制冷效应，而且蒸发温度越低，与环境温差越大，循环经济性越差。因此，制冷设备通常都通过在吸气管路上敷设保温材料，尽量避免产生有害过热。有效过热使循环的单位质量制冷量有所增加，但由于比功也增加，因此，有效过热对循环是否有益与制冷剂本身的特性有关。

蒸气有效过热对制冷剂 R134a、R290、R600a、R502 有益，使它们的制冷系数增加，且制冷系数的增加值与过热度成正比；蒸气过热对制冷剂 R22、R717 无益，使它们的制冷系数降低，且制冷系数的降低值与过热度成正比，制冷剂 R717 表现更为突出。

虽然蒸气过热对循环性能不利,但实际运行的压缩机,希望吸入的蒸气带有一定的过热度,否则压缩机就有可能吸入在蒸发器中未完全汽化的制冷剂液滴,给运行带来危害,并使压缩机的输气量下降。对于 R717,通常希望 5～10 ℃的过热度。对于 R22,由于等熵指数较小,允许有较大的过热度,但仍受到最高排气温度这一条件的限制。

4. 蒸气压缩式制冷的实际循环

前面我们分析的蒸气压缩制冷的理论循环是假设制冷机在理想条件下工作的,而实际上制冷机工作时,由于各种不能消除的因素影响,蒸气压缩制冷机的实际循环不同于理论循环。下面我们来分析实际循环与理论循环的区别,并在理论循环的基础上来计算实际循环的热力学性能指标。

蒸气压缩制冷机在实际循环与理论循环的不同点是:制冷剂流过管路、蒸发器、冷凝器、各种阀件阀门,以及流过压缩机内部时,都会产生阻力压降;蒸发器出口的制冷剂蒸气已有一定的过热度,膨胀阀前的制冷剂液体也有一定的过冷度;压缩机压缩蒸气的过程并不是绝热压缩的等熵过程。蒸气压缩制冷机的实际循环过程如图 3-10 所示。

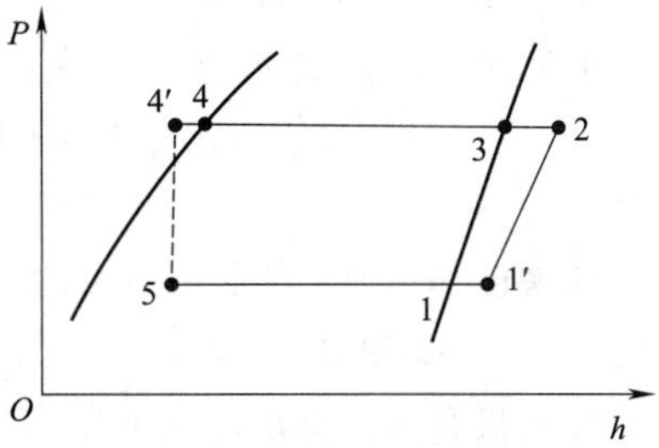

图 3-10 蒸气压缩制冷的实际循环

5. 实际循环的热力学计算

进行实际循环热力学计算的目的是要求得制冷机循环的性能指标,为计算压缩机的制冷量和功率、换热器的热负荷等提供必要的基本数据。

在制冷剂和制冷系统所需制冷量 Q 确定后,即可进行热力学计算。计算的步骤是:

(1)确定工作参数

工作参数主要是指蒸发温度、冷凝温度、过冷温度和压缩机的吸气温度等。

①蒸发温度 t_0

蒸发温度就是制冷剂液体在蒸发器中汽化时的温度。蒸发温度取决于被冷却物体的温度及传热温差,而传热温差与所采用的冷媒有关。

客车空调装置采用直接蒸发式表面空气冷却器,蒸发温度 t_0 为

$$t_0 = t_c - (8 \sim 10)\ ℃ \tag{3-10}$$

式中 t_c——蒸发器出口处空气的温度,℃。

②冷凝温度 t_k

冷凝温度为制冷剂在冷凝器中的液化温度。它取决于所采用的冷却介质(水或空气)、冷凝器的构造形式和传热温差。

客车空调制冷装置采用风冷式冷凝器,冷凝温度 t_k 为

$$t_k = t_H + (13 \sim 15)\ ℃ \tag{3-11}$$

式中 t_H——计算外气温度,℃。

蒸发温度 t_0 和冷凝温度 t_k 确定以后,蒸发压力 p_0 和冷凝压力 p_k 也就相应确定了。

③过冷度 Δt_1

压缩机的吸气温度按蒸气离开蒸发器时的情况及进入压缩机吸气腔前的传热情况来确定。一般 R12、R22 的吸气温度最高不超过+15 ℃。液体过冷度可选 3～5 ℃,如果采用回

热循环,则液体过冷度应满足式(3-8)。

(2)计算循环的热力学性能指标

根据已知的工作参数,画出循环的压焓图(图 3-11)。确定出各主要状态点的状态参数,然后计算出循环的热力学性能指标:q_0、q_v、q_k、w_0、G、N_0、ε 等,为计算压缩机的实际制冷量、功率以及换热器的热负荷作好准备。

例 3-2 某客车改造时需加装空调装置,要求外气温度 35 ℃时,蒸发温度 5 ℃,降温设备的制冷能力为 32.57(kW),采用制冷剂 R12,过冷度 $\Delta t_g=5$ ℃,试进行制冷机的热力学计算。

解:采用 R12 回热循环。

由已知条件:蒸发温度 $t_0=5$ ℃;取冷凝器出口空气温升为 10 ℃,冷凝温度 t_k 比冷凝器出口的空气温度高 5 ℃,即 $t_k=50$ ℃,过冷温度 $t_g=t_k-\Delta t_g=50-5=45$(℃)。

根据回热循环的热力平衡关系,可求出吸气状态点的焓值 h_1' 为:

$$h_1'=(h_4-h_4')+h_1=(248.96-245)+254.72=258.68$$

所以
$$t_1'=10\ ℃$$

根据已知条件,在 R12 的压焓图上画出理论循环,如图 3-11 所示。

首先找到 $t_k=50$ ℃、$t_0=5$ ℃的等压线,查饱和 R12 蒸气表,$P_k=12.236\times10^5$ Pa,$P_0=3.629\times10^5$ Pa,根据等温线 $t_1'=12$ ℃与等压线的交点,找到压缩机吸气状态点 1′,查 1′点等容线,$V_1'=0.05\ m^3/kg$。由点 1′等比熵线向上与等压线 P_k 交于点 2,即压缩机的排气状态,$h_2=38.3$ kJ/kg。

再根据过冷温度 $t_k=45$ ℃的等温线与 P_K 的等压线交于 4′点,4′点为膨胀前的状态点,$h_{4'}=245$ kJ/kg。由 4′点垂直向下划直线与 P_0 的等压线交于点 5,5 点为进入蒸发器的制冷剂状态 $h_5=h_4'$。同时还可以看出蒸发器的制冷剂实际上是干度较小的湿蒸气。这样,压焓图上 1′-2-4′-5-1′已求出,补上空的各点,绘出理论循环图。图上 1′-2-3-4-4′-5-1-1′就是在已知工作条件下的制冷循环。

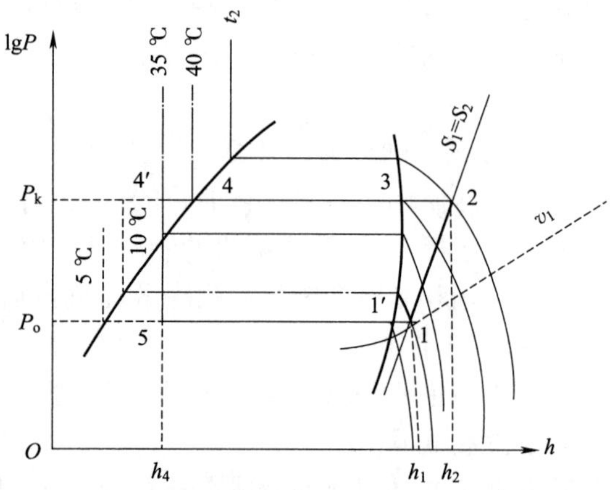

图 3-11 理论制冷循环图

循环各主要状态参数可由 R12 的 lg$p$-h 图查出,如表 3-1 所示。

表 3-1 制冷循环状态参数表

标 号	参 数	数 值	标 号	参 数	数 值
	p_0	3.629	2	t_2(℃)	65
	p_k	12.236		h_2(kJ/kg)	383
1	h_1(kJ/kg)	354.72	4	h_4(kJ/kg)	248.96
1′	$h_{1'}$(kJ/kg)	358.68	4′	$h_{4'}$(kJ/kg)	245
	$V_{1'}$(m^3/kg)	0.05	5	h_5(kJ/kg)	214.5

热力学计算：

①单位质量制冷量和单位容积制冷量

$$q_0=h_1'-h_5=358.68-214.5=144.18(\mathrm{kJ/kg})$$

$$q_v=q_0/v_1'=144.18/0.05=2\ 883.6(\mathrm{kJ/m^3})$$

②压缩机的单位理论功耗

$$w_0=h_2-h_1'=383-358.68=24.32(\mathrm{kJ/kg})$$

③制冷剂的循环量

$$G=Q_0/q_0=32.56/144.18=0.225\ 8(\mathrm{kg/s})$$

④压缩机的理论功耗

$$N=G\times w_0=0.225\ 8\times 24.32=5.49(\mathrm{kW})$$

⑤冷凝器的热负荷

$$Q_k=Q_0/q_0(h_2-h_4')=38.05(\mathrm{kW})$$

⑥制冷系数

$$\varepsilon_0=\frac{q_0}{w_0}=\frac{h_1-h_5}{h_2-h_1'}=\frac{144.18}{24.32}=5.9$$

⑦循环效率

$$\eta_S=\frac{\varepsilon_0}{\varepsilon_C}=\frac{h_1'-h_5}{h_2-h_1'}\cdot\frac{T_K-T_0}{T_0}=\frac{5.9\times 35}{278.18}=0.742$$

典型工作任务4 热泵工作原理认知

3.4.1 任务目标

了解热泵的工作原理。

3.4.2 相关配套知识

我们知道，制冷的工作过程是利用制冷机从被冷却介质中获得热量，并将其转移到高温环境介质中去。根据热力学第二定律，这个过程必须对其进行能量补偿才能实现。能量补偿的方法有两种：一种是做功；另一种是热传递。设从被冷却物体中获得的热量为 Q_0，所消耗的机械功为 W，这部分功转变为热的形式而和热量 Q_0 一起传给高温环境介质，则制冷机的热平衡方程为：

$$Q_k=Q_0+W$$

因为 $Q_k\gg W$，所以利用制冷机从低温环境中吸热，而在温度较高的环境中放热，比直接利用电能加热所能获得的热量大得多，这种从低温环境中将热量“泵”入室内的装置就称为“热泵”。

如图 3-12 所示，(a)为夏季制冷工况，置于空气处理室内的蒸发器，吸收空气中的热量，从而冷却室内的空气；(b)为冬季热泵工况，经过四通换向阀，转换制冷剂流向，室内蒸发器作冷凝器用而室外冷凝器作蒸发器用，于是通过空气处理室的空气就被加热。

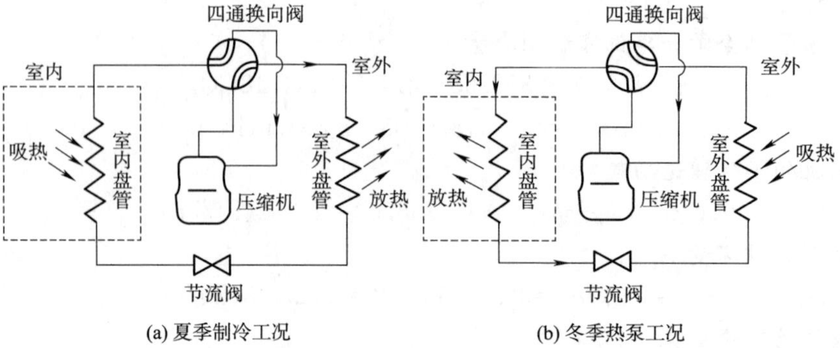

图 3-12　制冷与制热时的系统原理

当然，也可以采用制冷系统中的制冷剂流向不变，而改变空气流向的方法，即夏季制冷时，经蒸发器被冷却的空气送入室内，而冬季加热时，经冷凝器被加热的空气送入室内。

显然，热泵的工作循环就是制冷循环，只是目的不同而已。热泵性能的好坏，可用制热系数 ε_r 来评价：

$$\varepsilon_r=\frac{Q_k}{W}=1+\varepsilon_0$$

其中，ε_0 为制冷系数，可见热泵的制热系数永远大于 1，表明它的经济效果好。

热泵系统中，作为蒸发器的换热器（制冷时的冷凝器）有可能表面结霜，以致堵塞空气的通路影响换热，所以在系统中应采取适当的融霜措施。

四通转换阀是由电磁阀和四通阀用毛细管连接而成的一个换向系统，其结构如图 3-13、图 3-14 所示。四通阀有四根接管 1、2、3、4 和三根毛细管 C、D、E，阀体内安装有滑块和活塞。它们用支架构成一体，两端活塞上各有小孔，以使活塞两端能互相通气。1 号管与蒸发器出口连接，2 号管与压缩机吸气管连接，3 号管与冷凝器进口连接，4 号管与压缩机排气管连接，而滑块好像一个三通阀门，可以将 1 与 2 连通起来，也可以将 2 与 3 连通。当 1、2 连通时，3、4 就通过四通阀体而连通；当 2、3 连通时，1、4 就通过四通阀体而连通。三根毛细管中，C、D 管接在四通阀两端，E 管接在管 2 中。电磁阀由阀体、阀芯 A 和 B、弹簧 1 和 2、衔铁及电磁线圈组成，阀芯 A 和 B 对衔铁连成一体，并一起移动。当线圈接通电源而产生磁场时，衔铁被磁场吸引而动作，使阀芯向右移动，阀芯 B 关闭左阀孔，而右面阀孔被阀芯 A 打开。当断电而衔铁复位时，阀芯 A 关闭右阀孔，而左面阀孔被阀芯 B 打开。

1. 四通转换阀在制冷时的工作原理

系统制冷时，由于受电源换向开关的控制，转换时的电磁线圈的电源被切断，衔铁在弹簧 1 的推动下左移，使阀芯 A 将右阀孔关闭，而左阀孔就开着，如图 3-13 所示。这样，C 与 E 管被接通，而 D 管被关闭而不通。在四通阀体内，除滑块盖住的部分是低压气体外，其他部分都是高压气体。在 D 管堵住不通的情况下，阀体内的高压气体通过活塞 2 上的小孔，向四通阀左端盖内充气。因为 C 与 E 管是连通的，而毛细管孔径又比活塞上的小孔大数倍，故从小孔流过去的气体迅速通向压缩机吸气管。因此，在活塞 2 的左面不能建立起高压，滑块左、右端活塞就形成一个压力差，把滑块与活塞组推向左端位置。此时，管 1 与管 2 连通，即制冷剂气体从蒸发器流出被压缩机吸入，而管 4 与管 3 连通，即压缩机排出的高压气体进入冷凝器，这就是热泵系统制冷时的转换阀的状态。

2. 四通转换阀在制热时的工作原理

系统制热时，电源换向开关将转换阀的电磁线圈的电源接通，线圈产生磁场，衔铁被磁场吸引向右移动，阀芯 A 打开右边阀孔，阀芯关闭左边阀孔，如图 3-14 所示。E 管与 D 管连通，C 管被堵不通。四通阀右端盖内的高压气体从 D 管经 E 管流向压缩机吸气管，使右端盖内压力等于吸气压力。而左端盖内，由于 C 管被堵住不通，高压气体从活塞小孔向左端充气，使压力升至排气压力而平衡。这样，左、右两端产生压力差，活塞就带动滑块一起向右移动，滑块将管 2 与管 3 接通，管 1 与管 4 接通，压缩机排气从管 4 经过管 1 进入冷凝器(即制冷运行时的蒸发器)，然后经毛细管进入蒸发器(即制冷运行时的冷凝器)。从蒸发器流出的蒸气，经管 3 与管 2 而进入压缩机吸气管，通过转换管路的转向，使原来制冷运行时的蒸发器成为冷凝器，而冷凝器则成了蒸发器，从而实现从室外吸热而向室内放热，这就是“热泵”的工作原理。

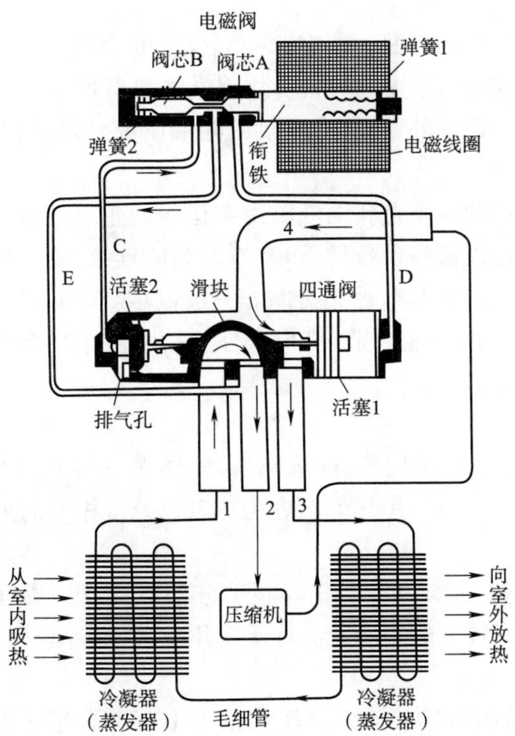

图 3-13 四通转换阀制冷时的工作原理

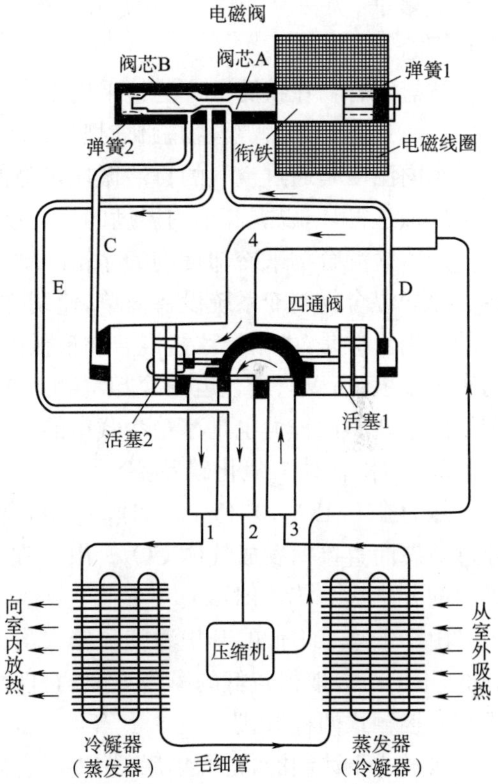

图 3-14 四通转换阀制热时的工作原理

典型工作任务 5 其他制冷方法认知

3.5.1 任务目标

1. 了解其他制冷方法的原理及应用。
2. 了解常用吸收式制冷循环工质对的性质。

3. 掌握溴化锂吸收式制冷机的分类。

3.5.2 相关配套知识

1. 冰盐混合物制冷

冰的融化温度为 0 ℃，如单纯利用冰融化时要吸热(熔化热为 334.9 kJ/kg)这一物理特性来制冷，只能得到 0 ℃以上的温度，为了得到较低的温度，可以利用冰和盐的混合物来制冷。所用的盐通常是食盐，即氯化钠(NaCl)。

将盐与冰混合，当冰盐混合物融化时，要同时发生两种吸热反应：一种是冰融化时要吸收熔化热；另一种是盐溶解于水时，要吸收熔解热。这两种吸热反应的综合使得冰盐混合物的融化温度远低于 0 ℃。在一定的范围内，所加的盐越多，混合物的融化温度越低，但熔化热也减小。如食盐与冰的混合物，当食盐加入的重量为冰的 29%时，混合物的融化温度达到最低，为－21.2 ℃。在实用上为了方便，常按 100 kg 的冰和 30 kg 的食盐的比例进行混合。

冰盐混合物在铁路上广泛地采用来作为冷藏车的冷源。装有冰盐混合物的冷藏车冰箱设置在车顶部。冰盐混合物融化时吸收的热量来自车内的货物，货物因失去热量而获得低温。车内温度是通过空气的自然循环来降低的。在国外，有的在车辆的两端设置风机，使车内空气强迫循环，以提高车内温度的均匀度。

用冰盐混合物来冷却货物的冰箱冷藏车较长期以来是我国铁路冷藏运输的主要运输工具。冰盐混合物制冷系统设备简单，使用方便，在正常整备条件下，制冷系统能连续、安全可靠的使用。但是，由于受冰盐混合物最低融化温度的限制，冰箱冷藏车只能制取－8 ℃以上的车内温度，所以只适合运输冷却货物。另外，温度不能调节，排出车外的盐水对车辆结构和线路钢轨腐蚀较大也是冰箱冷藏车的主要缺点。

2. 干冰(固体二氧化碳)制冷

压力在 5.18×10^5 Pa 以下时，干冰吸热后产生升华现象，即吸热后，固体状态的干冰不经过液态而直接挥发成气体 CO_2。由于在大气压力下，其升华温度为－78.9 ℃，相变时所吸收的升华热为 574 kJ/kg。

由于干冰有很低的升华温度和较大的升华热，所以将干冰升华的吸热过程用于冷藏车制冷，不但可以取得较低的车内温度，而且能获得较大的制冷量。冷藏车用干冰制冷有接触式和非接触式两种形式。

接触式干冰制冷，是升华后的 CO_2 气体直接与货物接触。当车内空气中 CO_2 含量超过 10%时，对人体和货物都有害。

采用非接触式干冰制冷时，干冰相变所产生的 CO_2 气体由密闭的干冰箱直接排出车外。为调节车内温度，也可以用干冰使易挥发的液体(如 R12)的蒸气凝结，凝结后的液体经流量调节阀再送到位于车顶的冷却盘管中去，液体在盘管中蒸发吸热使车内温度降低。

采用干冰制冷的冷藏车可以获得－20 ℃，甚至更低的温度，而且可以完全避免像冰盐混合物制冷那样的盐水对金属的腐蚀。但干冰制冷用的干冰成本太高，干冰的储运损耗又大，限制了干冰制冷在冷藏车中的采用。

3. 液氮制冷

液氮在一个大气压力下的蒸发温度为－195 ℃。利用液氮蒸发时吸热能获得较低温度的这个特性,可以用来快速冻结易腐货物,以保持易腐食品的营养、颜色和味道。国外一些国家已将液氮用于冷藏车和集装箱的制冷。

液氮制冷用于铁路冷藏运输有两种方法。一种是用液氮将易腐货物进行预冷,预冷的最低温度可达－80～－100 ℃,预冷可以装货时在车上进行,也可以在冷库内完成。运输过程的冷源是用货物和车辆的蓄冷量,所能运输的距离取决于预冷时的初温、货物允许的终温、外气条件、车体的隔热性能和气密性,这种冷藏车实际上是无专门冷源的隔热车。另一种方法是将盛有液氮的容器设置在车内,利用液氮连续或周期性的蒸发来抵消由车外传入的热量和车内货物的生理发热量。液氮可以由车顶部带孔的分配管向车内直接喷射(喷射量由温度控制阀来调节),称为接触式;也可以通过空气冷却器来冷却车内货物,此时,氮气和货物不接触,称为非接触式。采用接触式的液氮冷却系统时,能够为新鲜果菜创造一个缺氧的低温运输条件,因此可以减少果菜的呼吸发热量。但是使用这种系统时,应注意打开车门时要防止工作人员马上进入车内而产生窒息。

液氮制冷设备简单,工作可靠,缺点是液氮成本高。只有在有大量的廉价的液氮条件下,冷藏车采用液氮制冷才比较适合。

4. 半导体制冷

半导体制冷是借助半导体元件的温差电效应,利用电能直接来制冷的方法,所以又称为温差电制冷或热电制冷。半导体制冷是通过半导体电热元件来实现的,最基本的半导体热电元件是由N型和P型半导体元件串联组成的温差电偶,如图3-15所示。

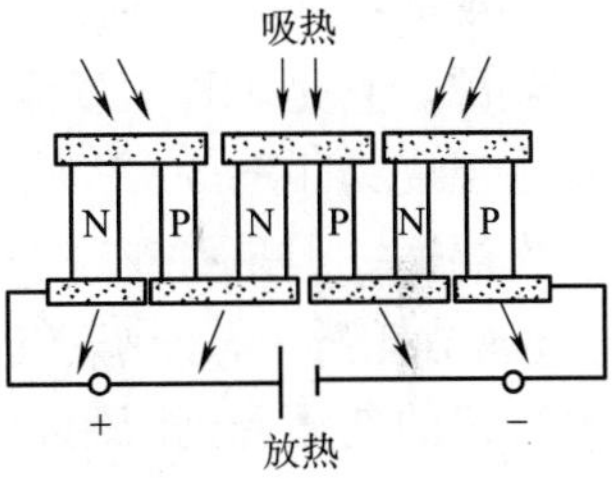

图3-15 半导体制冷原理

根据温差电效应,当直流电流流过半导体热电元件时,除产生焦耳热以外,在半导体元件的一端会产生吸热现象,而另一端产生放热现象。当外加电场使得N型半导体中的电子和P型半导体中的空穴都接头运动时,为了补充电子和空穴,在接头附近将激发大量的电子、空穴对。这些电子、空穴对的动能和势能取自于晶格的热振动能,所以在接头处就出现吸热现象,该接头称冷端;相反地,当外加电场反向时,使得N型半导体中的电子和P型半导体中的空穴都朝接头处运动时,这些电子、空穴对将在接头附近复合。电子、空穴对复合前的动能和势能将转变成晶格的热振动能,因此在接头处将释放出热量,该接头称为热端。利用冷端的吸热现象来冷却其周围介质,就可以实现制冷的目的。如电流方向相反,吸热端(冷端)就会变成放热端(热端),而放热端变成吸热端,半导体制冷元件就变成加热元件了。

由于半导体材料性能所限,目前一般一对温差电偶的制冷量是很小的,约几百毫瓦至两瓦。所以实际使用时,常把若干对温差电偶串联或并联起来组成制冷电堆,这样可以获得几瓦至数千瓦的制冷量,如图3-16所示。

半导体制冷器的冷端温度是由所要制取的温度来决定的,因此对提高制冷系数来说,如何提高热端的散热冷却效果以降低冷、热端的温差是非常重要的。为此,半导体制冷器的热端一般都装有散热器,可以用水冷或风冷。有时为了制取较低的温度,半导体制冷器的

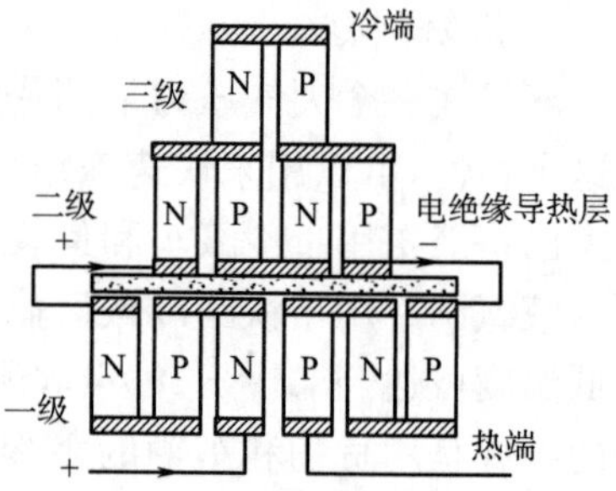

图 3-16　三级半导体制冷电堆原理图

冷、热端温差太大，可采用二级或三级半导体制冷器，如图 3-16 所示。这时，用第一级的冷端来冷却第二级的热端，再用第二级的冷端来冷却第三级的热端，使得每级的冷热端温差减少，以提高制冷效率。

半导体制冷器与一般制冷机不同，它没有机械运动部件，也不用制冷剂。只要用一些半导体制冷元件组合起来，利用直流电源就可以直接制冷，并且调节工作电流能方便地改变制冷量和制冷温度。如变换电流方向，制冷就变成制热，因而半导体空调器就与冷暖风机一样了。

半导体制冷器工作时，无磨耗、无振动、无噪声、无制冷剂的泄漏，工作可靠，维护使用方便，寿命长。但目前因受材料性能和制造成本所限，半导体制冷器只适合于小型制冷装置。如小型冰箱、小型空调器、仪器仪表的小型冷源等。

可以预料，随着半导体材料热电性能的改进和制冷效率的提高，以及成本不断降低，半导体制冷在客车空调和冷藏车上将有广阔的应用前景。

5. 吸收式制冷

吸收式制冷机是一种以热能为主要动力的制冷机，它的工作原理早在 18 世纪 70 年代就已提出，直到 1859 年才试制成功第一台吸收式制冷机。

早期的吸收式制冷循环用氨水溶液作工质，其中氨为制冷剂，水为吸收剂，并使用水蒸气为热源。它是一种蒸发温度较低的吸收式制冷循环。当热源温度在 100～150 ℃范围内，冷却水温度为 10～30 ℃时，蒸发温度可达－30 ℃，两级氨水吸收式制冷循环则可获得更低的蒸发温度。但是氨有毒、对人体有危害，因而它的应用受到限制；另外，由于装置比较复杂，金属消耗量大，加热蒸气的压力要求较高，冷却水消耗量大，热力系数较低，使氨水吸收式制冷机的使用受到限制。

随着制冷技术的发展，1945 年，美国开利公司试制出第一台制冷量为 523 kW 的单效溴化锂吸收式制冷机，开创了吸收式制冷机的新局面。1966 年，我国上海第一冷冻机厂试制出了制冷量 1 160 kW 的单效溴化锂吸收式制冷机。溴化锂吸收式制冷循环以水为制冷剂，以溴化锂溶液为吸收剂，蒸发温度较高（0 ℃以上），适用于空调。这种工质无毒、无臭、无味，对人体也无害。溴化锂吸收式制冷机可用一般的低压蒸气或 60 ℃以上的热水作为热源，因而在利用低温热能及太阳能制冷方面具有独特的作用。当前由于限制使用 CFCs，世界各国对吸收式制冷更加重视。

（1）吸收式制冷工作原理

吸收式制冷是用热能作动力的制冷方法，它也是利用制冷剂汽化吸热来实现制冷的。因此，它与蒸气压缩式制冷有类似之处，所不同的是两者实现把热量由低温处转移到高温处所用的补偿方法不同，蒸气压缩式制冷用机械功补偿，而吸收式制冷用热能来补偿。吸收式制冷机中所用的工质是由两种沸点不同的物质组成的二元混合物（溶液）。低沸点的物质是制冷剂，高沸点的物质是吸收剂。吸收式制冷机中有两个循环——制冷剂循环和溶液循环。

吸收式制冷循环是由发生器、吸收器、冷凝器、蒸发器、溶液泵以及节流器等组成。

①制冷剂循环的完成过程。由发生器出来的制冷剂蒸气（可能含有少量的吸收剂蒸

气)在冷凝器中冷凝成高压液体,同时释放出冷凝热量;高压液体经膨胀阀节流到蒸发压力,进入蒸发器中。低压制冷剂液体在蒸发器中蒸发成低压蒸气,并同时从外界吸取热量。

低压制冷剂蒸气进入吸收器中,而后由吸收器、发生器组成的溶液循环将低压制冷剂蒸气转变成高压蒸气。

②溶液循环过程。在吸收器中,由发生器来的稀溶液(若溶液的浓度以制冷剂的含量计)吸收蒸发器来的制冷剂蒸气,而成为浓溶液,吸收过程释放出的热量用冷却水带走。由吸收器出来的浓溶液经溶液泵提高压力,并输送到发生器中。在发生器中,利用外热源对浓溶液加热,其中低沸点的制冷剂蒸气被蒸发出来(可能有少量吸收剂蒸气同时被蒸发出来),而浓溶液成为稀溶液。溶液经吸收器→发生器→吸收器的循环,实现了将低压制冷剂蒸气转变为高压制冷剂蒸气。

不难看到,吸收式制冷机中制冷剂循环的冷凝、蒸发、节流三个过程与蒸气压缩式制冷机是相同的,所不同的是低压蒸气转变为高压蒸气的方法,蒸气压缩式制冷是利用压缩机来实现的,消耗机械能;吸收式制冷机是利用吸收器、发生器等组成的溶液循环来实现的,消耗热能。很显然,发生器—吸收器组起着压缩机的作用,故称为“热化学压缩器”。

吸收式制冷机中所用的二元混合物主要有两种——氨水溶液和溴化锂水溶液。氨水溶液中氨为制冷剂,水为吸收剂。溴化锂水溶液中水为制冷剂,溴化锂为吸收剂。在空调工程中,目前普遍采用的是溴化锂水溶液,这种制冷机称为溴化锂吸收式制冷机。

(2)吸收式制冷机的工质对

①吸收式制冷循环工质的选择要求

吸收式制冷以两种沸点相差很大的物质组成的二元溶液作为工质。其中沸点低的物质在温度较低时容易被沸点高的物质吸收;而在温度较高时,沸点低的物质又容易汽化(或称挥发),从溶液里分离出来。在吸收式制冷循环中的二元溶液工质,沸点低的物质作制冷剂,沸点高的物质作吸收剂。因此,将这种工质称为制冷剂—吸收剂工质对,简称为工质对。

②吸收式制冷循环对制冷剂的选择

对制冷剂的要求与蒸气压缩式制冷基本相同,应具有较大的单位容积制冷量,工作压力不应太高或太低,价廉,无毒,且具有不爆炸和不腐蚀等性质。

(3)对吸收剂的要求

①吸收剂应具有强烈吸收制冷剂的能力,这种能力越强,在制冷机中所需要的吸收剂循环量越少;发生器工作热源的加热量、在吸收器中冷却介质带走的热量以及泵的耗功率也随之减少。

②作为吸收剂和制冷剂的两种物质,它们的沸点希望相差越大越好。吸收剂的沸点越高,越难挥发,在发生器中蒸发出来的制冷剂纯度就越高。如果吸收剂不是一种极难挥发的物质,则发生器中蒸发出来的将不全是制冷剂,这就必须通过精馏的方法将这部分吸收剂除去,否则将影响制冷效果。使用精馏方法将吸收剂与制冷剂分开,不仅需要专用的精馏设备,而且精馏效率也会影响制冷循环的工作效率。

③吸收剂也希望具有较大的热导率,较小的密度和黏度,而且应具有较小的比热容,以

提高制冷循环的工作效率。

④吸收剂的化学性质应具有较好稳定性，要求无毒、不燃烧、不爆炸，对制冷机的金属材料无腐蚀。

⑤吸收式制冷循环工质对所组成的二元溶液，必须是非共沸溶液。因共沸溶液具有共同的沸点，故共沸溶液不能作为吸收式制冷循环的工质对。

(4)吸收式制冷循环工质对

吸收式制冷循环工质对，随制冷剂的不同大致分为四类。

①以水作为制冷剂的工质对

除了目前广泛应用的溴化锂水溶液外，对水—氯化锂(H_2O-LiCl)和水—碘化锂(H_2O-LiI)也进行了研究，因为它们对设备的腐蚀性较小，而且水—碘化锂便于利用更低品位的热源。但它们的溶解度小，使制冷机的工作范围过窄，故又提出了三元工质系，如水—氯化锂—溴化锂，它具有水—氯化锂性能之优点而又克服了溴化锂工作范围过窄的缺点。而另一种水—溴化锂—硫氰酸锂(H_2O-LiBr-LiSCN)三元溶液已试用于太阳能吸收式制冷循环中。

②以氨为制冷剂的工质对

主要有氨水(NH_3-H_2O)、乙胺—水($C_2H_5NH_2$-H_2O)、甲胺—水(CH_3NH_3-H_2O)以及硫氰酸钠—氨(NaSCN-NH_3)等。用甲胺、乙胺能减轻氨固有的毒性和爆炸性，而乙胺还因其蒸气压比较低，用于热泵很有好处。硫氰酸钠用于太阳能吸收式制冷循环中性能好，造价低。

③以甲醇和乙醇作为制冷剂的工质对

主要有甲醇—溴化锂(CH_3OH-LiBr)、甲醇—溴化锌(CH_3OH-$ZnBr_2$)、甲醇—溴化锂—溴化锌(CH_3OH-LiBr-$ZnBr_2$)、乙醇—溴化锂—溴化锌(C_2H_5OH-LiBr-$ZnBr_2$)等。甲醇有较大的汽化热，可制取 0 ℃以下的低温，而对金属材料不起腐蚀作用，是一种比较理想的制冷剂。用乙醇作制冷剂，其性能比甲醇差一些，但其最大的优点是发生器加热温度较低，因而用于太阳能吸收式制冷机中比较合适。

④以氟利昂为制冷剂的工质对

以氟利昂为制冷剂的工质对主要有氯二氟甲烷—二甲替甲酰胺(R22-DMF)、氯二氟甲烷—四甘醇二甲醚(R22-El81)、氯二氟甲烷—酞酸二丁酯(R22-DBP)等。在高发生温度和低冷凝温度下采用 R22-DMF、较有利；对于较低发生温度和较高冷凝温度，如太阳能制冷系统以采用 R22-E181 为好。

到目前为止，提出的吸收式制冷循环工质的种类很多，但是实际上使用的还只限于氨—水溶液与溴化锂—水溶液两种。

6. 吸附式制冷

人们早已发现，有些固体物质在一定的温度及压力下能吸附某种气体或水蒸气，在另一种温度及压力下又能把它释放出来。这种吸附与解吸的过程将导致压力的变化；从而起到了压缩机的作用。固体吸附制冷就是利用这一原理来制冷的。

如果热源温度较低、冷凝温度较高时，氨水吸收式与溴化锂吸收式制冷机的热力系数都很低，若此时采用吸附式制冷方式，则可获得较满意的结果。

所谓吸附，就是物质在相的界面上，质量分数自动发生变化的现象。当气体分子运动到固体表面时，由于分子间的相互作用，气体分子便会停留在固体表面，形成气体分子在固体表面上的质量分数增大，即气体分子被固体表面所吸附。已被吸附的原子或分子，返回到气相中的现象称为解吸或脱附。

具有吸附作用的物质称为吸附剂；被吸附的物质称为吸附质。显然，在一定条件下，吸附剂的表面积越大，它的吸附能力就越强。为了提高吸附剂的吸附能力，必须尽可能地增大吸附剂的表面积，所以那些具有多孔的或细粉状的物质，如活性炭、硅胶、分子筛等，都是很好的吸附剂。

吸附式制冷系统中，吸附对（吸附剂—吸附质）的性能直接影响到制冷循环的效率、装置的大小。如果选择不当，会使吸附剂的晶格遭到破坏，从而降低甚至丧失吸附能力，致使循环无法正常工作。

目前，可作为吸附对的物质是很多的，在制冷与空调方面已进行过实验研究的有沸石（分子筛）—水、硅胶—水、氯化钙—水、氯化钙—氨、氯化钙—甲醇、活性炭—甲醇等。甲醇凝固点低（−98 ℃），适合于具有冷冻室的吸附式家用冰箱中使用，但甲醇的汽化热仅为水的 50%。

沸石（分子筛）是一种铝硅酸盐矿物，具有强烈的吸水性，沸石的吸附水量对温度特别敏感，微小的温度变化将导致吸附量较大的改变，从而导致封闭系统中压力的较大变化，利用沸石温度的变化，便可使其起到压缩机的作用。用作吸附剂的沸石（分子筛）种类很多，有天然沸石，也有人工合成沸石，如 3A、4A、SA、10X、13X 等，其中对水的吸附性能以 13X 为最好。

与其他制冷系统一样，沸石吸附系统内不允许存在任何像空气等不凝性气体，因此，沸石装入密封容器后，用管道将沸石盒、冷凝器、蒸发器连在一起，充入一定量的制冷剂（即水），然后整个系统须排气、抽空，最后加以密封。

用表面多孔的物质作为吸附剂时，使用前必须进行活化处理，去除吸附剂内预吸附水分和其他气体及杂质，提高其吸附能力。吸附剂的活化处理，可用加热脱附或降压脱附来实现。

吸附式制冷系统的特点是不耗电、无任何运动部件、系统简单、没有噪声、无污染、不需维修、寿命长、安全可靠、投资回收期短、对大气臭氧层无破坏作用等。另外，还可利用吸附剂吸附吸附质时所放出的吸附热，提供家庭用热水和冬季采暖用热源。该系统的缺点是循环属于间歇性的，热力状态不断地发生变化，难以实现自动化运行；对能量的储存也较困难，特别是太阳能吸附式制冷系统，太阳能的波动会进一步影响到系统的循环特性。

典型工作任务 6　制冷剂认知

3.6.1　任务目标

1. 掌握制冷剂的特性、分类与命名。
2. 学会从环保、热力学性质、理化指标等方面考虑对制冷剂进行选择。
3. 了解新型制冷剂的替代路线和应用现状。

3.6.2 相关配套知识

制冷剂是制冷系统中完成制冷循环所必需的工作介质。制冷剂的热力学状态在制冷循环中是不断发生变化的，制冷机借助于制冷剂的热力学状态变化将被冷却系统的热量连续不断地传递给高温热源，以完成制冷循环。

目前，作为制冷剂的物质已有近百种，并且新的制冷剂仍在不断发现和研制中，常用于冷藏、空调制冷的制冷剂有十多种。现在世界上多数国家均采用美国制冷空调工程师协会标准(ASHRAE standard 34-78)的规定来命名制冷剂。

1. 对制冷剂的要求

(1)热力学方面的要求

沸点要求低，这是一个必要条件，这样可以获得较低的蒸发温度。

临界温度要高、凝固温度要低，以保证制冷剂在较广的温度范围内安全工作。临界温度高制冷剂在常温条件下能够液化，即可用普通冷却介质使制冷剂冷凝，同时能使制冷剂在远离临界点下节流而减少损失，提高循环的性能。凝固点低，可使制冷系统安全地制取较低的蒸发温度，使制冷剂在工作温度范围内不发生凝固现象。

要求制冷剂具有适宜的工作压力。要求蒸发压力接近或高于大气压力，以避免制冷机回气压力出现真空而增大空气渗入制冷系统的机会，提高制冷机的工作效率，减少相应的无效功耗。

要求冷凝压力不能过高。冷凝压力低可能降对制冷机器、设备、管道的强度要求，减少压缩机的功耗。

要求制冷剂的汽化潜热大，比容小。这样在一定的工况条件下单位容积制冷量大。当所需要的制冷量一定时，单位容积制冷量大，制冷剂的循环量就可以减少，压缩机和系统的尺寸就可缩小，使之便于安装和更经济。

要求制冷剂的绝热指数小。绝热指数越小，压缩机排气温度越低，对提高压缩机容积效率和改善压缩机润滑越有利。

(2)物理化学方面的要求

要求制冷剂的黏度和密度尽可能的小。黏度和密度小可以减少制冷剂在制冷系统中流动阻力，有利于制冷剂的循环和降低压缩机的功耗，并且可缩小系统的管径，降低金属的消耗量。

要求制冷剂的导热系数与放热系数尽量大。以提高换热器的传热效率，减少传热面积。

要求制冷剂有一定的溶水性。制冷剂最好不含水分，但实际上制冷系统中难免渗入极少量的水分，如制冷剂能溶解少量的水分，在蒸发温度低于 0 ℃时，系统就不易产生“冰塞”现象而影响制冷装置的正常运转。

要求制冷剂的热化学稳定性好，高温下不易分解。制冷剂与油、水混合时对金属材料不应有明显的腐蚀作用。对制冷机的密封材料的膨润作用要尽可能的小。

制冷剂溶解与润滑油的不同性质表现出不同的特点。制冷剂在润滑油中的溶解性可分为完全溶解、微溶解和完全不溶解。当制冷剂与润滑油完全溶解时，能使机件润滑创造良好的条件，在冷凝器等换热器的换热面上不易形成油膜，传热效果好。但当制冷剂与润滑油互溶时，会使制冷剂的蒸发温度提高，使润滑油的黏度降低，还会使制冷剂沸腾时泡沫增多，蒸发器中的液面不稳定及在运行时使制冷机的耗油量增大，也使系统中的油不易排出。当制冷剂与润滑油完全不溶时，制冷系统的蒸发温度比较稳定，在制冷设备中制冷剂与润滑油易于分离，并在热交换器换热表面形成油膜而影响换热。微溶解于油的制冷剂的优缺点介于两者之间。

在密封式的压缩机系统中，电机线圈与制冷剂、润滑油直接接触，因此要求制冷剂应具有良好的电绝缘性能。

(3)安全、环境方面的要求

要求制冷剂在工作温度范围内不燃烧、不爆炸，应避免使用易燃和易爆的制冷剂，必须使用时，一定要有防火防爆安全措施。

要求制冷剂无毒或低毒，相对安全性好。

由于某些制冷剂带有一定的毒性和危险性，要求所选择的制冷剂应具有易于检漏的特点，以保证运行的安全。

要求万一泄漏的制冷剂与食品接触时，食品不会变色、变味，不会被污染，空调用制冷剂应对人体的健康无害、无刺激性气味。

要求制冷剂对地球温室效应影响较小，对大气中臭氧层没有破坏作用。

2. 制冷剂的种类及代号

(1)制冷剂的种类与分类

可作为制冷剂的物质较多，其种类如下：

①无机化合物，如水、氨、二氧化碳等。

②饱和碳氢化合物的氟、氯、溴衍生物，俗称氟利昂，主要是甲烷和乙烷的衍生物，如R12、R22、R134a 等。

③饱和碳氢化合物，如丙烷、异丁烷等。

④不饱和碳氢化合物，如乙烯、丙烯等。

⑤共沸混合制冷剂，如 R502 等。

⑥非共沸混合制冷剂，如 R407C 等。

通常按照制冷剂的标准蒸发温度，将其分为三类，即高温、中温和低温制冷剂。所谓标准蒸发温度，是指在标准大气压力下的蒸发温度，也就是通常所说的沸点。

a. 高温(低压)制冷剂。标准蒸发温度 $t_s>0$ ℃，冷凝压力 $p_k\leqslant 0.3$ MPa。常用的高温制冷剂有 R123 等。

b. 中温(中压)制冷剂。0 ℃$>t_s>-60$ ℃，0.3 MPa$<p_c<2.0$ MPa。常用的中温制冷剂有氨、R12、R22、R134a、丙烷等。

c. 低温(高压)制冷剂。$t_s\leqslant -60$ ℃。常用的低温制冷剂有 R13、乙烯、R744 等。

(2)制冷剂的编号表示方法

为书写方便，我国国家标准 GB 7778—1987 规定了各种通用制冷剂的代号，以代替其化学名称、分子式或商业名称。标准中规定用字母 R 和它后面的一组数字或字母作为制冷剂的代号。字母 R 表示制冷剂，后面的数字或字母则根据制冷剂的种类及分子式组成，按一定的规则编写。

a. 无机化合物

作为制冷剂的无机化合物有氨、二氧化碳、水等。对于这类制冷剂，其代号“R”后的第一位数为7，7后面的数字为该物质的分子量的整数部分。如氨的分子式为NH_3，分子量的整数部分是17，其代号为R717，二氧化碳和水的代号分别为R744和R718。

b. 卤代烃(氟利昂)

氟利昂是饱和碳氢化合物的氟、氯、溴衍生物的总称。目前用作制冷剂的主要是甲烷和乙烷的衍生物。

饱和碳氢化合物的分子式为C_mH_{2m+2}。氟利昂的分子通式为$C_mH_nF_xCl_yBr_z$，其原子数m,n,x,y,z之间的关系为：

$$2m+2=n+x+y+z$$

氟利昂的代号用“R×××B×”表示。R后的第一位数字为$(m-1)$，该数字为零时省略不写；第二位数字为$(n+1)$；第三未数字为x；B后面的数字为z，若z为零时，与字母B一起省略。例如二氟二氯甲烷的分子式为CF_2Cl_2，该化合物的$m=1,n=0,x=2,z=0$，所以在R后的第一位数字$(m-1)=0$，第二位数字$(n+1)=1$，第三位数字$x=2$，B后面的数字$z=0$，故CF_2Cl_2的代号为R12。一氟一氯甲烷的分子式为CHF_2Cl，其$(m-1)=0,(n+1)=2,x=2,z=0$，故代号为R22。一溴三氯甲烷分子式为CF_3Br，$(m-1)=0,(n+1)=1,x=3,z=1$，代号为R13B1。

c. 混合工质

混合工质是由两种或两种以上的制冷剂按一定的比例相互溶解而成的溶合物，分为共沸混合工质和非共沸混合工质。

共沸混合工质的性质与单纯工质一样，在恒定的压力下蒸发或冷凝时，蒸发温度或冷凝温度保持不变，而且其气相和液相具有相同的组分。共沸制冷剂代号R后面的数字按使用的先后顺序编号。例如最早命名的共沸混合制冷剂的代号表示为R500，以后命名的按先后次序分别用代号R501、R502、…、R506表示。

非共沸工质在恒定的压力下蒸发或冷凝时，其蒸发温度或冷凝温度以及气相和液相的组分，均不能保持恒定，由于非共沸工质在组分不同、混合比不同时，会显示不同的热力学性质，可满足各种制冷要求。

非共沸制冷混合工质制冷剂的代号R后面的数字按使用的先后顺序编号。例如最早命名的非共沸混合制冷剂的代号表示为R400，以后命名的按先后次序分别用代号R401、R402、…、R407表示。为了区别组分相同而比例不同(质量分数)的混合物制冷剂，应在识别编号后加大写字母A、B、C等后缀。

d. 烃类(碳氢化合物)

用来作为制冷剂的碳氢化合物有烷烃类(如甲烷CH_4、乙烷C_2H_6、丙烷C_3H_8)和链烯烃类(如乙烯C_2H_4、丙烯C_3H_6)。

对于甲烷、乙烷、丙烷，代号表示方法与氟利昂相同。如甲烷CH_4，$m=1,n=4,x=0,z=0$，则$(m-1)=0,(n+1)=5,x=0,z=0$，代号为R50；乙烷C_2H_6，$(m-1)=1,(n+1)=7,x=0,z=0$，代号为R170。但丁烷不按上述规则写，而写成R600。此外，对于同分异构体，在代号后加小写的字母“a”“b”“c”，如异丁烷的代号为R600a。

对于乙烯、丙烯的表示方法，是在R后面先写一个“1”，其余数字按氟利昂的编号规则书写。如乙烯C_2H_4，$m=2$，$n=4$，$x=0$，$z=0$，则$(m-1)=1$，$(n+1)=5$，$x=0$，$z=0$，代号为R1150。丙烯C_3H_6，$m=3$，$n=6$，$x=0$，$z=0$，则$(m-1)=2$，$(n+1)=7$，$x=0$，$z=0$，代号为R1270。

3. 常用制冷剂的性质

目前在蒸气压缩式制冷装置中采用较为广泛的制冷剂有氨、氟利昂以及混合工质。

(1)氨(R717)

氨属于无机化合物制冷剂。氨具有良好的热力学性能，其优点是蒸发压力和冷凝压力适中，单位容积制冷量较大。氨在标准大气压力下的沸点为−33.4 ℃，当制冷温度为5～30 ℃时，蒸发压力总大于大气压力，不会在蒸发器内形成真空。采用水作为冷却介质时，冷凝压力不超过1.5 MPa。

氨具有较强的溶水性，在系统中不会发生“冰塞”现象。对钢铁不腐蚀，但氨含水时，对铜及铜合金有腐蚀作用(磷青铜除外)。因此，在氨制冷系统中不用铜和铜合金。但对某些需要润滑的部件(如密封环、轴瓦、活塞销)可使用高磷青铜。

氨是微溶于润滑油的制冷剂，当系统中有较多润滑油时，由于油的密度大于氨液的密度，在系统运行时会沉积在储液器或蒸发器等设备的底部。为了减轻润滑油在换热器表面形成的油垢，应定期对系统中沉积的润滑油进行排放，并尽量避免过多的润滑油进入系统内部。

氨的缺点是毒性较大，有强烈的刺激性气味，且可以燃烧和爆炸。氨一旦泄漏，将污染空气、食品，并刺激人的眼睛和呼吸器官，当氨液触及皮肤时会形成“冻伤”。如果空气中氨的容积含量达到0.5%～0.6%时，人在其中停留半小时便能中毒。当空气中氨的容积含量达到了11%～14%时即可点燃，容积含量在16%～25%时可引起爆炸。因此在客车空调装置中不易使用。

由于氨的上述缺点，它主要用作大型冷藏库的工质，在小型制冷装置中应用较少。现在为了保护大气中的臭氧层，逐步禁用CFC_S，如何提高氨的应用范围，已越来越引起人们的注意，因为它对大气臭氧层无破坏作用、又是对全球温室效应毫无影响的极少数工质之一。如果能采取必要的措施，能减轻氨对人体的毒性以及刺激性，控制它的可燃烧性及爆炸性，氨可作为被禁用的CFC_S的替代工质之一。

(2)氟利昂

氟利昂是目前应用最广泛的制冷剂之一。它无味、不易燃烧、毒性小。但含氯原子的氟利昂与明火接触能分解出剧毒的光气($COCl_2$)；渗透性很强，易于泄漏，而且不易发现；传热性差，密度大、黏度大、流动性能差；绝热指数小，压缩终温低；单位容积制冷量小。

大多数氟利昂溶于润滑油而不溶于水。为了避免发生“冰塞”现象，制冷系统中应装设干燥器。氟利昂不含水分时，对金属无腐蚀作用，对天然橡胶和塑料有膨润作用。氟利昂中含水分时，能分解生成氯化氢、氟化氢，不但会腐蚀金属，还可能产生“镀铜现象”。镀铜现象是指当氯化氢接触到铜表面后，在一定的条件下会产生氯化铜，氯化铜与热的铁制表面接触，铜与铁离子相互置换，将铜离子沉淀在铁制表面上。如果发生镀铜现象，将会破坏压缩机吸、排气阀的严密性和改变轴承与轴颈的间隙，不利于压缩机的正常运转。

氟利昂的性质随所含的氢、氟、氯原子的数目的不同而差别较大。一般来说，氟利昂中氟原子数越多，其毒性越小，对金属的腐蚀性越小，化学稳定性越高。氯原子数在很大程度上影响氟利昂的热力学性质，氯原子越多，则其在大气压力下的沸点就越高。含氯原子数越少，燃烧和爆炸性越小。

氟利昂检漏可用肥皂水、卤素灯等。肥皂水适用于系统安装和明显泄漏时的检查。少量泄漏可用卤素灯检查，随着泄漏量的增大，卤素灯火焰的颜色由微绿、淡绿变成深绿直到紫色。微量的泄漏可用电子检漏仪，该仪器的灵敏度较高。

下面介绍几种氟利昂的主要特性。

①氟利昂 12(CCl_2F_2)

R12 广泛应用于中小型制冷装置中，如冰箱、汽车空调机、降湿机、小冷库等。它也可以用于双级压缩制冷系统和容量较大的离心式制冷机。

R12 的凝固点为－155 ℃，在标准大气压力下的沸点为－29.8 ℃。当采用水或空气作为冷却介质时，冷凝压力不超过 1.2 MPa，所以它适用于空气冷却制冷机系统。

R12 易溶于润滑油，常温下它可与任意比例的矿物性润滑油相互溶解，在冷凝器内不会出现分层现象，也不会在传热表面形成油垢而影响传热。为了避免蒸发器内润滑油的含量过多，引起蒸发温度升高、传热系数降低和制冷量减少，通常采用非满液式蒸发器，使制冷剂液体从蒸发器上面供入，蒸气从下面流出，以便润滑油随 R12 顺利返回压缩机。

R12 的溶水性较差，为避免冰塞现象，应严格控制系统中制冷剂的含水量不超过 0.002 5%，充灌 R12 以前，必须对系统进行严格的干燥处理，并在系统中或充液管上设置干燥器。

应该指出，由于 R12 对大气臭氧层的破坏严重，是最早提出禁用的制冷剂之一。

②氟利昂 22($CHClF_2$)

R22 也是常用的制冷剂之一。它主要用于活塞式制冷压缩机，作为空调制冷和低温用。客车空调装置采用 R22 作为制冷剂。

R22 在标准大气压力下的沸点为－40.8 ℃，凝固点为－160 ℃，常温下的冷凝压力及单位容积制冷量都与氨接近。

R22 无色、无味、不燃烧、不爆炸，使用安全可靠。

R22 能够部分与润滑油相互溶解。通常在冷凝器中能与制冷剂相互溶解形成溶液，但在蒸发器内，由于温度较低，润滑油只能部分溶解在制冷剂中而出现分层现象，上层主要为润滑油，下层主要为制冷剂。为了使润滑油顺利返回压缩机，在系统的低压部分应设有油分离器。

R22 的溶水性比 R12 大，但仍属于微溶于水的制冷剂。所以系统中制冷剂的含水量仍须控制在 0.002 5%以下，在系统中装设干燥器。

R22 对大气臭氧层的破坏作用比 R12 小得多，所以在一些场合，它正作为某些禁用制冷剂的过渡性替代物研究和使用，但最终将被禁用。

③氟利昂 134a($C_2H_2F_4$)

R134a 是一种新型制冷剂，它的标准蒸发温度为－26.5 ℃，凝固点为－101.0 ℃。

R134a 的主要热力学性能与 R12 非常接近，其毒性也与 R12 相同。化学性能比较好，对金属的腐蚀作用比 R12 小。R134a 的特点是对大气臭氧层没有破坏作用，安全无害。以 R12 为制冷剂的制冷机改用 R134a 后，基本上不需要更换什么部件，制冷量和能效比都不会降低，因此它一开始就作为 R12 的重要替代制冷剂进行研究。但是 R12 制冷机改用 R134a 后，原来的烷烃类润滑油已不适用。实验证明酯基类润滑油比较适用于 R134a，它们之间互溶性较好。

4. 关于 CFC_S的替代

(1)CFC_S的限用与禁用

氟利昂制冷剂的使用推动了制冷技术的迅速发展。由于氟利昂具有许多的优点，所以它发展很快，目前广泛使用的有 R11、R12、R13、R22、R113、R114 等。

氟利昂是用氟、氯、溴等部分或全部取代饱和碳氢化合物中的氢而生成的新化合物的总称。其中不含氢的氟利昂称作氯氟化碳，写成 CFC_S，是有公害物质，属于限制和禁用的物质；含氢的，氟利昂称作氢氯化碳，写成 HCFC，是低公害物质，属于过渡性物质；而不含氯的氟利昂称作氢氟化碳，写成 HCF，是无公害物质，正是人们要研究和开发的替代物。

地球表面的大气按其高度分为若干层，在高度约 25 km 处存在一个臭氧层。臭氧层有效地减少了太阳紫外线对地球表面的辐射危害。它形成了地球上生物和人类的防护罩，是一道天然的屏障。近些年的研究证明，CFC_S类物质对大气中臭氧以及地球高空的臭氧层有严重的破坏作用。随着 CFC_S的大量使用，从生产、应用、废弃等多个环节向大气排放了大量的 CFC_S。CFC_S进入大气层后，几乎全部的升浮进臭氧层。

现以 $CFCl_2$(R12)为例说明当 CFC_S受强烈的紫外线照射后破坏臭氧层的反应过程：

$$CF_2Cl_2 \rightarrow CF_2Cl + Cl$$

$$Cl + O_3 \rightarrow ClO + O_2$$

$$ClO + O \rightarrow Cl + O_2$$

循环反应生成的氯原子不断地与臭氧分子作用，使一个氯原子可以破坏成千上万个臭氧分子。而 CFC_S在大气中具有几十年至上百年的生存寿命，因此它对臭氧层的破坏作用就具有积累性和持久性。臭氧层的破坏，增加了太阳对地球表面的紫外线辐射强度。

弥散在大气中的 CFC_S不仅对臭氧层有破坏作用，而且它能稳定吸收太阳热，导致大气温度上升，即加剧温室效应。根据测算，臭氧减少 1%，紫外线辐射量增加 2%。紫外线辐射量的增加，将使人的免疫系统受破坏，人体抵抗力大为降低，皮肤癌等病患增多；加剧地球温室效应，使世界平均气温上升，海平面增高，沙漠化加速；危害地球上的许多生物破坏生态平衡。有人提出，臭氧层减少到原来的 1/5，将是地球存亡的临界点。因此减少和禁止 CFC_S的生产和使用，已成为当今国际社会共同保护人类生态环境所面临的紧迫任务，研究和寻求 CFC_S制冷剂的替代物，也成为急需解决的问题。

为了保护人类赖以生存的生态环境，多年来世界各国及有关的国际组织多次召开国际会议，制定了限制和禁用 CFCs 等消耗臭氧层物质的一系列措施，对受控物质的范围及限制和禁用 CFCs 的时间表，都做了具体的规定。

(2)CFC_s的替代物研究

20 世纪 80 年代以来世界各国，特别是美国、日本和西欧各国等都投入了大量人力和财力，对 CFC_S的替代物进行开发和研究。关于 CFC_S的替代和减少 CFC_S对大气臭氧层破坏的问题,目前主要有短期、中期和长期的三种解决办法。

短期的解决办法是采取措施,减少 CFC$_S$向大气中的排放量。比如尽量减少制冷系统 CFC$_S$的充灌量,强化密封措施,研制 CFC$_S$的回收装置,逐年减少 CFC$_s$的生产和使用。

中期的解决办法是采用对大气臭氧层破坏能力小的 HCFC 制冷剂或者由其组成的非共沸混合制冷剂,替代破坏能力大的 CFC$_S$制冷剂。

长期的解决办法是采用 HFC(氢氟化碳)类物质作为制冷剂。HFC 类物质不包含氯元素,所以对大气臭氧层无破坏作用温室效应也比较小。在这方面研究较多的是 HFC134a (R134a)。

【拓展知识】

使用制冷剂的注意事项

1. 使用注意事项

(1)制冷剂钢瓶应放在阴凉通风处,使浓度降到操作标准或低爆炸限度之下。尽管在大多数情况下空气稀释已足够,但还是需要排气通风,通风速率至少达 0.3 m/s。防止高温和太阳曝晒。搬运中需小心轻放,禁止敲击。

(2)制冷剂在保存时,钢瓶阀门处绝对不应有慢性泄漏现象。储存处最起码的条件是干燥、阴凉、安全、远离热、远离点火源、远离氧化物质。不用时将气罐关好,直立。发生泄漏时,切断泄漏源。如泄漏量大,切断所有点火源,让一切无关人员撤离泄漏区。如可能,给该泄漏区通风。发生火灾时,立即向当地消防部门或公安部门求援。

(3)发现制冷剂有大量泄漏现象时,必须打开门窗通风,防止引起人员中毒和窒息。

(4)制冷剂钢瓶须经严格检验合格后才能使用。氨瓶为黄色,氟利昂瓶为银灰色。

(5)使用时严禁明火加热,但可用热水或热布贴敷。

(6)向机组内添加制冷剂时应远离火源。空气中含有制冷剂时严禁明火。

(7)从系统中将制冷剂抽出、压入钢瓶时应加以冷却。一般以装满钢瓶的 60%为宜。

(8)在分装或充加制冷剂时,室内必须空气畅通,操作人员要戴手套、眼镜,防止意外冻伤。

2. 警示标识

所有充注碳氢制冷剂的设备,必须在设备明显部位使用公司提供的标准警示标贴,防止非公司指定人员误操作对空调进行维护,造成安全灾害。

典型工作任务 7　润滑油认知

3.7.1　任务目标

1. 掌握润滑油的特性。
2. 了解常用润滑油的型号。

3.7.2　相关配套知识

压缩机润滑采用专用机油。在制冷系统中,冷冻机油和制冷剂是混合在一起的,因此对冷冻机油物理性能和化学性能有特殊的要求，应用中选用合适的冷冻机油的黏度、凝固点、闪点、含水量和含石蜡量及化学稳定性，使它减少对制冷系统工作的影响。在使用R12制冷剂的系统采用18号冷冻机油，使用氨和R22的系统采用25号冷冻机油。

对于用在封闭式压缩机的冷冻润滑油要求具有耐电压性。

1. 击穿电压

击穿电压是表示冷冻机油和制冷剂电绝缘性能的一个指标。纯净的冷冻机油绝缘性能良好，但当油中有水分、飞尘等杂质时，绝缘性能会降低，冷冻机油的击穿电压一般要求在25 kV以上，对全封闭式和半封闭式压缩机电机绕组，制冷剂也要求有良好的电绝缘性能。

2. 黏度

冷冻机油的黏度是用来衡量冷冻机油黏性的大小，黏度与冷冻机油的种类和温度有关，温度上升，黏度下降，黏度还与压缩机所用的制冷剂有关。如R12与冷冻机油相互溶解，使冷冻机油浓度变稀，黏度过小，则使轴承不能建立所需的油膜，但黏度也不能过大，黏度过大，不仅在压缩机启动时会产生更多的泡沫，而且会增加阻力使压缩机启动困难。所以，润滑油的黏度要适中。

3. 闪点

将冷冻机油进行加热，直到所产生的油蒸气与火焰接触时能产生闪火，这时的温度称为冷冻机油的闪点。选用的冷冻机油的闪点必须比排气温度高15～30 ℃，以免引起冷冻机油的燃烧和结焦。

4. 凝固点与浊点

冷冻机油在温度降低时，随着黏度的增大，流动性就越差。当冷却到一定温度时，便停止流动，这时的温度称为冷冻机油的凝固点，当温度降到一定数值时，冷冻机油中析出石蜡，冷冻机油中出现絮状物，这时的温度称为冷冻机油的浊点。

石蜡的析出，不仅使油变混浊，而且会堵塞制冷系统通道，零部件的功能受到影响，使制冷机工作不能正常。

5. 冷冻机油的变质

冷冻机油的变质是由于混入水分，发生氧化反应，以及几种不同牌号的冷冻机油混合使用，使油产生化学变化，形成沉淀物，它使压缩机的润滑受到影响，故在使用时一定注意。一般从外观颜色、气味可以直观地判断冷冻机油的好坏情况。当冷冻机油变质时，颜色变深，将油滴在白色吸墨纸上，若油滴的中央部分没有黑色，说明冷冻机油没有变质，反之说明冷冻机油已经变质。若油中有水分时，油的透明度降低，如果需要准确判断，还需送化验部门去鉴定。

复习思考题

1. 简述R12制冷剂的特性。

2. 蒸气压缩式制冷的实际循环与理论循环有何区别？

3. 简述单级蒸气压缩机的工作原理和制冷机的基本构成。制冷机中为什么要用压缩机来提高蒸气的压力？

4. 不同压力下水蒸气的液化热、汽化潜热是否相等？试说明之。

5. 不同压力但相同温度的两种过热蒸气的过热度哪个大？

6. 简述 R22 制冷剂的特性。

7. 什么叫回热循环？

8. 简述半导体制冷的特点。

9. 对制冷剂有哪些热力学方面的要求？

10. 不同压力条件下制冷剂的液化、汽化潜热是否相同？试说明之。

11. 什么叫工质的过热度和过冷度？

12. 什么叫过冷循环？它对制冷循环有何影响？

13. 什么叫过热循环？它对制冷循环有何影响？

14. 什么叫回热循环？在分装式的客车空调装置上采用怎样的方法来增加回热效果？

15. 蒸气压缩式制冷的实际循环与理论循环有何区别？

16. 在压焓图上绘制蒸气压缩式制冷的实际循环，并说明工质在四大件中进行了怎样的热力过程。

17. 如何确定客车空调装置制冷系统的蒸发温度？

18. 如何确定客车空调装置制冷系统的冷凝温度？

19. 简述半导体制冷的基本原理。

20. 简述吸收式制冷的基本原理。

21. 已知 R12 进入冷凝器的压力为 $7.848\ 5\times10^{6}$ Pa(绝对)，温度为 60 ℃，此时的 R12 是什么状态(干饱和蒸气、湿蒸气或过热蒸气)？在压焓图上查出它的比焓是多少？经过冷凝器后，R12 被冷却并凝结成饱和液体，求 1 kg 的 R12 在冷凝器中放出的热量是多少？

22. 一理想制冷循环，被冷却物温度恒为 5 ℃，冷却介质温度恒为 25 ℃，两个传热过程的传热温差均为 5 ℃。试求(1)理想制冷循环的制冷系数 ε_0 为多少？(2)考虑温差时，由两个等温过程和两个等熵过程组成的制冷循环的制冷系数 ε_c 为多少？(3)热力完善度 η 为多少？

23. 已知某制冷机以 R12 为制冷剂，制冷量为 16.28 kW，循环的蒸发温度 $t_0=-15$ ℃，冷凝温度 $t_k=30$ ℃，过冷温度 $t_b=25$ ℃，压缩机吸气温度 $t_1=15$ ℃。试求(1)将该循环画在压焓图上；(2)试进行理论循环的热力学计算。

24. 试计算以下循环的制冷系数和热力完善度，并进行分析比较。工作条件为：$t_k=30$ ℃，$t_0=-15$ ℃，制冷剂分别为 R717、R12 和 R22。

25. 以 R12 为制冷剂的蒸气压缩制冷的理论循环，蒸发温度 $t_0=0$ ℃，冷凝温度 $t_k=35$ ℃。试求(1)节流膨胀后 1 kg 制冷剂的闪发气体的质量；(2)单位质量制冷量。

26. 已知：蒸发温度 $t_0=-15$ ℃，冷凝温度 $t_k=40$ ℃，节流阀前液体制冷剂的温度为 35 ℃，压缩过程为绝热压缩，试分别对 R12 与 R22 两种制冷剂，在以下三种情况的制冷系数及热力完善度进行计算和分析讨论：(1)压缩机出口为干饱和蒸气；(2)压缩机吸入口为 −15 ℃的干饱和蒸气；(3)压缩机吸入口为 0 ℃的过热蒸气。

项目4 客车空调装置制冷系统维护与检修

项目描述

客车空调装置制冷系统主要由压缩机、蒸发器、冷凝器、自动控制器件及辅助设备组成，本项目主要学习压缩机、蒸发器、冷凝器、自动控制器件及辅助设备的结构、工作原理、维护检修方法，制冷系统的吹污、清洗、充放制冷剂、检漏等基本操作方法，通过本项目的学习，使学生能够进行压缩机、蒸发器、冷凝器、自动控制器件及辅助设备的维护检修，能够进行制冷系统的吹污、清洗、充放制冷剂、检漏等基本操作，同时掌握部分制冷基本工具的使用方法。

学习目标

1. 知识目标：掌握压缩机、蒸发器、冷凝器、自动控制器件及辅助设备的结构、工作原理。
2. 能力目标：能进行压缩机、蒸发器、冷凝器、自动控制器件及辅助设备的维护与检修。
   能进行制冷系统的吹污、清洗、充放制冷剂、检漏等基本维修操作。
3. 素质目标：养成爱护设备的良好习惯。
   养成安全生产及规范作业的意识。
   养成善于沟通的团队意识。

相关案例

2015年7月13日19时54分，南阳开往上海的K1108次旅客列车，列车员通知YZ_{25G}349794车空调制冷效果不好，经查发现配电柜触摸屏提示空调故障，半载运行，重启空调后故障消失。22时00分，乘务员又接列车长通知YZ_{25G}349794车空调制冷效果不好，经查空调运行正常，制冷效果不好。23时05分列车到达信阳站，检查发现空调回风口滤网和蒸发器滤网脏堵，摘下清洗后，空调制冷效果恢复正常。

典型工作任务 1　制冷压缩机维护与检修

4.1.1　任务目标

1. 了解制冷压缩机的类型及结构形式。
2. 掌握制冷压缩机的工作原理。
3. 了解影响蒸气压缩式制冷机性能的主要因素。
4. 掌握压缩机检修作业方法。

4.1.2　相关配套知识

制冷压缩机是蒸气压缩式制冷装置的一个重要部件，它起着压缩和输送制冷剂蒸气的作用，它是推动制冷剂在制冷系统中不断循环的动力。因此，制冷压缩机被称为蒸气压缩式制冷装置的主机。在铁路客车空调装置中，主机主要采用全封闭活塞压缩机，也有采用滚动转子式压缩机、涡旋式压缩机及封闭式螺杆压缩机等。

1. 制冷压缩机的类型

(1)按照压缩机工作原理分：

制冷压缩机按工作原理不同可分为容积型和速度型两大类。

容积型压缩机是通过改变工作容积来完成气体的压缩和输送的。

容积型压缩机主要有活塞式、螺杆式和滚动转子式(又称旋转式)压缩机。其中活塞式压缩机是通过活塞在气缸内作往复运动来改变工作容积；而螺杆式和旋转式压缩机是通过螺杆或转子在气缸内做旋转运动来改变工作容积。

速度型压缩机是使气体在高速转动的叶轮中提高速度，而后通过导向器使气体的动能转化为压力能，进而来完成气体的压缩和输送任务。目前常采用的速度型压缩机是离心式压缩机。

制冷压缩机按标准工况下制冷量的大小分为小型、中型和大型三种类型。

标准工况制冷量小于 58 kW 为小型；标准工况制冷量在 58～580 kW 范围内为中型；标准工况制冷量大于 580 kW 为大型。

活塞式压缩机发展历史悠久，具有丰富的设计、制造和运行的经验，至今在各个领域中依然被广泛采用和得到发展。制冷压缩机的持续进步也反映在其种类的多样化方面，活塞式以外的各类压缩机型，如离心式、螺杆式、滚动转子式和涡旋式等都在被卓有成效地开发而各具特色，令人刮目相看。这对于从事制冷工程的技术人员在制冷压缩机类型的选择上提供了更多的可能性。在这种背景下，活塞式压缩机的使用范围必受到影响而出现逐渐缩小的趋势，这种趋势在大冷量范围内表现得更显著。但是，在中小冷量范围内，实用上还是以活塞式压缩机为主。

随着压缩机本身可靠性和耐久性不断得到提高和压缩机紧凑轻量化的追求，制冷压缩机从开启式逐渐向封闭式发展是很自然的，如在日本，功率在 15～22 kW 之间的活塞式压缩机中，90%以上实现了半封闭化；对于不能依赖外界维修的船舶、车辆以及边远地区，便于现场维修的开启式压缩机还是有它的优势。对于小型制冷压缩机而言，业内人士一般将开启式活塞压缩机称之为第一代,全封闭活塞压缩机称之为第二代,旋转(滑片)式压缩机称之为第三代,涡旋式压缩机称之为第四代,现正在开发的环形压缩机即为第五代小型制冷压缩机。

旋转式压缩机在国内外已普遍用于房间空调器中,几乎取代了活塞式压缩机,日本在铁路客车空调装置中也开始采用旋转式压缩机。旋转式压缩机与活塞式压缩机相比,有结构简单、体积小、重量轻、容积效率高、运行平稳、噪声和振动小、可靠性强等优点。但旋转式压缩机也存在一些不利因素,如主要零件加工精度要求高,电动机绝缘等级高,起动转矩较大等。这些问题随着高科技的发展,已基本解决,因此旋转式压缩机在国内正快速发展。

目前,国内外部分铁路客车空调装置的也有采用封闭式螺杆压缩机及涡旋式压缩机的。本课程将主要讨论活塞式压缩机、滚动转子式压缩机及涡旋式压缩机的工作过程、性能及结构等。

(2)按照压缩机运行特性分

①定频压缩机。

设计卸载阀,进行能力输出的调节。

多压缩机并联式,采用不同容量大小的压缩机并联,结合卸载阀的控制,可以实现压缩机不同能级输出的调节。

②交流变速压缩机。

③直流变速压缩机。

④变容量压缩机,如数码压缩机。

2. 影响蒸气压缩式制冷机性能的主要因素

(1)蒸气压缩式制冷机的工况

蒸气压缩式制冷机的工况是表示压缩机工作温度条件的技术指标。压缩机的工况用稳定工作时的吸气饱和(蒸发)温度、排气饱和(冷凝)温度、吸气温度和过冷度等温度数值来表示。

由上述分析可知,一台压缩机在不同的工况下运转时,它的制冷量、功率及能耗指标等是不同的。为了说明一台压缩机的制冷量、轴功率和能耗指标的大小,必须同时说明是对应什么工况,不讲压缩机的工作条件而单讲它的制冷量大小是没有意义的。同样,只有在相同的工况下,才可以比较两台压缩机的制冷量、轴功率和能耗指标的大小。此外,压缩机的零部件需要根据使用的工况来设计和制造,电动机的功率和润滑油的牌号等,也都要根据工况来选择。表 4-1、表 4-2 列出 GB/T 10079—2018 规定的有机制冷剂压缩机(组)的名义工况和制冷剂为 R717 的压缩机(组)的名义工况。

表 4-1 有机制冷剂压缩机(组)的名义工况

应用		吸气饱和(蒸发)温度/℃	排气饱和(冷凝)温度/℃	吸气温度/℃	过冷度/K
制冷	高温	10	46	21	8.5
		7.0	54.5	18.5	8.5
	中温	−6.5	43.5	4.5/18.5	0
	低温	−31.5	40.5	4.5/−20.5	0
热泵		−15	35	−4	8.5

表 4-2 R717 制冷剂压缩机(组)的名义工况

吸气饱和(蒸发)温度/℃	排气饱和(冷凝)温度/℃	吸气温度/℃	过冷度/K
−15	30	−10	5

制冷压缩机的工况虽然可以根据需要加以改变,但仍有一定的经济、安全的工作范围。超出这个范围,压缩机的运行可靠性降低,效率和作用寿命下降,甚至会发生危险。GB10079—2018 规定的制冷压缩机的设计和使用条件见表 4-3。

表 4-3 设计和使用条件 (单位℃)

类 型	吸气饱和(蒸发)温度	排气饱和(冷凝)温度	
		高冷凝压力	低冷凝压力
高温型	−1～13	25～60	25～50
中温型	−18～−1	25～55	25～50
低温型	−40～−18	25～50	25～45
注:对于使用 R717 制冷剂的压缩机,吸气饱和(蒸发)温度范围为:−30 ℃～5 ℃,排气饱和(冷凝)温度范围为 25 ℃～45 ℃			

(2)冷凝温度的影响

如图 4-1 所示,如果蒸发温度为定值,冷凝温度由 t_k 升至 t_k',则单位质量制冷量由 q_0 减少到 q_0',因为吸气比容 v_1 不变,所以单位容积制冷量 q_v 和制冷机的理论制冷量 Q_0',($Q_0'=V_h q_v$)将减少;同时单位理论压缩功也由 w_0 增加到 w_0',因为压缩机的质量输气量 $G(G=V_h/V_1)$不变,所以压缩机的理论功率 $N_0(N_0=Gw_0)$增加。反之,冷凝温度降低时,压缩机的理论制冷量增加,而理论功率将减小。

(3)蒸发温度的影响

当冷凝温度为定值,蒸发温度由 t_0 降到 t_0' 时,如图 4-2 所示,单位质量制冷量 q_0' 比 q_0 略有降低,吸气比容增大到 v_1',使单位容积制冷量减小到 q_v',压缩机的理论制冷量 Q_0' 减少;同时单位理论压缩功增大到 w_0'。由于比容和单位理论压缩功都增大,无法判断理论功率 N_0 的变化情况,但进一步的理论分析和试验都说明:保持冷凝温度不变时,当蒸发温度 t_0 由室温逐渐下降时,压缩机的功率逐渐增大,当蒸发温度 t_0 下降到一定值时,功率会达到最大值;若蒸发温度继续下降,功率将逐渐减小。制冷机的起动过程就是这样。

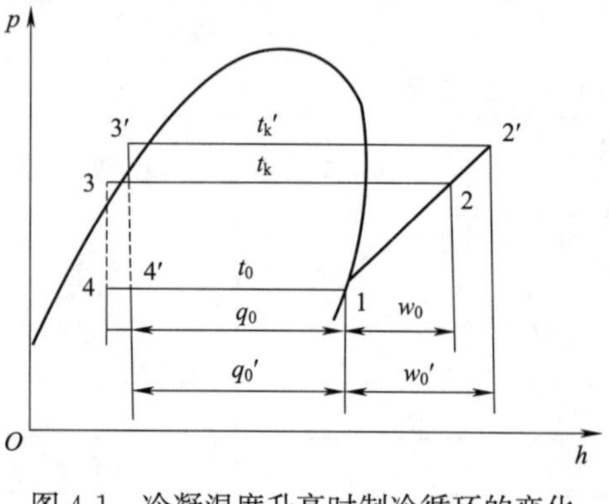

图 4-1 冷凝温度升高时制冷循环的变化

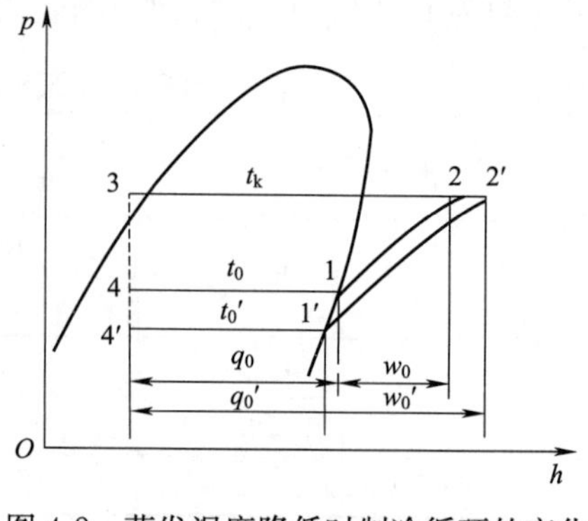

图 4-2 蒸发温度降低时制冷循环的变化

3. 活塞式制冷压缩机

(1)活塞式制冷压缩机的工作原理

活塞式制冷压缩机的结构形式有很多种,但其基本组成(参见图 4-3)不外乎以下几部分:由机体和各种盖板组成的机体组件;由气缸、活塞和吸、排气阀片等构成容积可变的工作空间;由曲轴、连杆等构成的传动机构;由油泵、轴封等构成的润滑和密封设施(小型压缩机没有油泵,封闭式压缩机没有轴封)。

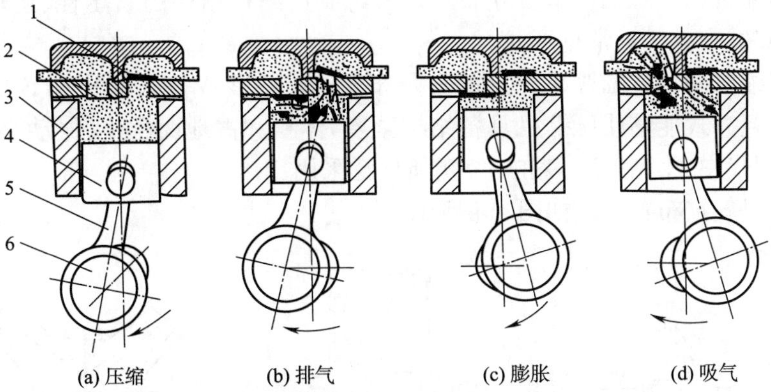

图 4-3 压缩机的基本构成及实际工作过程图

1—排气阀片;2—吸气阀片;3—气缸;4—活塞;5—连杆;6—曲轴

压缩机的工作是靠压缩机电机输入功率后,电机的轴带动压缩机的曲轴转动,曲轴通过连杆带动活塞在气缸中作往复运动,同时气缸顶部的吸、排气阀片配合活塞运动开启或关闭,从而使压缩机完成对制冷剂蒸气的压缩和输送作。曲轴每旋转一周,活塞就作一次往复运动,压缩机就完成一次工作循环。

(2)活塞式制冷压缩机的结构形式

制冷系统内的制冷剂是不允许泄漏的。从防止泄漏所采取的密封结构方式来看,制冷压缩机可分为开启式和封闭式,封闭式又分为半封闭式和全封闭式两种。

开启式压缩机功率的输入是通过伸出机体之外的主轴进行的,压缩机和电动机分为两体,它们通过传动装置(联轴器、传动带或变速箱)相连接传动。为防止制冷剂蒸气的外泄和外界空气的渗入,必须在主轴伸出部位上采用防止泄漏的轴封装置加以密封。由于轴封装置不可能实现绝对可靠的密封,开启式制冷压缩机的制冷剂的泄出和外界空气的渗入是难以避免的。

采用封闭式的结构可以避免或大大减少渗漏。封闭式压缩机所配用的电动机与压缩机共同组装在一个机体(壳)内,并共用一根主轴,且不伸出机体(壳),因而不需设置轴封装置,减少了泄漏的可能性,同时又可降低噪声。使用吸入的低温制冷剂冷却电动机,有利于机器的小型轻量化。但由于制冷剂和电动机直接接触,因此要求电动机的绝缘材料能耐油和耐制冷剂的腐蚀,且压缩机的油泵能正反转工作。半封闭式与全封闭式压缩机的区别在于,前者的机体、气缸盖装配后如有必要仍可卸拆,其密封面以法兰连接,靠垫片或垫圈密封;而后者是压缩机和电动机全部安装在一个封闭罩壳内,罩壳全部焊死,不能拆卸,这样可大大减轻压缩机的重量。但由于封闭式压缩机不易拆卸，修理不便，因此对机器零部件的加工、装配质量、可靠性和使用寿命要求较高，它们应能保证 10～15 年使用期限。

按气缸布置形式压缩机可分为卧式、直立式和角度式三种类型。压缩机的气缸布置方式直接影响到外形尺寸和重量大小。

卧式压缩机的气缸轴线呈水平布置。这种形式在大型制冷压缩机中较为多见，此外在全封闭制冷压缩机中也有采用。

直立式压缩机的气缸轴线呈直立布置。考虑到压缩机结构的紧凑性、运转平稳性及振动的大小，以双缸直立式为常见形式。

角度式压缩机的气缸轴线呈一定的夹角布置，有 V 形、W 形、Y 形和 S 形（扇形）等之分。角度式布置方式能够使压缩机具备结构紧凑，体积和占地面积小、振动小、运转平稳等优点，因此为现代中、小型高速多缸压缩机所广泛采用。

典型压缩机气缸布置方式如图 4-4 所示。

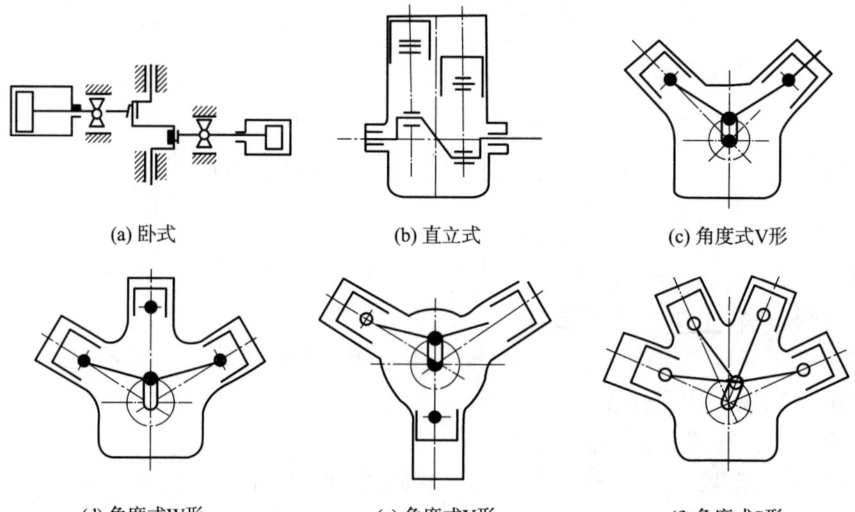

(a) 卧式　(b) 直立式　(c) 角度式V形

(d) 角度式W形　(e) 角度式Y形　(f) 角度式S形

图 4-4　压缩机气缸布置方式

(3)活塞式制冷压缩机的结构

在单元式客车空调机组的制冷系统中，主机全部采用全封闭式压缩机，主要有日本产的 505FH2-H 型、JH514YZ 型和 JH519YZE 型，还有美国产的 COPELAND 型等。下面以 JH514YZ 型压缩机为例介绍其结构。

JH514YZ 型压缩机是日本三菱电气公司生产的全封闭式压缩机，它被广泛使用在 KLD29 型单元式空调机组中。其主要技术参数为

气缸直径：44.45 mm　　制冷剂：R22

活塞行程：24 mm　　制冷量：12 767 W(空调工况)

气缸数：3 个　　电动机功率：3.75 kW

转速：2 880 r/min

JH514YZ 型压缩机的结构如图 4-5 所示，它主要由机壳、机体、电动机、曲轴、连杆、活

塞、气缸、气阀以及排气消音器等组成。其工作过程如下：

压缩机工作时，低压氟利昂蒸气经吸气管进入机壳内，并充满整个机壳，使电机获得较好的冷却。然后经电机定子内侧机体上的吸气通道进入机体内腔。当活塞由上止点向下运动时，低压蒸气经阀板上的吸气孔顶开吸气阀进入气缸。压缩后高温高压蒸气顶开排气阀排入高压室，再经气缸盖上与排气消声器的连接管排入排气消声器，然后通过排气消声器上的排气管排出压缩机。排气消声器不仅起消声作用，而且可使高压气体压力均匀稳定。

压缩机的机壳，由 5 mm 厚的热压或冷压钢板冲压成上、下两部分，装入电机与压缩机组成的机芯后，将上、下壳焊接成一体，机壳外部只有吸气管、排气管和电源引线。为了减少机器工作时的振动，机芯通过三个减震弹簧支承在机壳上，机壳再通过橡胶减震装置与单元式机组的钢骨架连接。机芯上部是压缩机电机，下部是压缩机机体，机体下部有三个气缸呈卧式星形布置，其中心线成 120°夹角。环形的排气消音器布置在机体外部，下部有三个管分别与三个气缸相连，上部有一个管伸至机壳外，机芯的外观如图 4-6 所示。

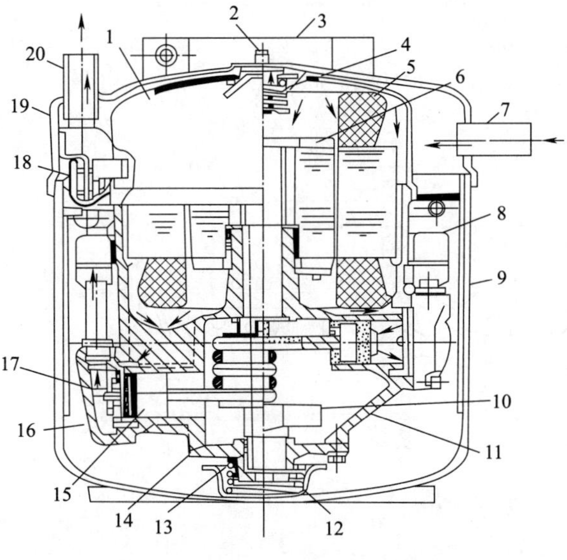

图 4-5　JH514YZ 压缩机结构图

1—电动机壳；2—吊具；3—端子箱；4—上弹簧；5—定子线圈；6—转子；7—吸气管；8—排气消声器；9—下壳体；10—曲轴；11—曲轴箱；12—下弹簧；13—下轴承；14—支承架；15—活塞连杆；16—气缸盖；17—高压室；18—横弹簧；19—上壳体；20—排气管

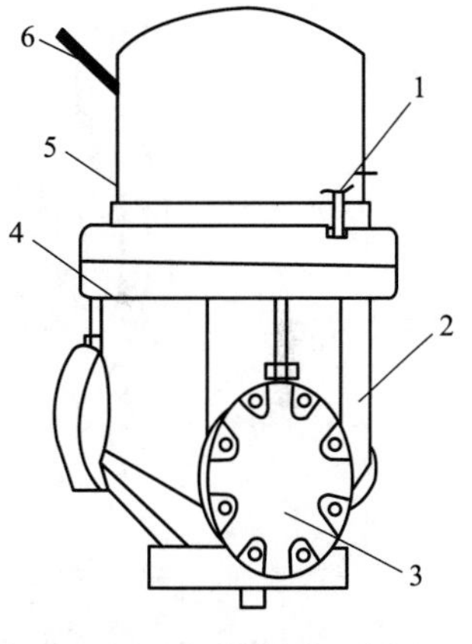

图 4-6　机芯外观示意图

1—排气管；2—机体；3—气缸盖；4—排气消声；5—电机壳；6—电源线

压缩机曲轴是一根垂直安装的偏心轴，轴的上端安装电动机转子铁芯，下端偏心销上套有三根整体式连杆。活塞为筒形、平顶结构。为了简化结构，活塞只有一道活塞环，为气环，气环下面开有一道油槽。活塞结构如图 4-7 所示。

气阀采用簧片阀。气阀组由阀板、吸排气阀片及排气阀升程限位片组成，并通过中心处的铆钉铆在一起。气阀组的总成图和阀板的结构图如图 4-8、图 4-9 所示。因簧片阀有较好的弹性，取消了吸排气弹簧。吸气时，吸气阀片向下弯曲，其升程受到阀片外圆上的四个凸台与气缸壁上相应的凹槽深度所限制。排气时，排气阀片向上弯曲，其升程受到排气阀片升程限位片的限制。

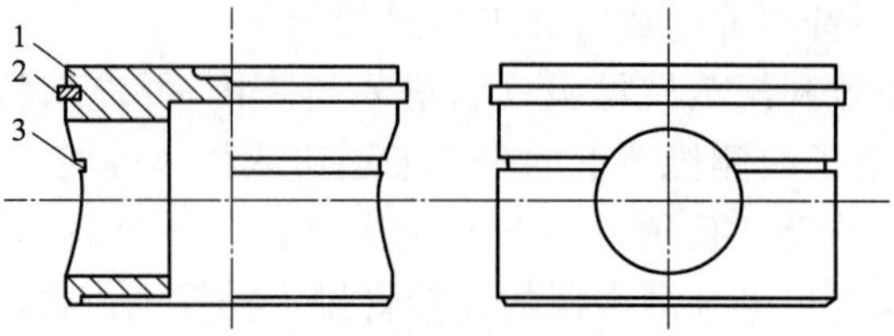

图 4-7　活塞结构图

1—活塞体；2—气环；3—油槽

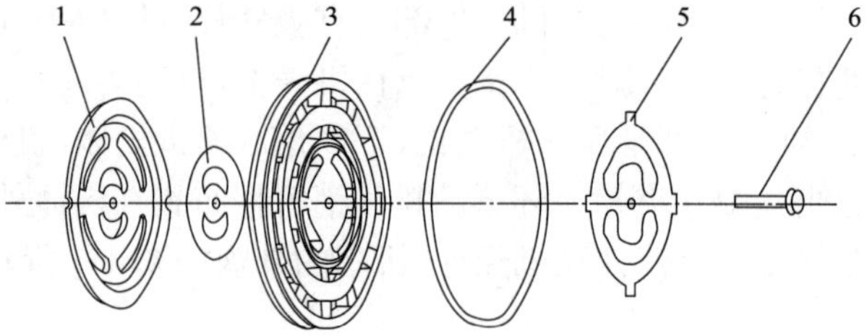

图 4-8　气阀组总成图

1—排气阀升程限位板；2—排气阀片；3—阀板；4—密封圈；5—吸气阀片；6—铆钉

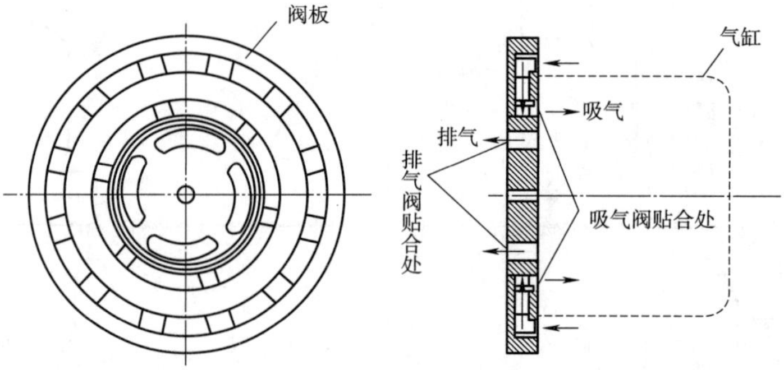

图 4-9　阀板结构图

消声器结构如图 4-10 所示。它的外部下方有三根进气管，分别与三个气缸相连，上方有一根排气管，管的上部一直伸到机壳外。它的内部分上下两层；上下层之间只在排气管下部周围缝隙处连通。排气管的下部伸到消声器下层底部。三个气缸中的高压气体首先通过三个进气管进入消声器的下层，再通过排气管排出机壳。这样不但使各气缸排出的高压气体的压力均匀稳定，而且消除了气体高速流动带来的噪声。

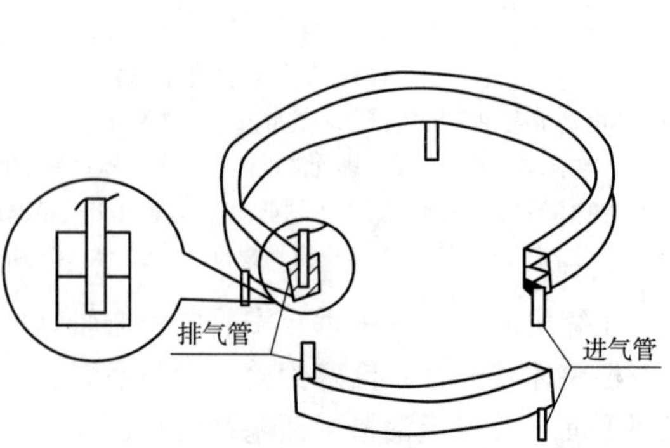

图 4-10　排气消声器

JH514YZ 型压缩机的润滑是利用曲轴上的油孔甩油进行的。在曲轴的中心线及偏离中心线 3 mm 处开有两个贯通的纵向油孔，当曲轴高速转动时，润滑油在离心力的作用下，向上沿轴向吸入并流向各摩擦副。

压缩机的电动机有时会因负载过大，压缩机的间断操作过于频繁，环境温度过高，气缸和活塞间严重漏泄，系统管路堵塞，高温工况下冷却条件不好等原因而引起温度过分升高导致烧损。因此，为了防止电机绕组过热，在电机定子绕组中预埋了温度继电器，当温度过高或电流过大时，切断电动机控制电路的电源，使压缩机停车。

4. 涡旋式压缩机

(1)工作原理

涡旋式压缩机是回转式压缩机的一种，如图 4-11 所示。它发明于 1905 年，但直到 20 世纪 80 年代初才在日本首次应用到制冷及空调领域。

图 4-11　涡旋式压缩机

涡旋压缩机主要由两个涡漩盘相错 180°对置而成，其中一个是固定涡旋盘，而另一个是旋转涡旋盘，它们在几条直线(在横截面上则是几个点)上接触并形成一系列月牙形容积。

旋转涡旋盘由一个偏心距很小的曲柄轴驱动，绕固定涡旋盘平动，两者间的接触线在运转中沿涡旋曲面移动。它们之间的相对位置，借安装在旋转涡漩盘与固定部件间的十字滑环来保证。

涡旋压缩机的工作过程如图 4-12 所示。吸气口设在固定涡旋盘的外侧面，由于曲柄的转动(顺时针)，气体由边缘吸入，并被封闭在月牙形容积内，随着接触线沿涡漩面向中心推进，月牙形容积逐渐缩小而压缩气体。而高压气体则通过固定涡旋盘上的轴向中心孔排出。图 4-12(a)表示吸气终止的位置，图 4-12(b)表示由外向内依次是吸入过程、压缩过程、排气过程，图 4-12(c)、(d)表示吸入和压缩过程是连续而同时进行着的。在曲柄轴的每一转中，都形成一个新的吸气容积，所以上述过程不断重复，依次完成。

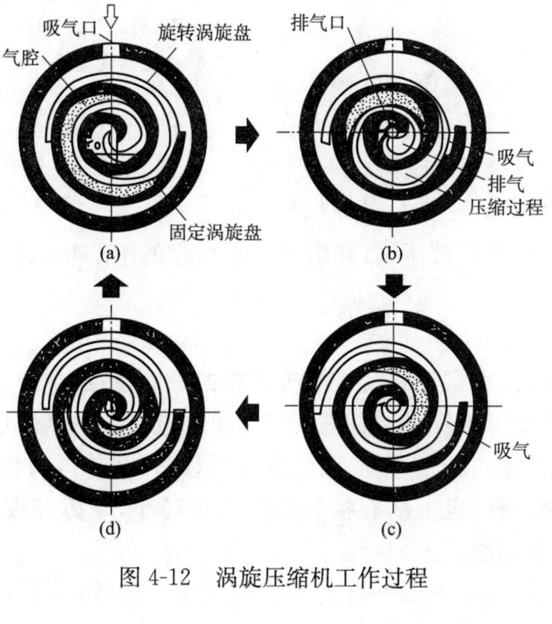

图 4-12　涡旋压缩机工作过程

(2)结构

目前仅有小型全封闭式及开启式两种机型。都以氟利昂为工质,主要应用在汽车空调及2.2～4.4 kW的家用热泵型空调器中。

图4-13为3.75 kW全封闭涡旋式压缩机剖面图。压缩机主要由固定涡旋盘、旋转涡旋盘、十字滑环、曲轴、支架、机壳等组成。固定涡旋盘5和电动机定子安装在机壳内壁上。十字滑环18是上、下两面设置互相垂直的两对凸键的圆环,上面凸键装在旋转涡旋盘7背面的键槽内,下面的凸键装在支架10的键槽内。十字滑环的作用是防止旋转涡旋盘倾斜和自转。在旋转涡旋盘7下设有一个背压腔8,背压腔由旋转涡旋7底盘上的小孔引入中压气流自动充气,使气腔压力支撑着旋转涡旋盘,同时在旋转涡旋盘顶部装有可调轴向密封,使得旋转涡旋盘可以轴向移动,这样便可补偿运行中的逐渐磨损,并且也能防止液击或压缩腔中润滑油过多时引起的过载。

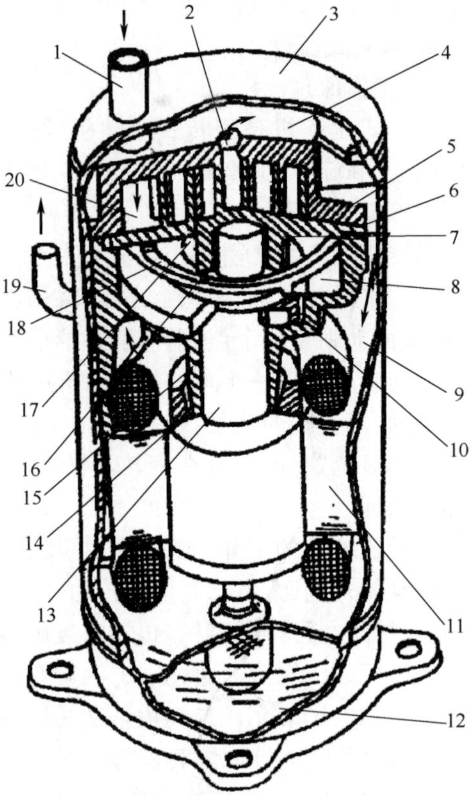

图4-13 全封闭涡旋式压缩机剖面图

1—吸气管;2—排气口;3—密封外壳;4—排气腔;5—固定涡旋盘;6—排气通道;7—旋转涡旋盘;8—背压腔;9—电动机腔;10—支架;11—电动机;12—油;13—曲轴;14—轴承;15—密封;16—轴承;17—背压腔;18—十字滑环;19—排气管;20—吸气腔

在曲柄销轴承处和曲轴通过支架的地方,装有转动密封,以保持背压腔与机壳之间的气密性。轴承的润滑油是利用排气压力和中间压力的压差,由密封壳体的底部经曲轴上加工的油道来供给的,并最终由背压腔流向压缩腔以润滑涡旋面,然后同压缩气体一起排出,在机壳中将油分离,然后流至底部。再者,在固定涡旋盘外有油流,由这里给涡旋盘摩擦部位供油。涡旋压缩机停止运转后会逆转,为此在固定涡旋盘上的吸气管内装有止逆阀。

吸入气体从腔上部被直接导入涡旋板的四周,封在月牙形容积中,然后被压缩,并由固定涡旋盘的中心排入机壳内,最后由排气管19排出。

(3)特点

从结构及工作原理看,小型涡旋式压缩机具有如下的特点:

①效率高。涡旋压缩机吸气、压缩、排气连续单向进行,直接吸气,因而吸入气体有害过热小;没有余隙容积中气体的膨胀过程,因而输气系数高。同时,两相邻压缩腔中的压差小,气体泄漏少。另外,旋转涡旋盘上所有接触线转动半径小,摩擦速度低,损失小,加之吸、排气阀流动损失小,因而效率高。

②力矩变化小、振动小、噪声低。涡旋压缩机压缩过程较慢,并可同时进行两三个压缩

过程，机器运转平稳，而且曲轴转动力矩变化小；其次，气体基本连续流动，吸、排气压力脉动小。

③结构简单，体积小，重量轻，运动零部件少；没有吸、排气阀，易损件少，可靠性好涡旋式压缩机同活塞式压缩机相比，体积小 40%，重量减轻 15%，效率提高 10%，噪声降低 5 dB(A)。

但其制造需高精度的加工设备及精确的调心装配技术，因此限制了它的制造及应用。

5. 滚动转子式制冷压缩机

(1)工作原理及特点

滚动转子式压缩机又称滚动活塞压缩机（或固定滑片压缩机），是回转式压缩机的一种。它是利用一个偏心圆筒形转子在气缸内转动来改变工作容积，以实现气体的吸入、压缩和排出，因而也属于容积式压缩机。如图 4-14 所示，在圆筒形气缸 1 内，偏心配置一个转子。转子是在偏心轮 7 上套装一个可以转动的套筒 2 而组成。转子围绕旋转中心 O（与气缸中心重合）转动，转子的套筒 2 在气缸 1 的内表面上滚动，两者具有一条接触直线（实际上往往留有很小间隙），这就是两圆柱面的切线。由此，气缸内表面与转子外表面之间构成一个月牙形空间，它的两端被气缸盖封闭，形成气缸的工作腔，其位置随转子的转角而变化。在气缸的吸气孔与排气孔之间开有一个径向槽，槽中装有一个滑片 4，滑片顶部装有弹簧 5。当转子转动时，滑片作径向往复运动，而其下端始终紧贴在转子表面上。滑片将月牙形空间分成两个部分，一部分与吸气孔口 6 相通，称为吸气腔；另一部分通过排气阀 3 与排气孔口相通，称为排气腔。当转子转动时，吸、排气腔的容积都在不断变化，吸气腔不断增大，排气腔不断缩小，当转子转到最高点时，吸气腔达最大值，而排气腔缩小为零。

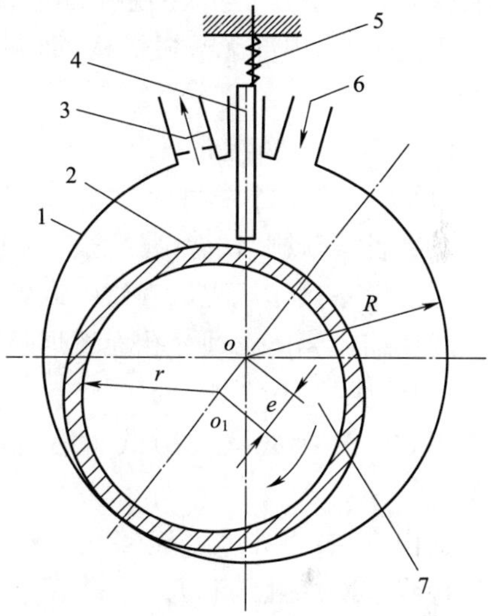

图 4-14 滚动转子式压缩机简图

1—气缸；2—套筒；3—排气阀；4—滑片；5—弹簧；6—吸气孔口；7—偏心轮

滚动转子式压缩机的工作容积中，基元容积由气缸内圆、转子外圆、滑片以及转子与气缸切线（点）构成。基元面积的位置与大小随切点位置而变，而切点又随转子做旋转运动。所以基元面积的大小是转子转角 ϕ 的函数。

滚动转子式压缩机的特点：①结构简单，体积小，重量轻，同活塞式压缩机比较，体积可减小 40%～50%，重量可减轻 40%～50%；②零部件少，特别是易损件少，同时相对运动部件之间的摩擦损失少，因而可靠性较高；③仅滑片有较小的往复惯性力，旋转惯性力可完全平衡，因此振动小，运转平稳；④没有吸气阀，吸气时间长，余隙容积小，并且直接吸气，减小了吸气有害过热，所以其效率高。但其加工及装配精度要求高。

近年来，在电冰箱中使用小型滚动转子压缩机的越来越多，而在空调器中有完全取代活塞式压缩机的趋势。

(2)结构

目前生产的滚动转子式压缩机主要有两种形式:①大型开启式压缩机,多用氨为制冷剂;②小型全封闭式压缩机,一般标准制冷量多为 3 kW 以下,广泛应用于小型冷冻、冷藏与空调装置中。

小型全封闭式压缩机分为卧式和立式两种。目前冰箱和冷柜中使用的是卧式,空调器中大都采用立式。如图 4-15 所示,吸气由机壳下部的接管直接进入气缸,吸气管上装有液体收集器,润滑油经下部弯管小孔被吸入气缸。高压气体直接排入机壳中。外壳还装有过载继电器,它的感应元件置于壳体内,内部无减振机构,而润滑系统靠离心和压差供油。

图 4-15 立式滚动转子式压缩机外形图

6. 压缩机检修作业

(1)工作前准备

①准备好铁刷、铁剪,兆欧表,电工工具,注油壶,砂纸。

②按设备操作规程检查试验设备。

③压缩机壳体腐蚀穿孔无法焊补者更新。

(2)绝缘导通(图 4-16)

用 500 V 级兆欧表测试压缩机电机对机壳绝缘情况和 U、V、W 三相接线柱的导通情况。

操作方法:将兆欧表连接线一端接压缩机机壳上,以 120 r/min 的转速摇兆欧表,另一端连接线依次接触压缩机 U、V、W 各相,其值应≥5 MΩ,若值<5 MΩ 更换压缩机。

(3)阻值测试(图 4-17)

①三相绕组电阻值平衡测试。具体计算方法$(R_{最大值}-R_{最小值})/R_{三相平均值}$

②三相电阻不平衡值大于 10%时更新压缩机。

图 4-16 绝缘导通

图 4-17 阻值测试

(4)除垢(图 4-18)

用铁刷、铁剪对接线盒和压缩机顶部除去锈垢及灰尘。要求无锈垢、灰尘,编号及参数铭牌保持清晰。

(5)接线端子检修(图 4-19)

①检查接线端子,用砂纸打磨、酒精擦拭。

②检查端子紧固螺钉,松动者更换。

③检查压缩机接线柱是否有氧化、锈蚀等情况,如出现此情况不能使用,进行更换。

图 4-18　除垢

图 4-19　接线端子检修

(6)油漆喷涂(图 4-20)

①将压缩机送入指定位置,进行涂漆,要求涂层均匀,无流坠,不露底。

②在压缩机顶部涂打检修标记。

(7)压缩机注油(图 4-21)

将检修合格后的压缩机进行称重,根据不同型号的压缩机的标准重量,按表 4-4 标准加入相应的冷冻机油。

图 4-20　油漆喷涂

图 4-21　压缩机注油

(8)检查密封(图 4-22)

符合以上检修规定者为合格,用胶塞或胶带把压缩机吸、排气口塞死,放入指定位置。

表 4-4　压缩机的标准质量

压缩机型号	标准质量(kg)
ZR68KC-TFD-522	77.4
JL514YZ	49.3
JH519YZE	66.4
CRNQ-0500-TFD-52	36.8
QR90K1-TFD-501	66.3

图 4-22　检查密封

(9)工作后清理

①工作者依据工艺规程、作业指导书对施工中各环节的质量进行自检。

②工长依据中间工序质量控制程序卡中的各控制点进行互检。

③整理好工装、工具,将工具放到指定位置。清理干净工作场地,做到活完场清。

7. 压缩机空气排量试验作业

(1)试验准备

①检查试验台各环节功能是否正常。

②打开计算机,检查计算机与试验台连接是否正常。

(2)连接(图 4-23)

①完成压缩机与试验台连接,接线无松动,接点牢固。

②将试验台的吸气口与压缩机排气工艺口进行连接,并将压缩机接线柱与电源相连。

③闭合试验台电源开关。

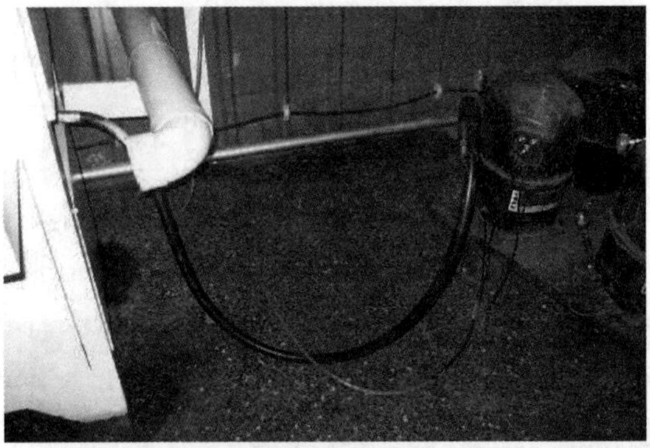

图 4-23　连接

④点动压缩机,检查吸气口是否吸气,吸气口吸合,证明接线正确。

(3)试验操作

①启动压缩机。

②当压缩机排气压力在 0.4 MPa 时,慢慢打开测量压力调节阀及测量压力微调节阀,使压力稳定在 0.4 MPa。

③打开计算机界面上的压缩机排量系统,进行试验设定,根据压缩机型号设定排量参数,试验台的操作界面如图 4-24 所示。排气压力要根据当天大气压力表的压力进行填写。

④根据压缩机的运转参数来测定存数间隔,记录一次数据,在压力稳定后,点击排量键,开始测试,共测 4 次。

⑤测试记录完后,将排气压降至 0.2 MPa 以下,使被测压缩机停止工作。

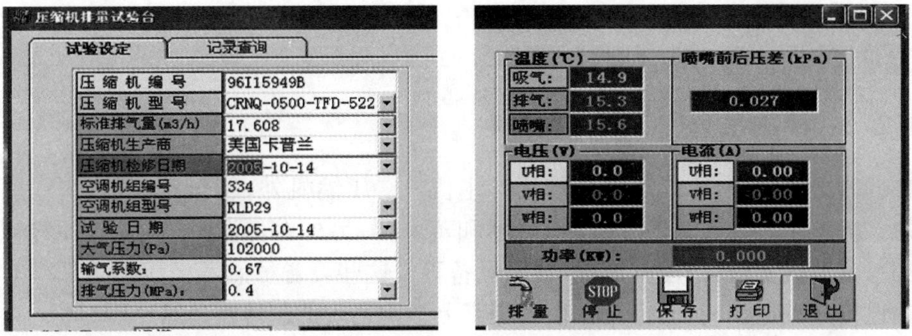

图 4-24 试验操作界面

(4)数据保存(图 4-25)

①计算机会记录并得出每次测试的参数,包括:测试数据表选项中的吸气温度、排气温度、喷嘴温度、吸气压力、排气压力、喷嘴压差、标准排量、实际排量和相对值,电参数表选项中的三相电压、三相电流、输入功率和电流不平衡度;在测试规定时间内,将纪录全部 4 次测试后相对应的数值以及 4 次测试的平均值。

②点击保存键,保存数据。

③该压缩机排量的相对值≥90%,电流不平衡度≤15%证明压缩机合格。

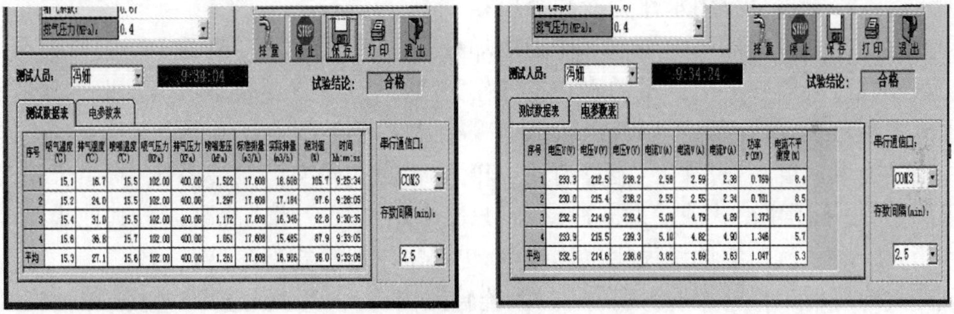

图 4-25 数据保存界面

(5)工作后清理

①工作者依据工艺规程、作业指导书对施工中各环节的质量进行自检。

②工长依据中间工序质量控制程序卡中的各控制点进行互检。

③检查后,填好压缩机空气排量记录卡,由质检员进行交车,对送往下道工序的配件填好配件交接单。

④整理好工装、工具,将工具放到指定位置。清理干净工作场地,做到活完场清。

典型工作任务 2 换热器维护与检修

4.2.1 任务目标

1. 了解换热器的类型及结构形式。

2. 掌握影响换热器换热的主要因素。

3. 掌握换热器检修作业方法。

4.2.2 相关配套知识

在空调制冷系统中，除了起主导作用的主机——压缩机外，还包括其他设备，这些设备称为辅机。辅机包括换热器（主要指冷凝器和蒸发器，另外在低温设备中还有回热器、中间冷却器等）、节流机构、自动控制器件、辅助设备等。这些设备虽然不像压缩机那样对空调制冷系统的性能起决定作用，但也会在很大程度上影响系统的制冷性能。

1. 冷凝器

冷凝器是空调制冷系统的主要热交换设备。其作用是使从压缩机出来的高温高压的制冷剂蒸气在其中向冷却介质——水或空气放热，冷却、冷凝（过冷）成高温高压的饱和（过冷）液体。

在冷凝器中，制冷剂的冷却过程可以分作三个阶段：由过热蒸气冷却为饱和蒸气；由饱和蒸气凝结为饱和温度下的液体；如果冷却介质的流量较大或温度较低，饱和液体还可以进一步被冷却成为该压力下的过冷液体。

(1)冷凝器的类型

冷凝器按冷却介质和冷却方式的不同分为三种类型：

①水冷式冷凝器——用水作为冷却介质；

②空气冷却式冷凝器——用空气作为冷却介质，亦称风冷式冷凝器；

③蒸发式冷凝器——用少量的水和空气作为冷却介质，主要是靠水蒸发把热量带走。

水冷式和蒸发式冷凝器可以获得较低的冷凝温度，但容易在冷凝器表面结水垢；空气冷却式冷凝器冷凝温度高，尺寸大，能量消耗也较大，但在车辆空调制冷系统中，由于受运用条件的限制，无法采用水冷式或蒸发式冷凝器，只能采用空气冷却式冷凝器。其他小型制冷机上如冰箱、冷藏柜、汽车空调及民用空调器等，也都采用风冷式冷凝器。

风冷式冷凝器工作时，制冷剂蒸气在系统管路内冷却、冷凝（过冷），空气在轴流式风机作用下在蛇管外横向流过，从而把热量带走。

风冷式冷凝器常做成蛇管式，外套肋片。蛇管一般用直径较小（ϕ10 mm×0.75 mm 或 ϕ16 mm×1 mm）的铜管制成，铜管接头用银焊密封，沿空气流动方向的蛇管排数一般为 6～8 排，肋片为铝片。

为使结构紧凑，将几根蛇管并联在一起，做成长方体形，肋片用套片机套在管簇上，然后向管内充压力水，使管簇涨大与肋片充分接触，保证散热效果。

冷凝器根据制冷剂在其中的流动情况不同有上进下出和横进横出式。

上进下出式冷凝器在工作过程中，制冷剂蒸气从上部的分配集管进入每根蛇管中，冷凝后的液体沿蛇管向下流动，汇于集液管中，然后流入储液器。这种结构每根蛇管的流程较长，蛇管后面部分常被液体充满，使得传热效率降低，故也有用横进横出式结构的，这种冷凝器工作过程中制冷剂基本是在一个水平面上流动，可实现散热。图 4-26 即为横进横出式冷凝器。

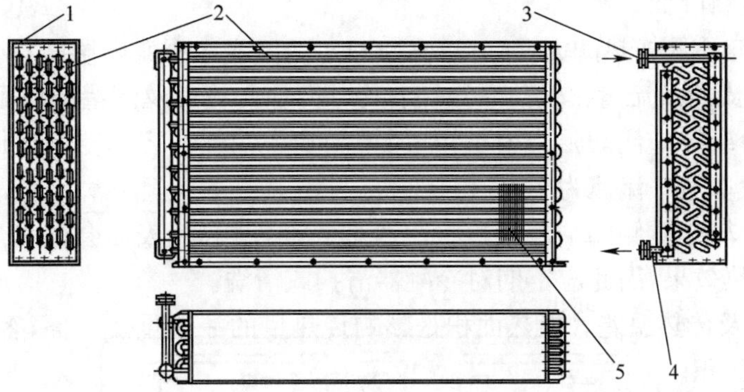

图 4-26 横进横出式冷凝器

1—外框;2—蛇管;3—进气管;4—出液管;5—肋片

客车空调制冷装置为扩大冷凝器的容量,常将冷凝器设计成并联工作的两组。

(2)影响冷凝器换热的因素

制冷剂在冷凝器中流动通过冷却介质向外散热,在该过程中有很多因素会对其散热效果造成影响。具体有以下因素:

①影响制冷剂侧蒸气凝结换热的因素

a. 制冷剂蒸气的流速和流向的影响。制冷剂在冷凝器中的凝结一般都是膜状凝结,当制冷剂蒸气与低于饱和温度的冷凝器壁面接触时,便凝结成一层液体薄膜,液膜在重力作用下向下流动。液膜是冷凝器中制冷剂侧的热阻,液膜越厚,热阻越大,换热系数越小。当制冷剂蒸气的流动方向与液膜的流动方向一致时,冷凝液体与传热表面(冷凝器的管路)分离较快,换热系数增大,而且随蒸气流速的增加而增加。因此适当增加蒸气的流速,可获得较大的换热系数。

b. 传热壁面粗糙度的影响。冷凝液膜在传热壁面上的厚度,不仅与制冷剂液体黏度等因素有关,传热壁面粗糙度对其也有很大的影响。当壁面很粗糙或有氧化皮时,液膜流动阻力增大,使液膜增厚,换热系数降低,所以应保持冷凝器内表面光滑和清洁,以获得较大的凝结换热系数。

c. 制冷剂蒸气中含有不凝性气体的影响。在制冷系统中,总会有一些不凝性气体存在,如组装、检修时不慎或低压段处有渗漏点进入了空气以及制冷剂、润滑油在高温下分解出的氮气、氢气等,这些不凝性气体在冷凝器中附着在凝结液膜上,由于不凝性气体的分压力很高,因而使制冷剂蒸气的压力减小,其饱和温度也相应降低,制冷剂蒸气的凝结速度减慢。因此应注意防止空气等不凝性气体进入系统,一旦进入要及时排出。

d. 制冷剂蒸气过热度的影响。制冷系统在工作过程中,进入冷凝器的是温度为40～50 ℃的过热蒸气,过热蒸气必须先冷却成饱和蒸气后才能凝结。而过热蒸气冷却时的放热系数较小,因而过热度越高将使整个冷凝过程的放热系数越低。

e. 制冷剂中含油对凝结换热的影响。如果制冷剂与润滑油不相溶,随制冷剂蒸气进入冷凝器的润滑油将形成油膜沉积在冷凝器内表面上,降低换热系数。因为氟里昂能与润滑油互溶,因此对氟里昂系统,当润滑油浓度小于6%～7%时,可不考虑对传热的影响,如超过此限，换热系数也将降低。

②影响冷却介质侧换热的因素

a. 冷却介质流速及流量。换热系数随着冷却介质的流速及流量增加而增大。但是流速太大，会使通过冷凝器的流动阻力增加，从而增加功率消耗。客车空调运用中，综合考虑技术经济指标，一般取空气流速为 2～4 m/s。

b. 冷凝器冷却介质侧的洁净程度。冷凝器长期使用后，表面会积灰尘或水垢等，这会影响冷凝器的传热效果，因此应定期对冷凝器清扫或清洗。

c. 换热面积及传热温差。换热面积是影响传热量的一个重要方面，客车空调都采用了肋片以增大传热面积。

③冷凝器肋管结构

a. 肋管的排列方式。肋管的结构形式、排列方式不同，其换热能力都会有所不同，如管束的散热能力就大于光管的。客车空调的冷凝器均采用几根蛇管并联。

b. 肋片的效率。肋片的布置方式及材质不同会使其换热能力有所不同，客车空调中都采用铝片作为肋片。

此外，冷凝器的安装情况也会影响其换热效果，在安装过程中要充分注意。

我国现行客车空调中均采用铜蛇管并联，加铝制肋片的结构，肋管结构对换热影响的变化不大，故在运用中主要考虑空气侧和制冷剂侧的影响。

2. 蒸发器

蒸发器是制冷机的另一主要热交换设备。在蒸发器中，制冷剂液体在较低温度下蒸发(沸腾)而转变为蒸气，利用制冷剂的汽化潜热，吸收被冷却介质的热量而使被冷却介质的温度降低。所以，蒸发器是制冷系统中产生和输出冷量的设备。

冷凝器内制冷剂是由气态转变为液态，放出热量；而蒸发器中制冷剂则是由液态变为气态，吸收热量。

(1)蒸发器的类型

蒸发器按冷却介质的不同分为冷却液体(水、盐水等)的蒸发器和冷却空气的蒸发器两种。

冷却液体的蒸发器有壳管卧式蒸发器(载冷剂在管内流动，制冷剂在管外壳内流动蒸发)、干式蒸发器(制冷剂在蒸发器内全部蒸发)和沉浸式蒸发器(直接将蒸发器浸在载冷剂中)。

冷却空气的蒸发器有冷却排管和直接蒸发式空气冷却器两种。

冷却排管式蒸发器的特点是空气在管外自然对流，制冷剂在管内蒸发，传热系数较小。因此多用于冷库和冷藏箱中。

直接蒸发式空气冷却器也称冷风机。其特点是制冷剂在管内蒸发，管外空气在风机作用下强迫流动，传热系数比冷却排管高。它适用于各种空调机组、冷藏库及低温试验箱中。客车空调系统中，均采用直接蒸发式空气冷却器。

直接蒸发式空气冷却器其结构如图 4-27 所示，和冷凝器很相似。空气冷却器也是制作成长方体形的蛇形管组，外部有边框以形成空气通道。蛇形管组是将预先冲好孔的铝肋片用套片机套在铜管簇上，肋片根部带有卷边，以保证套装后的肋片间距。然后将套完片的管簇内部充以高压水,使基管涨大,保证铝片与基管间接触良好,减小热阻和提高强度。由于蒸发器安装在车内比较干净,故空气冷却器的肋片间距较冷凝器的要小。但一些低温制冷设备中,蒸发温度低,蒸发器易结霜,其肋片间距应适当增大。

由于制冷剂分配到各通路是否均匀对蒸发器的冷却效果影响很大,所以在蒸发器的进液处设有分液器 1(俗称莲蓬头),使制冷剂液体通过毛细管 2 均匀分配到各蒸发蛇管中,同时节流降压。蒸发后的制冷剂蒸气汇合到汇集管 4 后,经回气管 7 再被压缩机吸入。

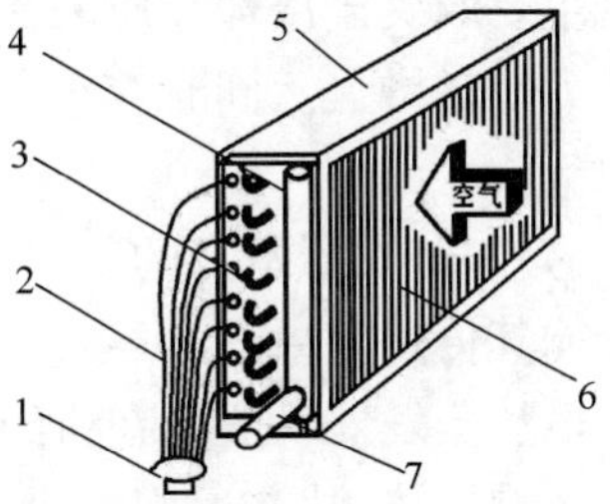

图 4-27 直接蒸发式空气冷却器

1—分液器;2—毛细管;3—蛇管;4—汇集管;5—边框;6—肋片;7—回气管

(2)影响蒸发器换热的因素

蒸发器内的传热过程主要包括:制冷剂侧的沸腾换热;载冷剂(水、空气等)侧的对流换热以及通过金属壁与污垢层的导热。

蒸发器的传热效果与冷凝器一样,也是受到制冷剂侧的换热系数、传热表面污垢物的热阻及被冷却介质侧换热系数等因素的影响,其中表面污垢的热阻及冷却介质侧换热系数的影响与冷凝器的相似,但制冷剂侧的换热过程与冷凝器的有很大不同。这是因为制冷剂在冷凝器和蒸发器中的换热方式有着本质的区别,一个是凝结,一个是沸腾。制冷剂液体在蒸发器中是处于泡状沸腾,沸腾时在传热表面产生许多气泡,这些气泡逐渐增大、脱离表面并在液体中上升。气泡的直径越大,气泡从生成到离开传热壁面的时间就越长,单位时间内产生的气泡就越少,换热系数就越低。下面就分析蒸发器换热的影响因素。

①制冷剂侧的影响

a. 制冷剂液体物理性质的影响。主要指制冷剂的导热率、密度、黏度等因素。热导率较大的制冷剂,在传热方向的热阻小,其沸腾换热系数就大。密度和黏度较小的制冷剂液体,沸腾时单位时间内产生的气泡多,其对流换热系数就大。

b. 制冷剂润湿能力的影响。制冷剂润湿能力是指制冷剂与管路内壁充分接触的能力。如果制冷剂对受热表面的润湿能力强,则沸腾时形成的气泡小,能迅速地脱离传热表面,换热系数就大。如果制冷剂不能很好地润湿传热表面;则沸腾时形成的气泡就很大甚至形成气膜,使换热系数明显下降。

c. 制冷剂蒸发温度的影响。同一种制冷剂其蒸发(沸腾)温度越低,饱和温度下的密度差(蒸气与液体的密度差)越大,液体的表面张力就越大,气泡的直径就越大,换热系数就越小。反之,蒸发温度越高,换热系数越大。

d. 制冷剂中润滑油含量的影响。制冷剂中含有润滑油的浓度对换热系数有一定的影响。实验证明:当制冷剂中含油的浓度在8%～12%时换热系数比无油时还高,但含油量再进一步增加时,换热系数将会降低。

e. 蒸发器结构的影响。在蒸发器的结构设计中,应考虑有利于蒸发器中制冷剂在沸腾过程中产生的蒸气能够尽快从传热面脱离。并从蒸发管道中排出,这样就可以提高传热系数。

②被冷却介质侧的传热系数

主要取决于冷却介质的流速，不管是风冷还是水冷，流速越快，传热系数越大，但过大会使动力消耗增大。同时客车空调对流入客室内的空气流速及流量都有具体规定，故应综合考虑。

另外，蒸发器本身的传热系数（主要决定于材质、壁厚、肋管形式及结构布置等）也会直接影响其传热效果。

虽然蒸发器一般处在机组内部，比较干净，但在运用过程中，出现表面积水或结霜也同样会影响传热，故在运用中要注意。

3. 换热器清洗作业

(1)工作前准备(图 4-28)

①穿戴好防水胶鞋、防水手套。

②将要清洗的换热器放在清洗台上，进、排气口焊接工艺堵。

(2)清洗(图 4-29)

①使用高压风对换热器进行吹尘处理。

②用毛刷蘸清洗剂对换热器表面进行涂抹，涂抹后需放置一段时间，保证清洗剂完全浸入换热器。

③打开高压清洗机的电源按钮，对换热器进行全面冲洗，清洗后要求表面无污垢，露出金属色泽。

图 4-28　工作前准备

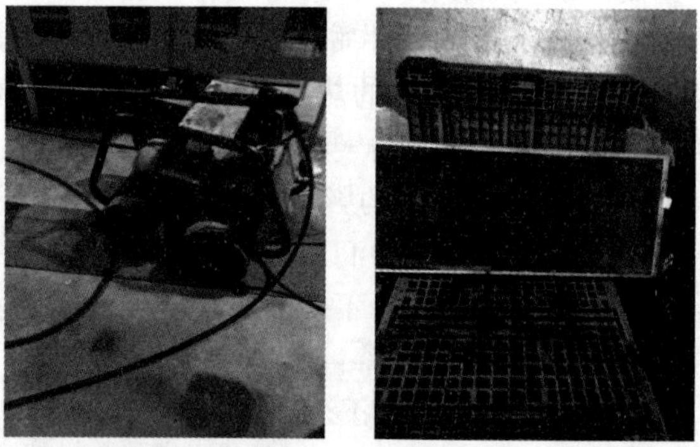

图 4-29　清洗

(3)工作后整理

①关闭高压清洗机的电源。

②将清洗后的换热器晾干后送入下道工序。

③整理好工装工具，清理工作场地，做到活完场清。

4. 换热器翘片调修作业

(1)工作前准备

戴好防护手套，准备好翅片梳(图 4-30)。

(2)翅片调修(图 4-31)

①蒸发器、冷凝器翅片变形时用翅片梳进行调修，调修后翅片应保持相互水平，片距保持均匀，换热器应透光。

②翅片腐蚀面积超过 5%或管路破损造成内漏无法修复时更新。

图 4-30　翅片梳

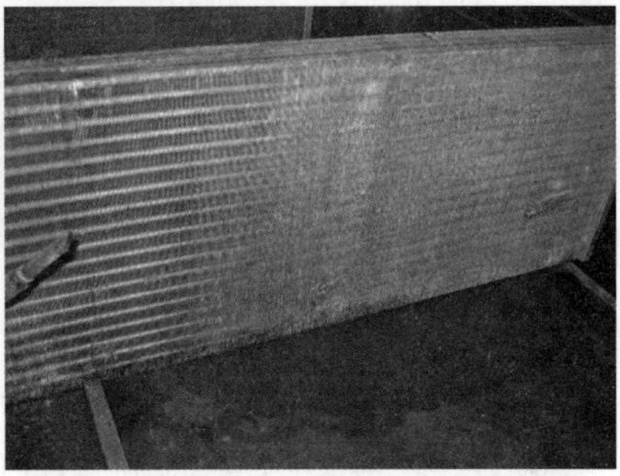

图 4-31　翅片调修

(3)工作后整理

①工作者依据工艺文件、作业指导书对施工中各环节的质量进行自检。

②工长依据中间工序质量控制程序卡中的各控制点进行互检。

③检查后，对送往下道工序的配件填好配件交接单。

④整理好工装、工具，将工具放到指定位置。清理干净工作场地，做到活完场清。

5. 换热器保压、强度试验作业

(1)工作前准备(图 4-32)

检查确认氮气瓶及其高低压表是否超期。

(2)强度、保压试验(图 4-33)

将换热器一端用工艺管气焊密封，另一端连接氮气减压阀，将换热器充入氮气至 2.0 MPa。保压 10 min，10 min 内无压力变化为合格。

图 4-32　工作前准备

图 4-33　强度、保压试验

(3)泄漏检查(图 4-34)

图 4-34　泄漏检查

①保压操作过程中,如有泄漏,需用肥皂水对换热器焊接处进行检测,找出漏点,做好标记,以便补焊。注意补焊前应放掉氮气,焊接后应重新保压,直至保压合格。

②若泄漏点不明确,将换热器带压浸入水中 20 min,观察保压过程中换热器的状态,根据气泡确定漏点位置,做好记录,进行焊接。注意补焊前应放掉氮气,焊接后应重新保压,直至保压合格。

(4)工作后整理

①工作者依据工艺文件、作业指导书对施工中各环节的质量进行自检。

②工长依据中间工序质量控制程序卡中的各控制点进行互检。

③检查后,填好质量记录,对送往下道工序的配件填好配件交接单。

④整理好工装、工具,将工具放到指定位置。清理干净工作场地,做到活完场清。

6. 空气预热器分解作业

将待分解空气预热器放于电气柜分解台位进行分解。

(1)分解(图 4-35)

分解顺序:

①拆卸加热管。

②拆卸温度开关、温度熔断器。

③整理空气预热器不锈钢框及不锈钢配件。

④整理壳体内部,捡净分解下来的剩余螺丝。

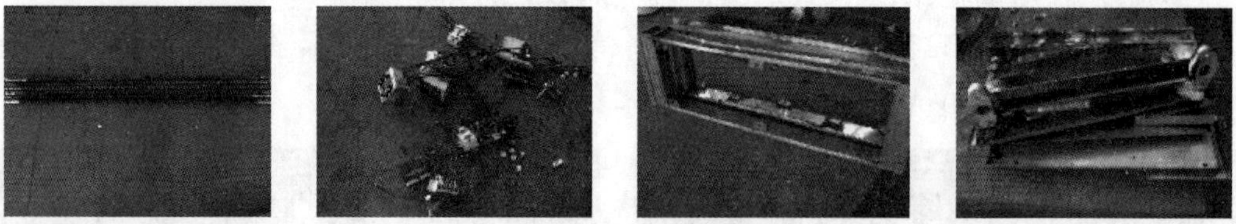

图 4-35　空气预热器分解作业

(2)工作后整理

清理工作现场杂物及灰尘,工具放回工具箱指定位置。

7. 空气预热器检修作业

(1)外观检查

①工具准备:螺丝刀、扳手、冷压钳、万用表、兆欧表、克丝钳。

②检查空气预热器分解前的状态,记下各部件完好情况、安装位置。

③测绘电气原理图。

④填写客车检修明细单。

(2)卡件(图 4-36)

①用胶皮锤调修预热器框架,之后安装预热器支架。注意框架与支架之间应放置隔热垫。

②安装加热管,更换加热管并紧固卡子上的螺栓与螺母。在加热管与卡子之间要加隔热垫。

③安装过热保护器,更换 139 ℃熔丝、70 ℃过热保护开关,安装牢固后用卡子卡住电线。

④配线采用符合 TJ/CL 254—2013《铁道客车用电线电缆技术条件(V1.0)》标准。

(3)配线(图 4-37)

①热保护器接线:第 1、3、5 根加热管为一组接白色线号的电线;第 2、4、6 根加热管为一组接黑色线号的电线,并拧上四氟螺帽。侧盖用螺栓拧紧。

②固定好线排,将温控器的 4 根电线按线号 64、63、44、43 的顺序接在线排上。然后把事先做好的连接线按 W9、V9、U9,W8、V8、U8 的顺序接在线排上。(29 型机组:W91、V91、U91,W81、V81、U81 和 W92、V92、U92,W82、V82、U82)。连接线另一端按 U8、U9、V8、V9、W8、W9 的顺序依次接在加热管上并拧上四氟螺帽。侧盖用螺栓拧紧。

③用裁纸刀割一块热保护盖大小和接线盒盖大小的橡胶板,然后用 502 胶粘上,然后安装热保护盖。

图 4-36 卡件

图 4-37 配线

(4)导通试验(图 4-38)

配线后,用兆欧表做导通试验,8U、8V、8W 之间通;9U、9V、9W 之间通;43、44 之间通;63、64 之间通。

(5)绝缘试验(图 4-39)

导通试验确认无误后,把兆欧表的两个线夹的一端夹在壳体上,另一端分别夹在接线端子上,以 120 r/min 的速度摇兆欧表手柄,其绝缘值应大于 200 MΩ。

(6)耐压试验(图 4-40)

①做完导通、绝缘试验后,把耐压仪线夹的高压一端夹在接线端子上,低压一端夹在壳体上,按照“耐压操作规程”进行耐压,打开耐压仪,调节电压值到 1 500 V,1 min 内无闪络、击穿现象为合格。

图 4-38　导通试验

图 4-39　绝缘试验

②操作者应佩戴绝缘手套、穿绝缘鞋，并站在绝缘橡胶板上耐压。

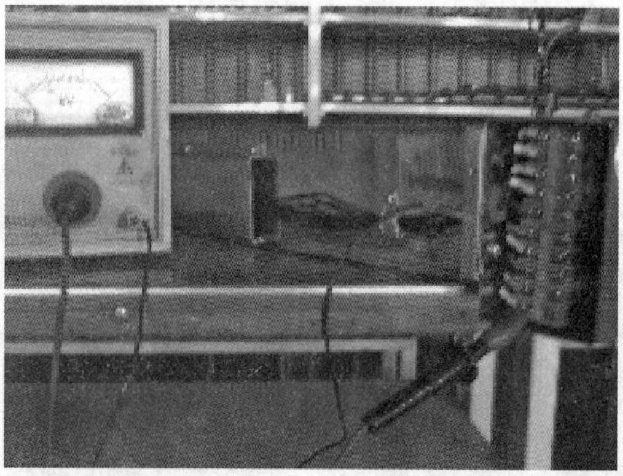

图 4-40　耐压试验

(7)工作后整理

①工作者依据工艺文件、作业指导书对施工中各环节的质量进行自检。

②工长依据中间工序质量控制程序卡中的各控制点进行互检。

③检查后，填好相关质量记录卡，找相关质检员进行交车，对送往下道工序的配件填好配件交接单。

④关闭电源，整理好工装、工具，将工具放到指定位置。清理干净工作场地，做到活完场清。

典型工作任务 3　制冷装置自动控制器件维护与检修

4.3.1　任务目标

1. 掌握制冷装置自动控制器件的结构及原理。
2. 掌握制冷装置自动控制器件维护与检修方法。

4.3.2 相关配套知识

自动控制在各个领域都有广泛的应用和发展。制冷自动化设备一般通过感受元件、调节结构及执行机构来完成系统的自动控制和保护。

节流机构是控制空调制冷系统的供液量和节流降压的元件；温度控制器是控制调节室内温度的元件；压力控制器是压缩机的压力保护元件；电磁阀和截止阀是控制系统通断的自动、手动阀件。下面我们就对这些器件进行介绍。

1. 膨胀阀

膨胀阀是空调制冷系统的节流降压、调节流量的阀件。有以下几种：

①手动膨胀阀。它的针阀带有细牙螺纹，可以手动调节阀的开启度，一般压缩机停机后要关闭手动膨胀阀，切断制冷剂通路。

②自动膨胀阀。自动膨胀阀是依靠作用在膜片(或波纹管)上的吸气压力来控制制冷剂流量的阀件。

③热力膨胀阀。利用蒸发器出口过热度来控制制冷剂流量的阀件。

④热电膨胀阀。靠电加热产生的热力来驱动阀杆的动作控制制冷剂流量。

⑤电子膨胀阀。通过微机实现制冷剂流量的控制。

因手动和自动膨胀阀现已较少采用，主要介绍后三种膨胀阀。

(1)热力膨胀阀

热力膨胀阀是一种能自动调节供液量的节流降压机构。它是利用蒸发器出口处制冷剂蒸气的过热度来调节制冷剂流量的。由于膨胀阀具有自动调节制冷剂流量的功能，因此在采用膨胀阀节流的系统中，通常配有储液器。在早期分装式客车空调装置制冷系统中，就采用了热力膨胀阀作为节流装置。

①热力膨胀阀的类型

热力膨胀阀根据其膜片下方所感受压力的不同，可分为内平衡式和外平衡式两种，内平衡式感受的是蒸发器入口的压力，而外平衡式则感受蒸发器出口的压力。

②内平衡式热力膨胀阀

内平衡式热力膨胀阀的结构如图 4-41(a)所示，它主要由感温包、毛细导管、膜片、顶杆(也称传动杆，2～3 根)、阀座、阀针及调节机构等组成。膨胀阀安装在蒸发器的进口管上，感温包包扎在蒸发器的出口处，如图 4-41(b)所示。感温包、毛细导管及膜盒(膜片上方空腔)构成的密闭空间称感温系统。在感温系统中充注低沸点液体，该系统感受制冷剂离开蒸发器时的温度，与该温度相对应的感温系统中蒸气的饱和压力经毛细管传至膜片上方，使膜片受一向下的推力 P_1。膜片下方承受两个向上的力：一个是经过阀孔节流后制冷剂的压力 P_0，通过传动杆与阀体间的空隙传递到膜片下方；另一个是阀针下面弹簧的弹力 P_2，通过传动杆作用在膜片下方。膜片在这三个力作用下保持平衡(重力相对这些力很小，可忽略不计)，即

$$P_1 = P_0 + P_2$$

当蒸发器的供液量相对于蒸发器的热负荷来说显得较少时，蒸发器出口处制冷剂蒸气的过热度增大，因而使感温包中蒸气温度升高，压力 P_1 增大。由于 $P_1 > (P_0 + P_2)$，使膜片

向下弯曲，并通过传动杆压缩阀针下面的弹簧使阀针下移，阀孔开大，供液量增加；反之，当供液量较多时，蒸发器出口处制冷剂蒸气过热度减小，感温系统中的压力 P_1 降低，$P_1<(P_0+P_2)$，阀针上移，将阀孔关小，供液量随之减少。

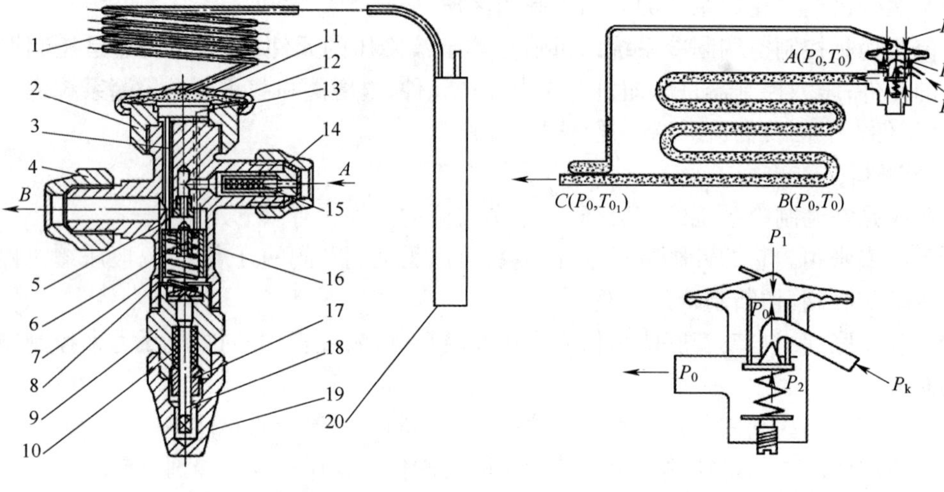

(a) 内平衡式热力膨胀阀结构　　(b) 膨胀阀工作及受力图

图 4-41　内平衡式热力膨胀阀

1—毛细管；2—密封室座；3—传动杆；4—出管锁母；5—座孔体；6—阀针；7—阀针座；8—弹簧；9—调节阀；10—密封填料；11—密封盖；12—波纹薄膜；13—传动盘；14—进管锁母；15—滤网；16—阀体；17—填料压母；18—调节杆；19—螺母；20—感温包

由此可见，热力膨胀阀就是根据蒸发器出口处制冷剂蒸气的过热度来自动调节制冷剂流量的。其基础流量可以通过调节杆 18 调整弹簧的预紧力来控制。

③外平衡式热力膨胀阀

外平衡式热力膨胀阀的结构与内平衡式热力膨胀阀基本相同，不同之处是前者的膜片下方不与供入蒸发器的制冷剂相通，而是设有一个空腔，用平衡管与蒸发器出口连通。因此，它的膜片下方不再承受蒸发器进口处制冷剂压力，而是蒸发器出口处制冷剂的压力。外平衡式热力膨胀阀在膜片上下所受的力均来自蒸发器的出口，对制冷剂流量的调节更精确。所以当蒸发器冷却盘管较长，阻力损失较大，特别是低温情况下，应采用外平衡式热力膨胀阀。

在客车空调制冷系统中，都采用内平衡式热力膨胀阀。

热力膨胀阀以蒸发器出口处温度为控制信号，通过感温包将此信号转换成感温包内蒸气的压力，进而控制膨胀阀阀针的开度，达到反馈调节的目的。热力膨胀阀在应用中存在一些不足之处。

a. 信号的反馈有较大的滞后，因而使制冷装置在启动和负荷突变时，被调参数发生周期性振荡。

b. 低的蒸发温度下，过热度增大，蒸发温度不稳定，制冷系统效率下降。

c. 制冷剂流量调节范围小。因为薄膜的变形量有限，从而使阀针开度的变化范围较小。

d. 允许负荷变动小。

鉴于此，制冷剂流量调节方法必须进行更新，从简单的闭环反馈到更高级的控制方式，由此相继发展了热电膨胀阀和电子膨胀阀。

(2)热电膨胀阀

热电膨胀阀控制原理如图 4-42 所示。它是将一只热敏电阻串接在阀加热器的电路中，电路中的电流与热敏电阻阻值有关，而热敏电阻阻值又与热敏电阻所处的制冷剂状态有关。将热敏电阻暴露在制冷剂中，当蒸发器出口为过热蒸气时，由于加热作用，使热敏电阻温度升高，电阻值下降，电路中的电流增大，阀加热器上的电压升高将阀开大，使制冷剂流量增加。制冷剂液滴或湿蒸气接触到热敏电阻时，使之冷却，热敏电阻阻值升高，阀又开始关小。最终结果是将阀稳定在蒸发器出口所选定过热度蒸气状态所对应的开度上。

为了达到良好的控制性能，热敏电阻可根据所需控制的过热度要求进行更换。

热电膨胀阀可以在高精度的范围内控制制冷剂流量，特别适用于热泵装置。

(3)电子膨胀阀

电子膨胀阀是以微型计算机实现制冷系统制冷剂流量的控制，使制冷装置处于最佳运行状态而开发的新型制冷系统控制器件。电子膨胀阀的应用，克服了热力膨胀阀的缺点。电子膨胀阀有电磁式和电动式两种。它具有反应快、适应范围大的特点。

电子膨胀阀由检测、控制和执行三大部分构成。采用电机直接驱动轴，以改变阀的开度。该阀接收由微型计算机传来的运转信号进行动作，根据运转信号，驱动转子回转，将其以螺旋回转运动转换为轴的直线运动，如图 4-43 所示。以其轴端头的针阀调整节流孔的开口度的大小，调节制冷剂流量。

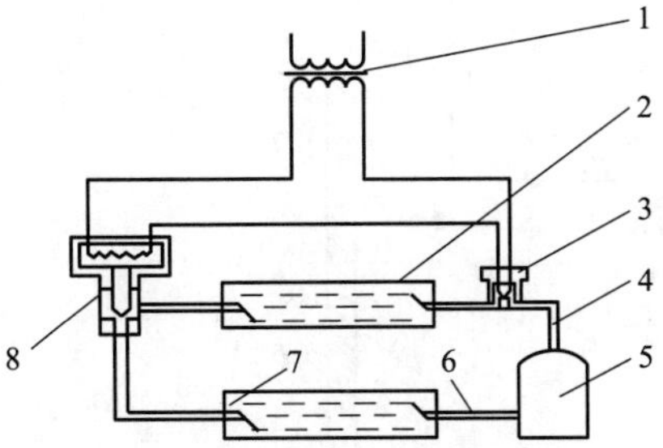

图 4-42 热电膨胀阀控制原理

1—变压器；2—蒸发器；3—热敏电阻；4—吸气管；5—压缩机；6—排气管；7—冷凝器；8—热电膨胀阀

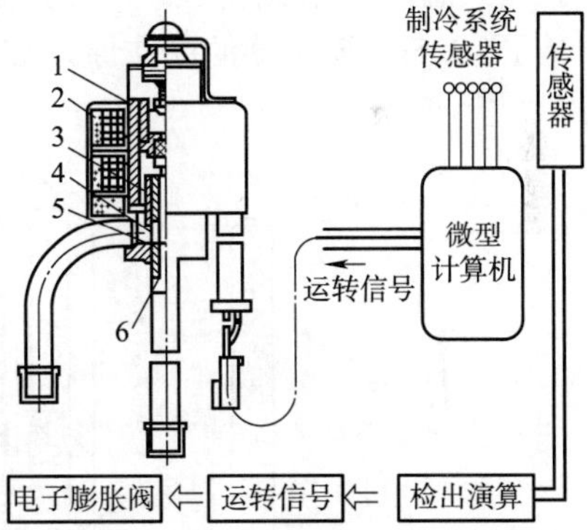

图 4-43 电子膨胀阀原理

1—电机转子；2—电机定子；3—螺旋部；4—轴；5—针阀；6—节流孔

2. 毛细管

当制冷剂流体沿管内流动时，由于管道摩擦阻力而产生压降，管径越小、管子越长则流动阻力就越大，产生的压降也越大。利用这一性质，在一些封闭式压缩机、小型氟利昂制冷装置中，采用小内径(0.6～2.0 mm)并有一定长度(0.6～2.5 m)的紫铜管，代替膨胀阀作为节流降压元件，连接在冷凝器与蒸发器之间，作为制冷循环的节流降压元件，这种细长的管路就是毛细管节流装置。

毛细管节流装置的优点是结构简单，价格低廉，无运动部件，不易产生漏泄，不存在节流机构进、出口的问题，而且在压缩机停车后，冷凝器与蒸发器内的压力可较快地自动达到平衡，减轻起动时电动机的负载，很适用于装有全封闭式活塞压缩机的制冷系统。

但毛细管节流主要的缺点是其供液量不能随工况变动而调节。

因毛细管的长度和直径是根据一定的工况确定的，如果使毛细管的供液量能随工况的变化而变化，就得使毛细管的直径能随工况的变化而变化，显然，这是不可能的。采用毛细管节流的制冷装置，当蒸发压力下降时，容易引起压缩机的湿冲程，当蒸发压力上升时，容易出现蒸发器供液不足的情况。因此，毛细管节流宜用于蒸发温度变化范围不大、负荷比较稳定的场合，且通常在系统中配有气液分离器，以防止压缩机湿冲程，而不配储液器。

另外采用毛细管节流的制冷装置，对制冷剂充注量十分敏感。所以制冷剂充注量要很准确，否则影响制冷装置的正常工作。毛细管可以用一根也可以几根并联。当用几根并联时要配分液器，且应仔细调整，使几根毛细管的工作情况大致相同(可由结霜情况来判断)。在毛细管前应设过滤器，以防毛细管脏堵。

实验证明，毛细管的供液能力主要取决于毛细管入口处制冷剂的状态(压力和温度)以及毛细管的几何尺寸长度和内径。

在客车单元式空调机组中均采用毛细管节流。

3. 温度控制器

温度控制器又称温度继电器，是对室温及其幅差(即温度波动范围)进行控制的电路开关，常用它控制压缩机的开停。常用的温度控制器有机械式、电子式及水银式等几种。

(1)机械式温度控制器

机械式温控器有多种，WT-1226型温度控制器在空调制冷系统中使用较广泛，现介绍如下。

WT-1226型控制器的动作原理如图4-44所示。

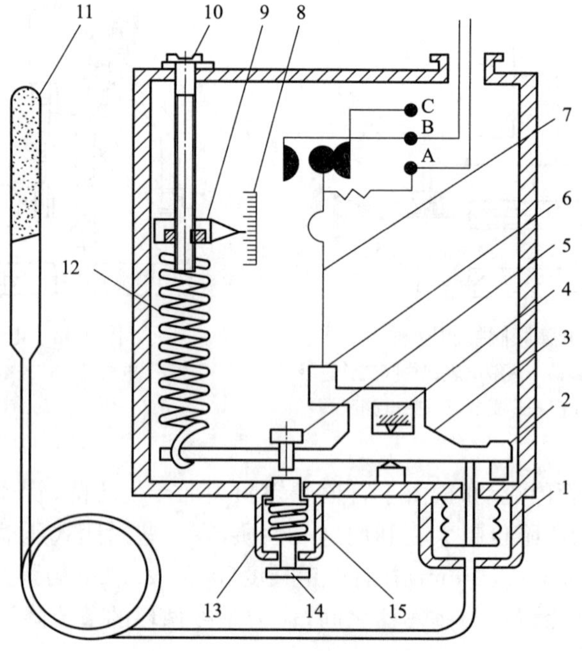

图 4-44　WT-1226型温度控制器

1—波纹管室；2—止动螺钉；3—杠杆；4—支架；5—螺钉；6—拨臂；7—弹簧；8—主标尺；9—指针；10—调节螺杆；11—感温包；12—主弹簧；13—差动弹簧；14—差动旋钮；15—差动器

WT-1226 型温控器是两位控制式，即有两个静触头。电源线与静触头 B 和动触头 A 连接。动触头 A 串联在压缩机电机交流接触器线圈电路中，动触头 A 与静触头 B 接触，压缩机运转；动触头 A 与静触头 B 断开，压缩机停止运转。

由感温包 11、毛细管和波纹管室 1 组成温度控制器的感温系统。感温包根据控制温度范围的不同，内充不同工质(如乙醚、丙酮、氟利昂等)。感温包把感受到的室温的变化，变为波纹管室内气体对波纹管压力的变化(温度与压力成正比)。波纹管压力的变化使杠杆 3 绕支点 4 发生转动。

感温包感受的温度下降到整定值时，动触头 A 与静触头 B 断开，压缩机停车。当感温包感受的温度上升，波纹管推动杠杆 3 克服定值弹簧 12 的拉力矩逆时针转动，转过一定角度后杠杆 3 又要克服差动弹簧 13 的弹力方可继续转动。当温度升到整定值加幅差值时，动触头 1 重新与静触头 B 闭合，压缩机转动。

由此看出，定值弹簧(主弹簧)的拉力决定所控制温度的下限值即整定值，其数值大小可以通过旋转调节螺杆 10，改变定值弹簧的拉力来整定。而幅差弹簧(差动弹簧)则决定控制温度上下限的范围即幅差值(也称差动值)，幅差值可通过旋转差动旋钮 14 进行整定。

(2)电子式温度控制器

电子式温度控制器，一般是利用热敏电阻等敏感元件感受温度变化，在电路中形成的微弱电信号作为其工作的输入信号，经测量、比较、放大后，控制继电器是否动作，从而控制微动开关的闭合或断开。现单元式空调装置中均采用电子式温控器。下面介绍客车空调常用的 E5AZ-R3-38 型电子式温度控制器的使用。

E5AZ-R3-38 型电子式温度控制器正面结构如图 4-45 所示。各显示装置和按键功能如下：

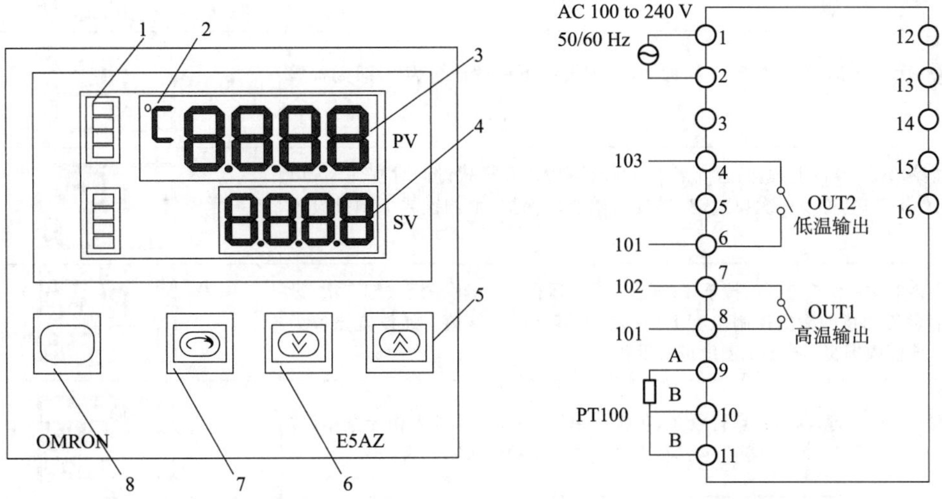

(a) E5AZ-R3-38型电子式温度控制器正面　　(b) 温度控制器接线图

图 4-45　温度控制器

1—运行显示；2—温度单位；3—室温显示，显示各设定项目符号；温度控制器工作异常时，显示故障；4—设定温度 1 显示，即显示控制输出 1 所设定的低温控制值；5—上调键；6—下调键；7—模式键；8—菜单键

当温度控制器的传感器(即感温头)确认接线正确后，可接通电源进行调整具体调整步骤见表 4-5。

表 4-5　E5AZ-R3-38 型温控器设定值调整设定步骤

调 整 步 骤	屏 幕 显 示
1. 按接线图接好温度控制器接线，并接通电源，进入运行菜单	
2. 按菜单键 3 s 以上，进入初始菜单，设置温度传感器的输入类型，按上调键或下调键设置该值为 1	
3. 在初始菜单中，按一次模式键，设置温度单位，按上调键或下调键设置为℃	
4. 按三次模式键，按上调键或下调键设置为 ON/OFF 方式	
5. 按一次模式键，设置控制方式，按上调键或下调键设置为标准控制方式	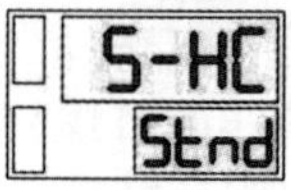
6. 按一次模式键，设置正、逆动作方向，按上调键或下调键设置为正动作方向	
7. 按一次模式键，设置报警 1 的种类，按上调键或下调键设置为 0，即无报警功能	
8. 按一次模式键，设置报警 2 的种类，按上调键或下调键设置为 8，即绝对值上限的报警功能	
9. 按一次模式键，设置报警 3 的种类，上调键或下调键设置为 0，即无报警功能	
10. 按菜单键 1 s 以上，返回运行菜单。再将菜单键和模式键同时按下 3 s 以上，进入保护菜单，再按一次模式键，设置初始通信保护，上调键或下调键设置为 0	
11. 将菜单键和模式键同时按下 1 s 以上，返回运行菜单，再按模式键二次，设置低温控制输出点的输出控制温度上调键或下调键设置该值。如设置该值为 25.5 ℃，该值根据实际控制的温度进行设置	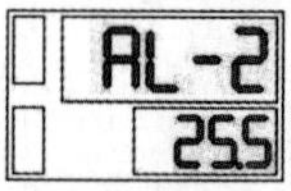
12. 按一次模式键，返回到运行菜单，再按菜单键 3 s 以上，进入初始菜单，按模式键十次，输入进入高级菜单的密码，上调键或下调键输入密码为-169	
13*. 输入密码后，等待 3 s 以上自动进入到高级菜单，再按模式键五次，设置低温控制的回差值，按上调键或下调键设置该值，如设置该值为 1.5，该值根据实际控制的温度进行设置	
14. 按菜单键 1 s 以上，返回初始菜单，再按菜单键 1 s 以上，返回运行菜单，按上调键或下调键设置高温控制输出控制温度，如设置温度为 26，该值根据实际控制的温度进行设置	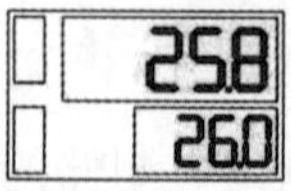

续上表

调整步骤	屏幕显示
15*. 按菜单键小于 1 s,进入调整菜单,按一次模式键,设置高温控制的回差值,按上调键或下调键设置该值,如设置该值为 1.5,该值根据实际控制的温度进行设置	
16. 按菜单键小于 1 s,进入运行菜单,温度控制仪设置完毕。按以上步骤再进行核查一遍,确认无误后即可投入使用。运行菜单下,按一次模式键,进入运行菜单,设置温度控制器为运行状态,按上调或下调键设置为 run,按模式键二次返回到运行菜单,温控制工作	
17. 如果将此设置为 stop,按模式键二次返回到运行菜单,温度控制器停止工作。此时温度控制器停止灯亮	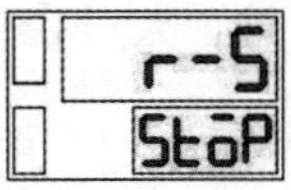 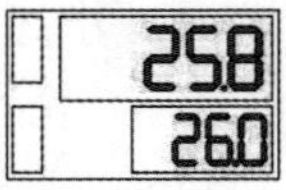

注:①13 步中,低温控制的回差是负回差,如设置的温度值在上升到 25.5 ℃时低温控制继电器输出,当温度下降到 24 ℃时温度继电器断开。

②15 步中,高温控制的回差是正回差,如设置的温度值在上升到 27.5 ℃时高温控制继电器输出,当温度下降到 26 ℃时温度继电器断开。

水银式温度控制器是早期应用的产品,是通过温度变化使温度计中水银的高度变化来沟通压缩机电机的电路,从而控制制冷系统的工作情况。这种温度控制器已基本淘汰,现在绝大多数空调制冷系统都采用电子式温度控制器。

4. 电磁阀

电磁阀是一种开关式的常闭自动阀门。阀门的打开是依靠线圈在通电以后所产生电磁力,而阀门的关闭是依靠复位弹簧及阀芯的重量。

电磁阀串接在制冷系统的管路中,用以控制系统管路中流体的通或断。如在 YZ_{25} 空调装置制冷系统中,在冷凝器与膨胀阀之间安装的电磁阀,与压缩机同接一个起动开关,其作用是配合压缩机的开停而自动接通或者切断制冷剂的流通通路。

当压缩机停车时,电磁阀立即关闭,停止供液,避免停机后大量制冷剂液体流入蒸发器中,造成压缩机再次起动时产生“液击”。从德国进口的 MABⅡ型空调装置制冷系统中,是利用电磁阀控制压缩机与储液器之间的可调管路及膨胀阀与蒸发器之间供液管路的通断,从而控制压缩机参与工作的气缸数进而调整制冷系统的制冷量。

电磁阀的结构形式,按开启方式分为直接开启式和间接开启式两种。

直接开启式电磁阀结构如图 4-46 所示,主要由阀体、线圈、衔铁及阀针等组成。当线圈通电后,电磁力吸引衔铁上移,带动阀针上升直接开启阀口;线圈失电后,在复位弹簧的张力和自重作用下,衔铁落下,阀针将阀口关闭。直接开启式电磁阀构造简单,由于受电磁吸力的限制,口径都比较小。

间接开启式电磁阀结构如图 4-47 示,主要由阀体、浮阀、线圈、衔铁、阀针、调节杆等组成。当线圈通电后,电磁力吸引衔铁,衔铁带动阀针上升,开启浮阀上的阀孔,使浮阀上部空腔内经平衡孔进入的制冷剂液体通过该阀孔流向电磁阀出口端,减小了浮阀上部空腔压力。

由于浮阀下部受到从电磁阀进口端来的高压制冷剂液体的作用,在浮阀的上、下面形成压力差，使浮阀上移，主阀门打开。由于阀口有流动阻力，进口端压力总是大于出口端压力，使浮阀上、下总有一压力差来维持阀门的开启状态。当电磁阀的电源被切断后，衔铁在复位弹簧和自重作用下带动针阀下移，关闭浮阀上的阀孔。由于制冷剂继续从平衡孔进入浮阀上部空腔，最终使浮阀上、下部压力达到平衡，则浮阀在弹簧力及阀针和浮阀自重作用下而落下，关闭主阀口。

当电磁阀电路部分出现故障不能自动启、闭时，可使用阀体下部的调节杆，实现手动开启和关闭。

间接开启式电磁阀虽然结构较复杂，但电磁线圈只控制阀针的起落，可使电磁线圈尺寸和容量减小，故对于大口径的阀比较适宜。

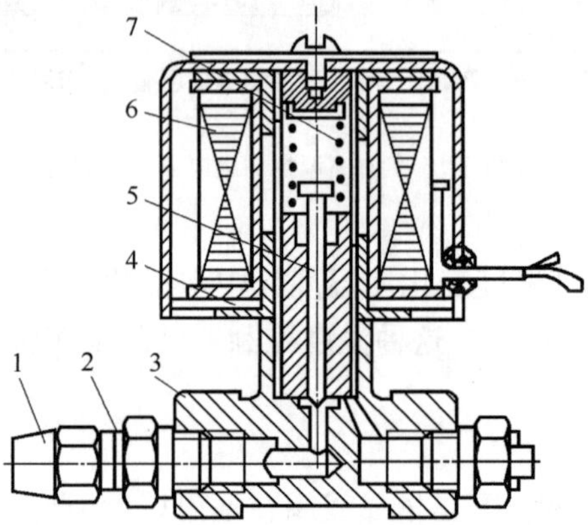

图 4-46　直接开启式电磁阀

1—接管螺母；2—接头；3—阀体；4—垫片；5—铁芯；6—线圈组；7—复位弹簧

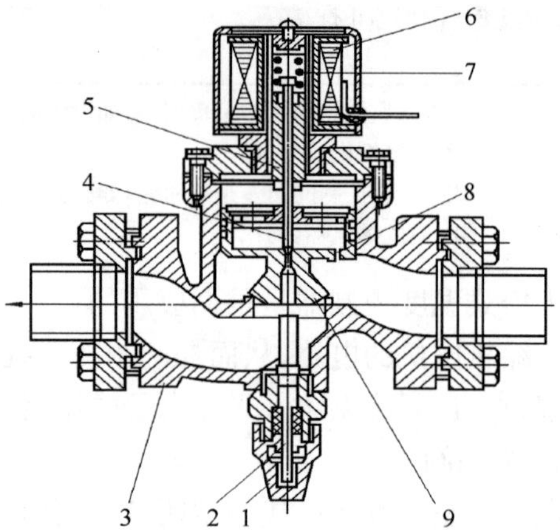

图 4-47　间接开启式电磁阀

1—帽盖；2—调节杆；3—阀体；4—阀针；5—衔铁；6—线圈组；7—复位弹簧；8—平衡孔；9—浮阀

5. 压力控制器

在制冷系统中都设有压力控制器。压力控制器的作用是在压缩机吸排气压力超出其正常工作范围时，自动切断压缩机工作电源使其停车，以保护压缩机。

压力控制器的形式有多种，结构也略有区别，但动作原理基本相同，都是以波纹管（膜片），接收到高压或低压部分的压力信号后，波纹管（膜片）变形，从而带动传动杆或杠杆机构，使电触点接通或断开，使压缩机工作或停机。

压力控制器包括高压控制器和低压控制器，有组合成一体的，也有各自做成单体的。高压控制器与压缩机的排气腔接通，以监视和控制排气压力。如果压缩排气压力过高，会导致压缩机电机过载运行而受损害，所以，当压缩机排气压力高于正常压力时高压控制器就发生作用，使压缩机停车。

低压控制器与压缩机的吸气腔接通，以监视和控制吸气压力。当压缩机吸气压力过低时，一方面会影响制冷机组的正常工作，甚至不能制冷而浪费电力，另一方面压缩机近于空载运行也会损害电机，故当压缩机吸气压力低于正常值时，低压控制器发生作用，使压缩机停车。

(1)KD型压力控制器

图4-48(a)为空调制冷系统中常用的KD型高低压控制器内部结构原理图,高、低压控制器做成一体,其结构特点是通过传动杆直接推动微动开关的触点,故结构紧凑,调节方便。控制器电路部分见图4-48(b),接头A、C与压缩机电机控制电路中接触器线圈串接。高、低压控制器通过控制电触点的通、断,来控制接触器线圈电源的通、断,进而控制压缩机的启停。

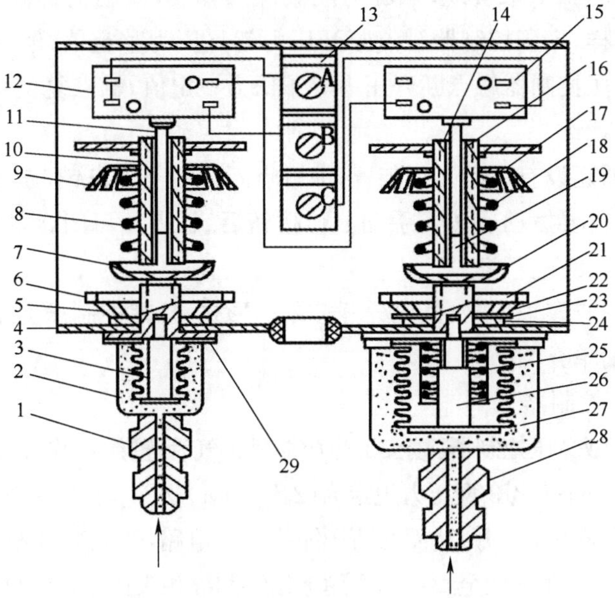

(a) 结构图

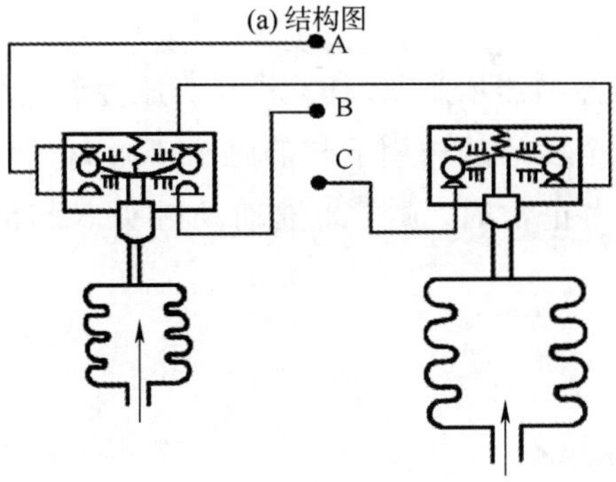

(b) 接线图

图4-48 KD型压力控制器

1、28—高、低压接头;2、27—高、低压气箱;3、26—顶力棒;4、24—压差调节座;5、22—碟形簧片;6、21—压差调节盘;7、20—弹簧座;8、18—弹簧;9、17—压力调节盘;10、16—螺纹柱;11、14—传动杆;12、15—微动开关;13—接线柱;19—传力杆;23、29—簧片垫板;25—复位弹簧

压缩机排气压力高于整定值时,气箱顶力大于弹簧张力,气箱推动传动杆,将高压微动开关按钮掀下,使开关触头分离,切断接触器线圈电源,压缩机停机;当排气压力下降并恢复正常时,弹簧张力大于气箱顶力,传动杆反向移动而脱离开关按钮,开关触头重新闭合,压缩

机重新启动运转。

压缩机吸气压力低于规定值时，弹簧张力大于气箱顶力，使传动杆 14 脱开低压微动开关按钮，开关触头分离，切断接触器线圈电源；当吸气压力回升并恢复正常时，气箱顶力大于弹簧张力，使传动杆将按钮掀下，微动开关触头重又闭合。

高、低压控制器的压力整定值可通过旋转各自的压力调节盘 9 和 17 进行调整，顺旋为压紧弹簧，压力整定值提高；反旋则放松弹簧，压力整定值降低。差动值的调整，可通过旋转各自的压差调节盘 6 与 21 来实现，顺旋为压紧碟形弹簧，差动值提高；反旋则放松碟形弹簧，差动值降低。这样，高压控制器触点断开压力就是压力整定值，触点复位压力为压力整定值减去差动值；低压控制器触点断开压力等于压力整定值，触点复位压力为压力整定值加上差动值。

有的压力控制器还设有手动复位装置，即触点断开后实现自锁，压力正常后也不能自动恢复正常工作状态，需要拨动或按下手动复位按钮后，触点方可闭合，以免系统故障未消除时，电路频繁通断。

现行铁路客车中较多采用高、低压分开控制的形式，且其控制压力不可调节。下面对这两种压力控制器做简单介绍。

(2)ACB 型高压控制器

图 4-49 为 ACB 型高压控制器，接头 1 与压缩机排气管连接，工作过程中，如果出现排气压力大于规定压力[如 ACB-QB13 型压力规定为(2.9±0.1)MPa]时，膜片 2 被推动，进而推动顶杆 3 将动触头 5 与静触头 4 分开，从而切断压缩机工作电路，使压缩机停止工作，保护压缩机。在压力正常时，动触头 5 在弹性金属片的作用下始终和静触头接触，压缩机正常工作。

(3)LCB 型低压控制器

图 4-50 为 LCB 型低压控制器示意图，其工作与高压控制器相似，在吸气压力太低时，膜片 2 收缩，动触头 5 在弹性金属片的作用下与静触头 4 脱离，切断压缩机的工作电路，保护压缩机。当压缩机吸气压力正常时，顶杆 3 推动动触头 5 与静触头 4 连接，压缩机正常工作。

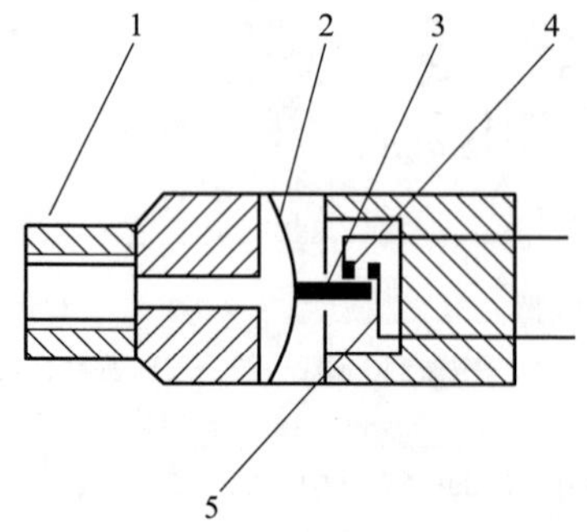

图 4-49　ACB 型高压控制器

1—高压管接头；2—膜片；3—顶杆；4—静触头；5—动触头

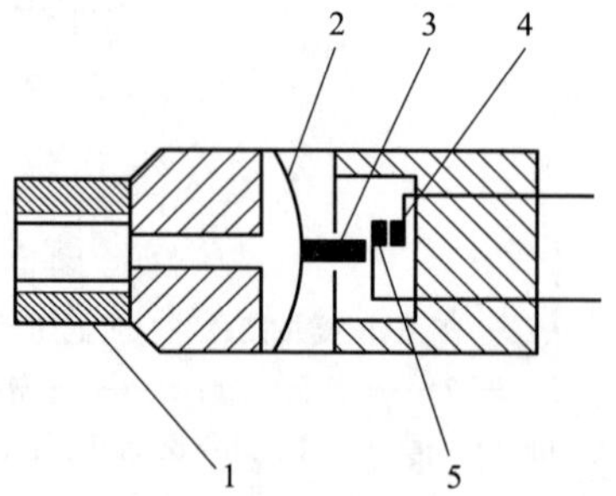

图 4-50　LCB 型低压控制器

1—低压管接头；2—膜片；3—顶杆；4—静触头；5—动触头

典型工作任务4 空调制冷装置的辅助设备维护与检修

4.4.1 任务目标

1. 掌握空调制冷装置的辅助设备的结构及作用原理。
2. 掌握空调制冷装置的辅助设备的维护与检修方法。

4.4.2 相关配套知识

在蒸气压缩式制冷系统中，其辅机除热交换器以外，还需要一些其他辅助设备来完成如润滑油的分离，制冷工质的储存以及净化等工作。这些辅助设备的作用是为了改善制冷机的工作条件，保证制冷机正常运转和提高运行经济性。在这些辅助设备中，制冷工质并不起状态变化，它们不是完成制冷循环所必需的设备，所以，在小型制冷机中，为简化设备起见，往往将一些辅助设备省去。但这些辅助设备对改善空调制冷系统的性能有不可忽视的作用。

1. 分油器

空调制冷系统中，只有压缩机才需要润滑油，因为它能对各摩擦面起润滑、散热作用，还能提高活塞与气缸之间的密封性，这些对压缩机乃至整个系统都是有利的。但润滑油在制冷系统的其他部件中，只能起到有害作用。

氟利昂制冷剂能与润滑油相互溶解，R12 能完全溶解，R22 能轻微溶解，所以压缩机的排气中都带有润滑油。另外，压缩机高温部分润滑油气化成油蒸气，它与制冷剂蒸气一起被压缩机排出至冷凝器中，遇冷后油蒸气又被凝结成液态而混于制冷剂中。

当润滑油被压缩机排气带入制冷系统时，它与氟利昂液体互溶后会使蒸发温度稍有升高，还可能影响传热性能与制冷量，这是不利的。过多的润滑油积存在蒸发器中，会使蒸发器传热面减少；若积存在管路中，还可能阻塞管道。润滑油进入膨胀阀小孔或毛细管中，由于制冷剂节流时，温度突然下降，部分冷冻油积存于小孔处，其黏度升高，甚至可能析出石蜡等而将小孔阻塞。为改善这种不利状况，可采用润滑油分离器（简称分油器），它能将混在制冷剂排气管中的润滑油大部分分离出来，并设法自动地回送至压缩机中。系统中还有少量的润滑油，则可在制冷剂气流带动下经吸气管返回压缩机，从而可维持压缩机曲轴箱中有一定的油位。

(1)分油器的工作原理

分油器安装在压缩机排气口与冷凝器之间，它的基本工作原理是利用油滴和制冷剂蒸气的比重不同使混合气体流经直径较大的油分离器时，利用突然扩大通过面积，而降低其流速，并同时改变其流向或利用离心力，使油滴沉降而分离。对于蒸气状态的润滑油，则可采用洗涤或水冷却的方式降低其温度，使之凝结为油滴而分离。有的油分离器中，则采用设置过滤层等方法来增强分离效果。

(2)分油器的结构

常用的分油器，用于氨系统的有洗涤式、填料式和离心式，三种结构形式。因为氨系统的制冷现在很少利用，故主要介绍用于氟利昂系统的过滤式油分离器。

过滤式油分离器的结构如图 4-51 所示。

其壳体由无缝钢管加上、下封头焊接而成。顶部焊有进气管，在进气管的下方装有滤网(钢丝网布)，有的分离器内装有陶瓷环或钢丝绒。带有油雾的高压蒸气经滤网的过滤，相当一部分油雾与滤网接触，被粘在滤网上，聚积成滴后，下落在分油器底部。另一方面，高压蒸气在排气管内流速很高，一般在 10～25 m/s 之间。当流入分油器后，由于容器的通道面积大十几倍以至几十倍，蒸气流入分油器后流速突然降低，其流速一般不超过 0.8～1 m/s，加上蒸气进出分油器时流向改变，使蒸气容易与容器壁相撞，一部分油雾粘在容器壁上，聚集成滴下流至容器底部。同时润滑油比制冷剂蒸气重得多，低流速时，油雾在重力作用下，与蒸气分离，落至容器底部，因此，制冷剂蒸气中的大部分润滑油就被分离出来，积贮在容器中。

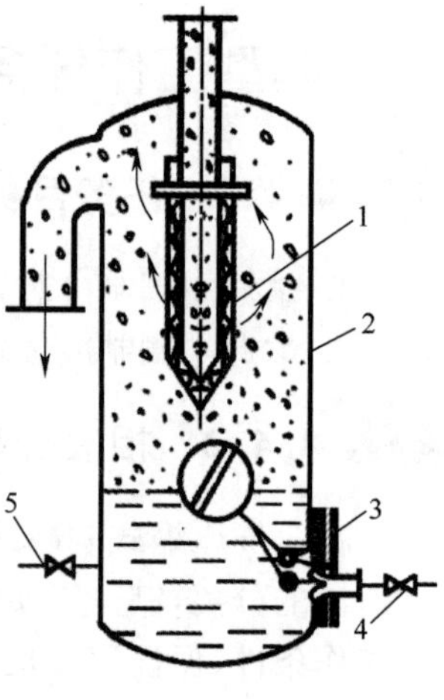

图 4-51　过滤式油分离器

1—滤网；2—壳体；3—浮球阀；4—自动回油阀；5—手动回油阀

当容器底部积贮的润滑油油位足够高而浮球浮起时，连在浮球上的阀针被打开，润滑油在高压作用下，经与压缩机曲轴箱连通的输油管流回曲轴箱，当容器内油位下降，浮球也随之下降，阀针将阀口关闭，回油结束。由此可见，当制冷机在连续的正常工作中，分油器也在连续不断地分油，但分油器放油(放回曲轴箱)是断续进行的。只有当容器内达到一定的油位，阀针才被浮球打开而放油，而且每一次放油间隔时间相当长的。每种产品的放油时间间隔也不相同，这和压缩机的排油量以及分油器筒体的直径大小有关，一般来说放油间隔时间至少在 1 h 以上才是正常的。

2. 干燥过滤器

在客车空调装置制冷系统的节流装置前的输液管上，都装有干燥过滤器，它是制冷系统的净化设备。作用是消除制冷剂中的水分和机械杂质(如金属屑末、氧化皮等)，以防止水和杂质在膨胀阀(毛细管)、电磁阀处产生冰塞、堵塞以及进入压缩机刮伤气缸和吸排气阀等。另外，也防止了水长期溶解于制冷剂分解而产生盐酸、氢氟酸腐蚀金属及使冷冻机油乳化。

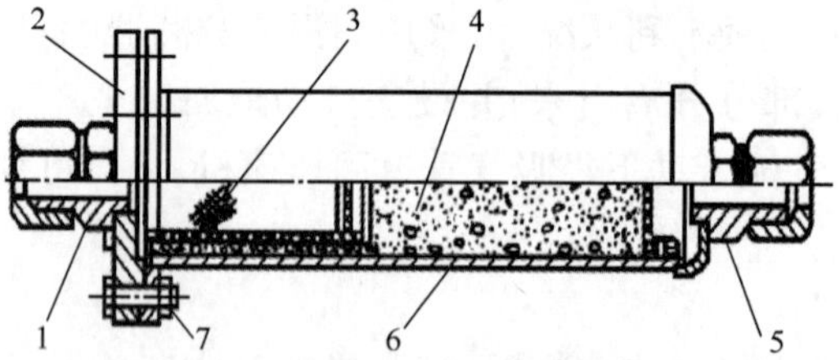

图 4-52　干燥过滤器

1—进液管接头；2—压盖；3—滤网；4—干燥剂；5—出液管接头；6—壳体；7—连接螺栓

干燥过滤器主要由壳体，滤网，干燥剂，进、出液管接头等组成，其结构如图 4-51 所示。外壳为无缝钢管，在进口端内装有 2～3 层网孔为 0.1～0.2 mm 的铜丝网，两端有端盖用螺纹与壳体连接，再用锡焊焊接，以防泄漏。端盖外端焊有管接头，以便与系统管路连接。在过滤网与壳体中间装有干燥剂，常用的干燥剂有硅胶、活性氧化铝及分子筛等。有的制冷装置将干燥器和过滤器分别独立安装，如分装式客车空调装置制冷系统。单元式空调机组中采用的干燥过滤器为两端焊接的整体式。

3. 储液器

储液器亦称储液筒，是用来储存制冷循环中的制冷剂液体，以适应工况变动时制冷剂流量的变化。另外，在检修制冷设备及在制冷系统较长时间不工作时，将系统中制冷剂全部收集在储液器中，以免泄漏而造成损失。

储液器有立式和卧式，但在实际使用中多为卧式，其结构很简单，图4-52所示即为一种卧式储液器。储液器的筒体由钢板卷制而成，筒体上设进、出液口，其安装位置应低于冷凝器，容积应大于需储存的制冷剂液体的体积，储存的制冷剂量不允许超过容积的80%。

对于负荷变动不大的制冷设备，如单元式空调机组制冷系统，经严格控制充入的制冷剂量，可省略储液器。

4. 热交换器

热交换器又称"气—液换热器"，是用于氟利昂制冷系统的一种换热器。从冷凝器来的高温制冷剂液体与从蒸发器来的低温蒸气在其中进行热交换，液体获得过冷，蒸气产生过热。这种回热循环有三个好处：

(1)对于采用R12、R500、R502等制冷剂的系统，通过回热，提高制冷机的制冷系数。

(2)使液体获得过冷，以避免在节流阀前气化(液体在节流阀前气化时会影响热力膨胀阀的供液量)。

(3)使蒸气中夹带的液滴(包括油滴中溶解的液体)气化，防止压缩机发生液击。

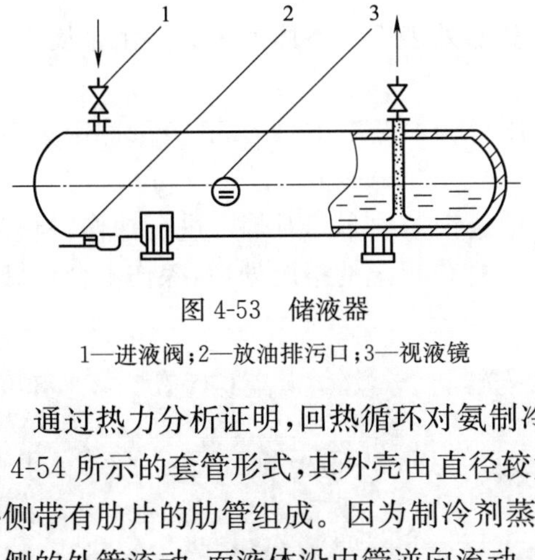

图4-53 储液器

1—进液阀；2—放油排污口；3—视液镜

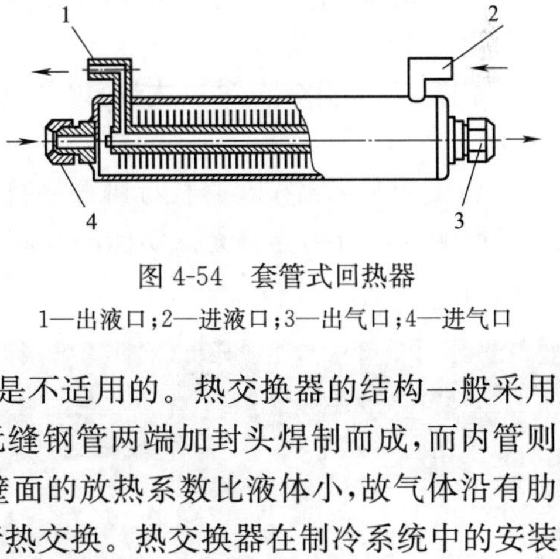

图4-54 套管式回热器

1—出液口；2—进液口；3—出气口；4—进气口

通过热力分析证明，回热循环对氨制冷循环是不适用的。热交换器的结构一般采用如图4-54所示的套管形式，其外壳由直径较大的无缝钢管两端加封头焊制而成，而内管则为外侧带有肋片的肋管组成。因为制冷剂蒸气对壁面的放热系数比液体小，故气体沿有肋片一侧的外管流动，而液体沿内管逆向流动，以进行热交换。热交换器在制冷系统中的安装位置是在冷凝器、压缩机及蒸发器之间，即自冷凝器来的液体流经热交换器的内管，再一次获得过冷后，受膨胀阀的控制而进入蒸发器。而蒸发器出来的蒸气由回气管引入热交换器，使之过热后，由压缩机吸入。

实际使用的还有螺旋管式热交换器，其结构及作用原理与套管式相同，仅中间的肋片管由紫铜管绕制成螺旋形来代替。

客车空调装置中，当管路较长时，也有将输液管和吸气管包扎在一起以代替热交换器作用的。

5. 气液分离器

(1)作用

气液分离器的作用是用来分离蒸发器出口的蒸气中的液体,从而保证压缩机为干压缩。对于毛细管节流的制冷装置由于制冷剂流量不能自动调节,当负荷减小时,蒸发器中制冷剂就有可能不能完全蒸发,如果制冷压缩机吸入了带有液滴的制冷剂蒸气,就有可能产生液击而使阀片、活塞、连杆等损坏。因此为了避免压缩机吸入液体制冷剂,制冷压缩机的回气管上可装设气液分离器,对制冷剂蒸气中的液体分离储存。气液分离器结构如图 4-55 所示。

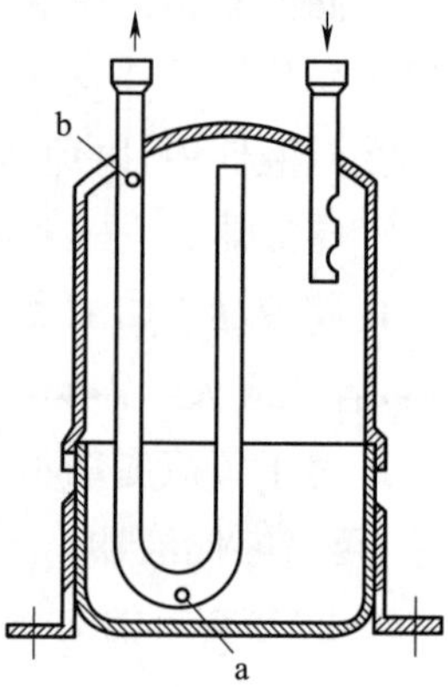

图 4-55　气液分离器结构示意图

气液分离器的作用原理是:从蒸发器来的制冷剂蒸气由进气管进入分离器后,由于气流突然转向和减速,把液滴分离出来留在容器的底部,而气体则从出气管被压缩机吸入。在 U 形管的底部开有一个小孔 a,能使一定量的冷冻机油随吸入气体一起返回压缩机。b 孔为均压孔,可防止压缩机停机时由于蒸发器侧压力上升,使气液分离器中的液体通过 a 孔流向压缩机。

(2)汽液分离器检修作业

①工作前准备(图 4-56)

a. 将铁刷、油刷、焊具、各种漆料准备齐全。

b. 检查氧气瓶、乙炔瓶、氮气瓶压力表示数是否符合要求,压力表使用日期是否超期。

②清洗探伤(图 4-57)

a. 外部清洗:用铁刷刷去锈皮,用干布擦拭分离器外表面。整体外表面露出金属本色,不让灰尘进入容器内。

b. 内部清洗:用氮气冲刷内部,以 0.05 MPa 压力和不低于 10 L/min 流量冲刷分离器内部。

c. 将气液分离器按车号栓标牌并涂打探伤标记送钢结构车间对焊口进行探伤,检查探伤后送回的气液分离器有无探伤标记及探伤记录,无探伤标记的报废处理,探伤不合格修复或报废。

图 4-56　检查压力表

图 4-57　清洗探伤

③压力试验(图 4-58)

将气液分离器入管口焊接带压力表的工艺管,出管口焊接截止工艺管,从入管口工艺管向汽液分离器内充注 2.0 MPa 氮气,保压 10 min,压力无变化为合格。

④气密性试验及焊修(图 4-59)

将保压试验中的分离器浸入水中进行气密性试验,保持 20 min。无泄漏气泡为合格,不合格者焊修或更换新品。需要注意:气液分离器缸体不许焊修。

图 4-58　压力试验

图 4-59　气密性试验及焊修

⑤涂漆并涂打检修标记(图 4-60)

a. 涂刷防锈漆及二道黑色醇酸磁漆。漆膜厚薄均匀、无流坠,表面光洁。

b. 漆膜干后,在圆周喷漆涂打检修标记。

⑥内部干燥(图 4-61)

将工艺管从气液分离器焊下,将分离器置于干燥箱内。干燥箱温度为 110～120 ℃,干燥 4～6 h。

图 4-60　涂漆并涂打检修标记

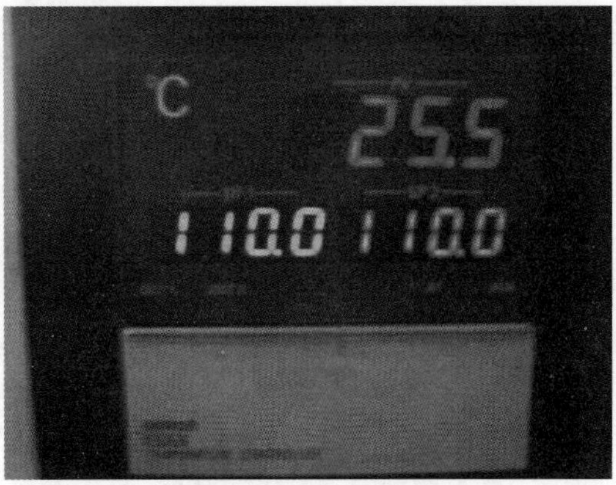

图 4-61　内部干燥

⑦密封(图 4-62)

将出入管口用胶塞或胶布密封,粘贴检修标记,送到指定位置存放。

图 4-62　密封

⑧工作后整理

a. 工作者依据工艺规程、作业指导书对施工中各环节的质量进行自检。

b. 工长依据中间工序质量控制程序卡中的各控制点进行互检。

c. 检查后，对送往下道工序的配件填好配件交接单。

d. 整理好工装、工具，将工具放到指定位置。清理干净工作场地，做到活完地光。

6. 截止阀

截止阀安装在制冷设备和管道上，用以接通和切断制冷剂通道。截止阀分为直通式和直角式两种，如图 4-63 所示。将阀杆逆时针退足，A、B 两通道连通；将阀杆顺时针进足，A、B 两通道被切断。

制冷压缩机截止阀有三种状态：如图 4-64(a)所示，阀杆逆时针退足，压缩机与制冷管路接通，即截止阀开位；如图 4-64(b)所示，阀杆调到中间位置，压缩机、系统通路及多用通道互图相连通，截止阀处于"三通"位置；如图 4-64(c)所示，阀杆顺时针进足，压缩机与多用通道接通，即截止阀关位。当使用多用通道时，先将阀杆逆时针退足，将多用通道关闭，接入工作管后再行操作。若多用通道不经常使用，则可用六角螺塞将其堵塞。

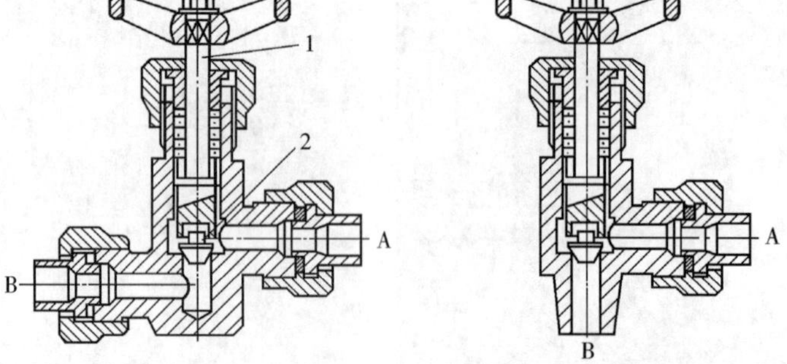

(a) 直通截止阀　　(b) 直角截止阀

图 4-63　截止阀

1—阀杆；2—阀芯

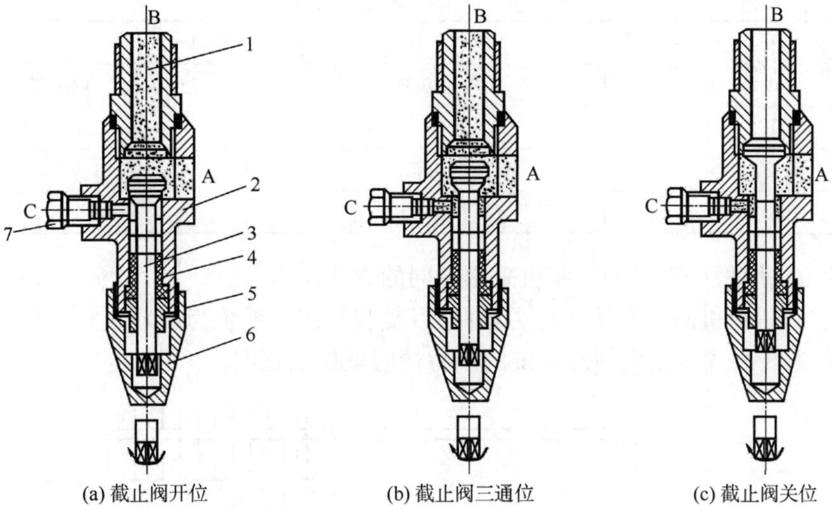

图 4-64　压缩机截止阀

1—管路接头；2—阀体；3—阀杆；4—填料；5—填料压紧螺钉；6—帽盖；7—螺塞

A—与压缩机连接法兰口；B—与管路连接接头；C—多用通道

典型工作任务5　制冷装置的检漏及气密性试验

4.5.1　任务目标

掌握制冷装置的检漏及气密性试验方法。

4.5.2　相关配套知识

制冷设备和管路，经过空运转、空气负荷试车和系统排污后，将各设备和管路连接并封闭成一个制冷系统后，对整个系统进行气密性试验（简称检漏）。通过气密性试验及时发现系统漏泄点并及时予以处理。检漏的形式有压力检漏和真空检漏，并用肥皂水或浸水法、卤素检漏灯和卤素检漏仪等来检测漏泄点。对于新安装好的制冷装置或经过大修的制冷设备，一般都要通过上述方法检漏，特别是压力检漏，检漏合格后，方可进行下一步的工作。

1. 压力检漏

压力检漏是将具有一定压力的空气或氮气充入制冷系统，使设备和管道受压，以检查安装后的接头、焊缝、管材和设备是否严密。

压力检漏所用的气源，对于氨制冷机组通常采用压缩空气；对于氟利昂制冷系统一般采用工业氮气。氮气具有价廉、无腐蚀、无水分、不燃不爆等优点，广泛地作为氟利昂制冷系统的试压气源。用钢瓶装的压缩氮气，装满瓶时其压力高达 14 710 kPa，使用时应根据操作规程的要求，在钢瓶出口处加装带压力表的减压阀，以控制试漏时的充气压力。

由于不同的制冷剂在制冷系统中的工作压力不同，检漏时，试漏压力要求不同，应根据系统所使用的制冷剂，确定其试漏时的充气压力。一般规定如表 4-6 所示。

表 4-6　压力检漏充气压力值

制冷剂名称	充气压力值(Pa)	
	高压侧	低压侧
NH_3	1.76×10^6	1.17×10^6
R12	1.6×10^6	1.0×10^6
R22	2.45×10^6	1.69×10^6

试压的方法应根据不同的压缩机采用不同的方法。

(1)开启式压缩机制冷系统的压力检漏(以氟利昂制冷系统为例)

图 4-65 为开启式压缩机制冷系统的压力检漏操作示意图。

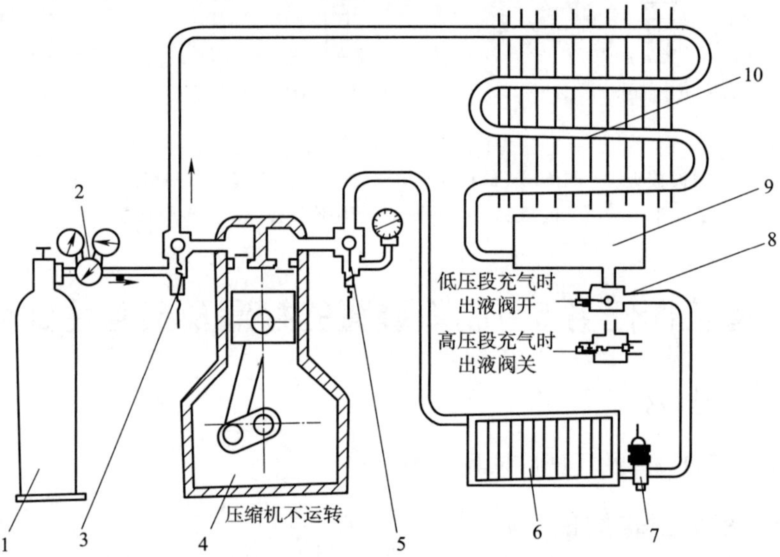

图 4-65　开启式压缩机制冷系统压力检漏

1—氮气瓶;2—减压阀;3—排气截止阀;4—压缩机;5—吸气截止阀;
6—蒸发器;7—膨胀阀;8—出液阀;9—储液器;10—冷凝器

①将制冷系统中连通大气的阀门关闭,其他阀门全部打开(如有电磁阀,应通电令其打开)。用铜管或耐压胶管将氮气瓶与压缩机排气截止阀“多用通道”孔锥牙接头接起来,转动阀杆,使“多用通道”与截止阀处于全开状态。

②旋开氮气钢瓶上的阀门,此时钢瓶上的高压压力表将指示出钢瓶内氮气的压力值。按顺时针方向慢慢旋动减压阀阀杆,另一只压力表指示出减压后的压力,此压力随减压阀开度的增大而增大,直到压力表指示值达到表 4-6 所规定低压侧压力值后,即停止转动减压阀阀杆,等系统内充足氮气后,关掉储液器出液阀。再开大减压阀,使储液器出液阀前的高压侧升到规定值,稍等 10～20 s 就停止充气,关闭减压阀及压缩机排气截止阀上的多用通道保压。但应注意:若排气阀片有严重渗漏,则高压侧压力不能充到规定值。为此,可在吸气截止阀多用通道处装一只量程为 1.6×10^6 Pa 的压力表,检查低压侧压力升高的状况,及时发现排气阀片的渗漏。

③拆下排气截止阀上的充气管，将锥形螺塞旋上拧紧。顺时针转动排气截止阀阀杆，将排气截止阀关闭，以防高压侧氮气向低压侧流动。

④将肥皂液涂在接头的缝隙与焊缝处。每涂一处，仔细观察有无气泡出现，有气泡出现，则该处有漏泄。查出漏泄点应做好标记，若在接头处发现泄漏，应设法旋紧后再次检漏，待全部检漏完毕后，再进行补漏。

⑤补漏：补漏时应将系统内氮气全部放空，经过补焊、接头更换垫片或重新扩制喇叭口后再次进行充气检漏，直至系统内不漏为止。

⑥保压：为避免微小渗漏处被漏检，当检漏完毕时，不要将系统内氮气放掉，记下压力值并保压，经 24～48 h 后，观察压力有无变化。一般由于环境温度变化而压力下降 1.0×10^4～3.0×10^4 Pa 时，则属正常。压力明显下降，应查明原因或复检。

⑦用分段检查法查找泄漏点：对于辅助阀或设备较多的系统，若检漏过程中发现压力显著下降，但原因不好查，可采用分段检查法，即关闭所有阀门，切断各管路间的相互连通关系。保压过 7～8 h 后，从高压侧压力表查起，逐次旋开各阀门，每打开一个，观察压力表读数。若打开某一阀门后，压力值明显下降，则说明该阀后的一段管路处很可能有泄漏点，应重点检查。如有必要，可拆下这一段的部件，进行单独充气保压，并浸入水池里检漏。

有时，也可在制冷系统中充注少量氟利昂蒸气，再充入规定压力的氮气，用校漏灯校漏。

(2)单元式空调装置制冷系统的压力检漏

由于单元式空调装置的制冷系统一般都采用全封闭式压缩机和毛细管节流，在制冷系统中没有任何阀门。因此要对系统进行压力检漏可先在压缩机的灌气口接一只修理阀，进行充氮保压试验，并进行泄漏检查。

在充入氮气之前先注入少量的制冷剂，通过修理阀入口注入干燥的氮气，对于 R12 的制冷系统，充注压力为 10^6 Pa；对于 R22 的制冷系统，充注压力为 1.5×10^6 Pa。充注完毕后进行 24 h 保压试验。在试验中，前 6 h 的压力降不应超过 2%，其余 18 h 应能保持压力稳定(环境温度变化造成的影响除外)。

对于其他家用空调制冷机组也可依此办法进行压力检漏。

2. 真空检漏

(1)真空检漏一般是在压力检漏合格后，将制冷系统内的压力空气或氮气泄压，再进行真空检漏。其目的是：①进一步检查制冷系统在低压状态下的密封性能，特别是在真空状态下的密封性能，防止设备和管路有单向漏气的缺陷，防止外界空气的不断渗入。②通过真空检漏将系统内的空气或氮气抽尽。由于空气或氮气在常温下属于不凝结气体，在系统工作时，它们将在冷凝器中占据一定的容积，减少了冷凝器的传热面积，降低传热效率，使冷凝压力增高，而影响制冷效果。③通过真空检漏排除系统内的水分，使水分在低压下蒸发，达到干燥之目的。④为充注制冷剂作准备。

(2)进行真空检漏的方法主要有利用单独的真空泵进行真空检漏和用制冷系统本身的压缩机进行真空检漏两种。对于大的制冷系统为了节省真空检漏的时间，也可用压缩机和真空泵交叉进行，即先用制冷系统的压缩机将系统内大量空气抽去，再用真空泵把残余的空气进一步抽出。

①利用系统本身压缩机抽真空，如图 4-66 所示。其操作步骤如下：

a. 关闭压缩机的排气截止阀，旋下“多用通道”的螺塞，装上锥牙接头和排气管，少开吸气截止阀，并在吸气截止阀的旁通孔装低压表(真空压力表)。用手转动压缩机的飞轮或按下电源开关起动压缩机，开后即关，借此判断压缩机转向是否正确。判断压缩机排气管是否有气流喷出，若有气流声，可再重复检查一次，若无气流声，应查明原因。

b. 将压力控制器低压接点短接，使之保持常通状态，以免在抽真空过程中，触点动作起保护，而影响机组的抽真空。

c. 起动压缩机抽气，直至排气管听不到喷气声时，将吸气截止阀开大，并将排气管口浸入冷冻机油油杯中，观察管口的冒气情况。

d. 在抽真空过程中，若在 5 min 内无气泡冒出，即可认为系统内的气体已基本抽完，且系统无渗漏。此时，可拆下排气管，用手指按住排气截止阀“多用通道”孔接口，或拆下锥牙接头，旋上螺塞并扳紧，将排气截止阀杆反旋退足(关闭“多用通道”)，然后停机。抽气，工作基本结束。

e. 若有连续或间断的气泡冒出，说明系统内有剩余气体未抽净或有渗漏现象，此时可继续运行 1～2 h，通过磨合，排除轴封摩擦面不密合而出现的渗漏。若冒气泡依然出现，可采取分段抽空，检查每一段的密封性。先关闭压缩机的吸气截止阀，若几分钟内不冒气泡，说明渗漏不在压缩机内；将吸气阀重新打开，关闭储液器出液阀，观察冒气泡情况，这样分段检查下去，直到发现渗漏点。对有怀疑部位的接头顶紧程度以及焊缝可能有孔隙处应重点检查，必须将渗漏点找出补好，方可再继续抽真空。

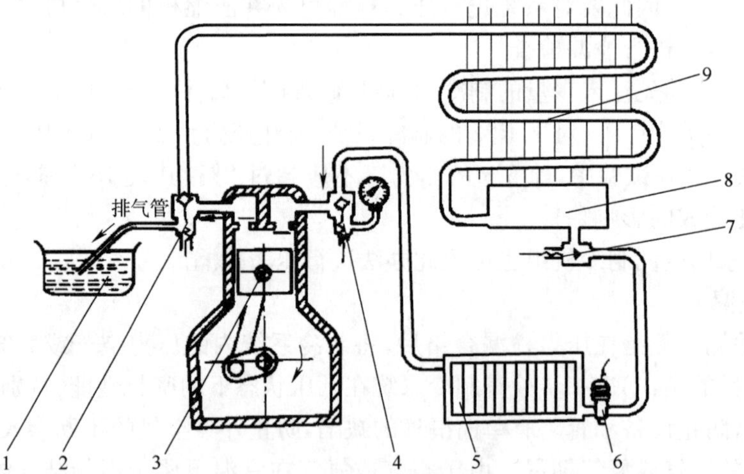

图 4-66　开启式压缩机制冷系统抽真空操作图

1—油杯；2—排气截止阀；3—压缩机；4—吸气截止阀；5—蒸发器；
6—膨胀阀；7—出液阀；8—储液器；9—冷凝器

②对于较大型的压缩机或半封闭式压缩机所构成的制冷系统，一般不宜用自身的压缩机来抽真空，可用真空泵来抽真空。只要将真空泵的吸气口与排气截止阀的“多用通道”孔相接即可。抽真空结束时，应先将排气截止阀“多用通道”孔关闭，然后再停真空泵。

③由全封闭式压缩机所组成的制冷系统必须用真空泵进行真检漏。其抽真空的操作如图 4-67 所示。

a. 将带压力真空表的修理阀 5 分别与真空泵 4，压缩机 1 的灌气管连接起来。

b. 打开修理阀 5，开启真空泵 4，观察压力真空表读书是否向零刻度以下方向移动，若不移动，表明系统有泄漏，应及时处理。

c. 当真空压力表指针达到或接近 -10^5 Pa 时，关闭修理阀 5，然后停止真空泵 4 运转，抽真空完毕。

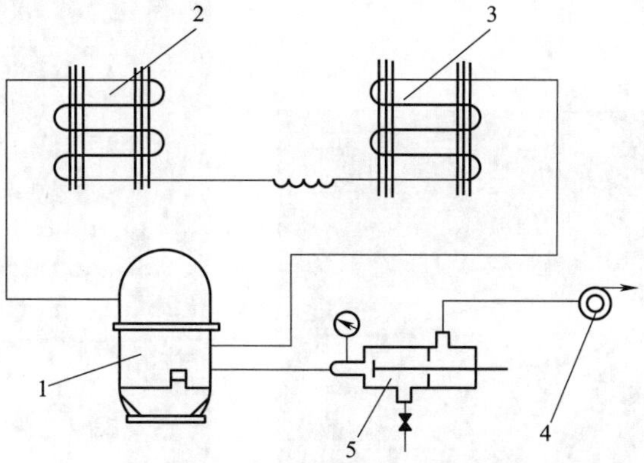

图 4-67　全封闭制冷系统真空泵安装

1—压缩机；2—冷凝器；3—蒸发器；4—真空泵；5—修理阀

制冷系统一次抽真空到规定的真空度时，所需时间较长，特别是灌气口在低压侧时，由于毛细管的节流作用，使高压侧真空度难以达到要求。这时，可采用两次抽真空法，即在第一次将系统抽真空后，注入少量制冷剂，使压力真空表恢复到零位，然后再一次抽真空（真空压力表指针指到 -10^5 Pa）。这样可在短时间内得到较高真空度。这是由于第一次抽真空后充入适量 R22 气体，使高压部分空气被 R22 冲淡，剩余气体中的空气比例减少。

(3)真空检漏时对真空度的要求，一般可根据厂、段修修程规定执行。对于无明确规定的机组，可将当地当天的大气压力乘上 0.96 系数，即为所要抽的真空度，在此真空度下，稳压 18 h，若真空度稳定不变，即为合格。

(4)真空检漏操作时，应注意以下事项：

①在抽真空时，各阀门的阀帽应盖上旋紧，以防阀杆填料渗漏。

②真空检漏应尽可能用真空泵来完成，特别是全封闭或半封闭压缩机的制冷系统，必须要用真空泵进行真空检漏。

③在用真空泵抽真空的系统管道中，最好设干燥器，以便吸出抽真空时系统内空气中的水分和有害气体，保证泵内油质完好。

对于采用压力润滑的压缩机在抽真空时，应注意它的油压大小，其油压和吸气压力的差值应不低于 26.7 kPa，若系统装有油压继电器，应将其接点暂时保持常通状态，以免再利用系统压缩机进行抽真空时，因油压继电器处在低于控制压差的情况下而动作。

抽真空时，最好把系统周围造成高温环境，有利于系统中的水分全部蒸发，随空气一起排出机外。

3. 空调机组抽真空试验作业

(1)工作前准备(图 4-68)

将制冷剂回收充注机推入机组流水现台位，准备进行制冷系统抽真空。

(2)制冷系统抽真空

①放掉制冷系统保压试验中氮气，将真空泵(充氟机)高压、低压管路同时与压力表连接，如图 4-69 所示 。

图 4-68　工作前准备

图 4-69　制冷系统抽真空Ⅰ

②确保蓝色高、低压软管连接到空调制冷系统上，且控制面板上高、低压阀都是打开的，如图 4-70 所示 。

图 4-70　制冷系统抽真空Ⅱ

③打开冲氟机电源，按 SHIFT/RESET 键，触发显示屏显示出“PROGRAM VACUUM MINUTES 15.00”。15 min 设备所默认的抽真空时间，若要改变时间，就直接按相应的数字键，显示出所要的时间，然后按 ENTER 键。(KLD29 空调机组设定抽真值为 30 min，KLD40 空调机组设定时间为 40 min，按键盘相应的数字键，到所要的时间显示在显示屏上。

然后按 ENTER 键)。

④按下 VACUUM 键,开始抽真空,此时显示屏上的数值将递减,显示所剩时间。

注:如果显示屏上有"U-HI"出现,此时必须进行压力排放(氟利昂回收),使空调系统压力降下来,才能继续进行抽真空。

⑤当设定的时间递减到 0,真空泵会自动停止。显示屏会显示"CPL"信息。冲氟机高,低压压力表达到绝对真空 0 MPa(图 4-71)表示抽真空完成。

⑥系统抽真空至绝对压力 75 kPa 以下时,保持 5 min 无变化。

注意:真空泵(充氟机)每累计运行 10 h,必须进行更换真空泵油。

(3)工作后整理

①关闭高、低压阀,拆下连接到空调制冷系统上的红、绿色高、低压软管。

②填写"抽真空试验记录"。

③准备进行制冷系统氟利昂充注。

4. 空调机组整体保压试验

(1)工作前准备(图 4-72)

①检查确认氮气瓶及高低压表是否超期。

②高压带是否安全可靠。

图 4-71 制冷系统抽真空Ⅲ

图 4-72 工作前准备

(2)保压

①用紫铜管将氮气瓶与制冷系统高压段工艺管连接,如图 4-73 所示。

②先拧开系统工艺管上的压力表阀门,再用扳手打开氮气瓶阀向系统充氮,当真空压力表指针达到 2.0 MPa 时,关闭表阀和氮气瓶阀,如图 4-74 所示。

注:保证压力表数值稳定,保压 24 h,在最初 6 h 内查看压力表,其压力变化不大于 0.029 MPa,后 18 h 除周围环境等原因引起的误差外,压力无明显变化合格。

③保压操作过程结束后,用电子检漏仪对管路系统各连接处进行检测,如有报警声则证明有泄漏,做好标记,以便补焊,如图 4-75 所示。

注意:补焊时,不要带压焊接,补焊后要重新保压,重复以上过程直至试压合格。

图 4-73　保压Ⅰ

图 4-74　保压Ⅱ

图 4-75　保压Ⅲ

(3)工作后整理

①将各种用具放回指定位置,清理工作现场。

②认真填写记录,做好下一步工序准备。

典型工作任务 6　制冷系统中制冷剂的充注与回收

4.6.1　任务目标

掌握制冷装置的制冷剂的充注与回收方法。

4.6.2　相关配套知识

制冷系统安装完毕,经过压力检漏和真空检漏合格后,可向系统充注制冷剂。充注制冷剂是一项细致而重要的工作,为避免返工和不必要的麻烦,有必要在充注前对系统各部分再进行一次检查并做好各项准备工作。

1. 充注制冷剂前的准备工作

充注制冷剂前应做好以下准备工作:

(1)熟悉制冷剂系统的流程,检查系统各阀门的开关情况,以免在工作中发生误操作。

(2)准备好充注制冷剂的用具和工具,如加液软管、磅秤、钢瓶支架等。

(3)准备好试漏用的各种工具,如肥皂水、检漏灯和电子检漏仪,并进行必要的校准。同时应打开门窗,保证空气流通,以防止误判。

(4)按工艺要求,接好所有接头。记下钢瓶的重量,对系统应充注的制冷剂重量的多少,要做到心中有数。

2. 系统充注制冷剂的方法及步骤

全封闭压缩机制冷系统对充入的制冷剂数量要求十分严格,特别是一些家用空调器和电冰箱中,充入的量较少,要求更为严格;注入量过多或过少,都会对机组的制冷性能造成严重影响。因此,操作中注意力应集中,随时观察磅秤的读数,严格按机组铭牌规定掌握充入量,有条件时,最好使用制冷剂量充入器进行灌注。

(1)按图4-76所示,将氟利昂钢瓶倾斜倒放在磅秤上,称出钢瓶重量,并做好记录,充注过程要随时观察充入数量。

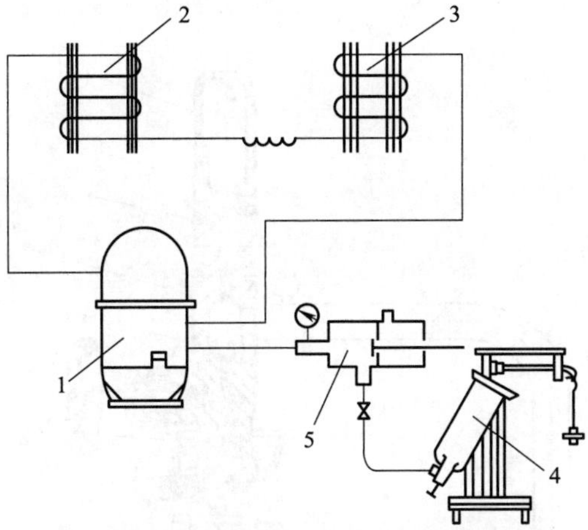

图4-76　全封闭压缩机制冷系统充注制冷剂

1—压缩机;2—冷凝器;3—蒸发器;4—氟利昂钢瓶;5—修理阀

(2)在压缩机的灌气口接修理阀,修理阀与氟利昂钢瓶间用铜管连接。拧开氟利昂钢瓶的止阀,旋松铜管与修理阀接头,排出铜管内空气,立即重新旋紧。

(3)稍开启修理阀,起动压缩机,让制冷剂慢慢进入制冷系统,当充入量接近规定值时,关闭氟利昂钢瓶的止阀和修理阀。

(4)制冷剂充注完毕,应让压缩机继续运转10～15 min,观察机组的运转和压力变化情况,必要时,可调整注入量。

(5)制冷剂充注量达到要求后,拆掉氟利昂钢瓶,用封口钳夹扁灌气管,用焊锡封口,在封口处应检漏。

充注制冷剂时的注意事项:

(1)充注时,应注意安全。严禁吸烟或从事电焊、气焊等作业;加液导管最好采用铜管牢固连接。随时注意系统内压力。

(2)要防止大量制冷剂液体进入系统，应使制冷剂缓慢地多次进入。控制办法可通过压缩机间隙开停或调节修理阀的开度。

(3)在充注时，如发现系统内混入空气，应及时将系统内制冷剂全部放掉，重新进行充注。

3. 充注制冷剂后的检漏

为了保证制冷系统的密封性，防止制冷剂的泄漏，在充注制冷剂后，还要对系统进行检漏。恩此时，一般用卤素检漏灯、电子检漏仪和肥皂水对各个接头、焊口进行检漏，合格后，方可交付使用。

(1)卤素检漏灯进行检漏

卤素检漏灯结构如图 4-77 所示。卤素灯是以乙醇或甲醇(也有用液化石油气)作燃料的喷灯。检漏时，若有氟利昂蒸气泄漏，泄漏气体与喷灯火焰接触，就会分解成氟、氯元素的气体，其中的氯气与灯内烧红的铜皮帽接触，便化合成氯化铜($Cu+Cl_2 \rightarrow CuCl_2$)火焰的颜色就会按泄漏量的多少，变蔚蓝色或绿色。可以根据火焰的颜色来判断该处是否有些漏以及泄漏量的大小。

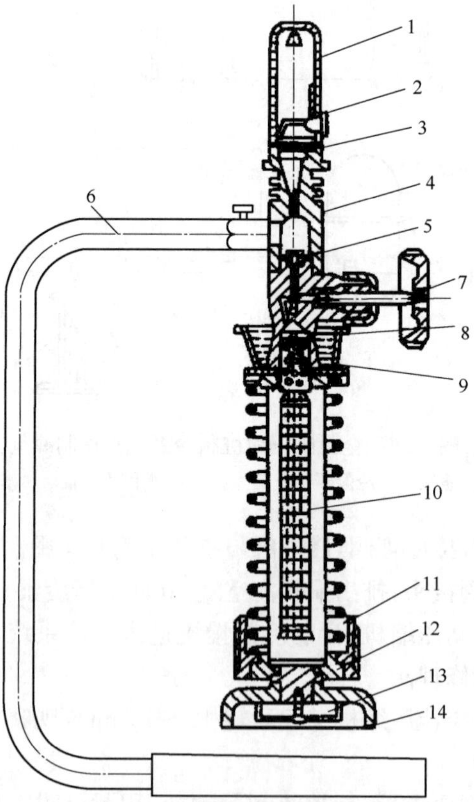

图 4-77 卤素检漏灯结构图

1— 燃烧口；2—火焰套；3—滤网；4—灯体；5—喷嘴；6—吸气软管；7—阀针；8—滤网；9—酒精盒；10—灯芯；11—胶木座；12—垫片；13—空腔；14—底盖

使用时，先将底盖拧下，加入乙醇，注入量为铜内容积的 1/2～3/4 即可，将底盖拧紧，把灯竖放在地上，向酒精盒内注入少量乙醇，点燃后加热灯体和喷嘴，待盒内乙醇快烧完时，微开阀杆，让铜内乙醇蒸气从喷嘴喷出并燃烧，喷嘴上方有一旁通孔与大气相通，由于喷嘴的高速喷射，使喷嘴附近形成一个低压区，空气经旁通孔被吸入，吸气口装一段橡皮软管，将软管口靠近被检的焊缝或接头处，就可检查氟利昂气体的漏泄。若有漏泄，吸入的空气经燃烧，火焰就会发出绿色或蓝色的亮光。火焰颜色的深浅则反映了泄漏量的多少，一般规律是：泄漏由小到大，火焰颜色依次为微绿色、淡绿色、绿紫色。

氟利昂燃烧所产生的光气有毒，若火焰呈绿色或亮蓝色时，说明此时有较多氟利昂泄漏，就不要再检漏了，以免中毒。可改用肥皂水作进一步检漏。

当两个漏缝位置相近时，用卤素灯也很难鉴别出正确的泄漏位置，此时也可用肥皂水做进一步检查。

卤素灯在空气中正常燃烧时，火焰呈红色。有时也会出现绿色的火焰，这是由于火焰中有氯化铜分子(可能是氯化的铜粉脱落下来所致)，遇到这种情况，应再烧一段时间，待火焰呈红色后，再开始检漏。

卤素灯在使用时应注意防火，禁止横倒使用。为了防止喷嘴被堵，卤素灯所用的乙醇或甲醇应是试剂纯级。若发现喷嘴阻塞不畅通，应先熄火，再用通针通一下。火焰小则检漏的灵敏度较高，火焰的大小可由调节阀来调节。在氟利昂泄漏处被测出后，火焰的反映将持续一段时间，因此，应等一段时间后再测其他地方。

(2)电子检漏仪检漏

微量的氟利昂泄漏，很难用卤素灯查找出来，此时可用电子检漏仪查找。电子检漏仪是利用气体电离后的电场变化，经电子放大器放大后来检查氟利昂泄漏的仪器。

电子检漏仪的基本原理如图4-78所示。在电离管内有一个白金套铜，它的外白金铜接阴极，内白金铜接阳极，内铜中有加热丝。

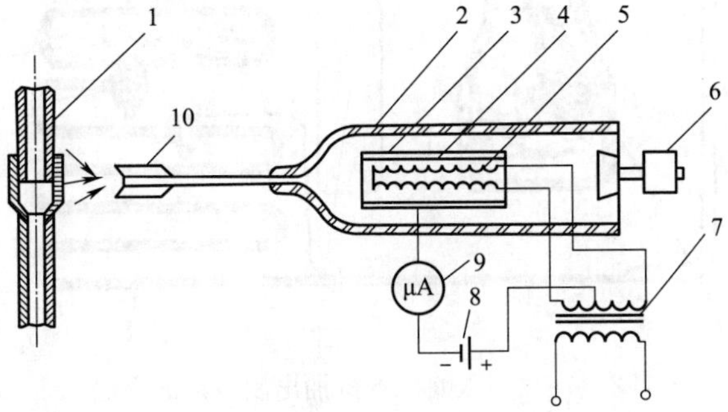

图4-78　电子检漏仪原理

1—制冷剂管道；2—电离管；3—外白金筒；4—内白金筒；5—加热丝；
6—风扇；7—调压器；8—直流电源；9—电流表；10—电离管吸口

电子检漏仪的结构基本原理是：加热丝将内白金铜加热到800 ℃左右，在两极上通直流高压电，管子内有风扇来吸取被检气体。当管道有氟利昂气体泄漏时，即被电离管吸口吸进，在高压电场作用下，气体被电离形成离子流，使串联在高压线路内的电流表的指示值发生变化，据此即可判断泄漏位置。目前生产的产品都将电离电流经晶体管放大器放大后，从电流表读数或声响大小上表示出来。

电子检漏仪灵敏度高，可检出年泄漏量为 0.3 g 的泄漏点。因此在使用中应先校出标准值。要求室内通风良好，以免发生误检。由于氟利昂气体的扩散作用，用电子检漏仪只能找出漏泄部位的大概位置，最后还需用涂肥皂水的方法来确定具体的漏点。

4. 制冷剂的回收

当制冷系统需要分解、焊修、更换部分设备(如储液器、冷凝器)或装置长期停用时，应将系统中的制冷剂抽取到专用钢瓶中存放，以减少环境的污染。待检修部位进行试压和抽真空，排除其中的空气和水分后，再重新灌注制冷剂。

对于氟利昂制冷系统，从系统中抽取制冷药剂的方法有两种：小型开启式制冷机组(压缩机缸径 70 mm 以下)可用自身压缩机抽取制冷剂；若压缩机因本身故障不能使用或机组为全封闭或半封闭压缩机及容量较大的制冷系统，则需用另一台开启式压缩机来抽取制冷剂。这是由于全封闭或半封闭压缩机的电机绕组是用制冷剂来冷却的，在制冷剂被逐渐抽空的情况下，电机长时间运转，极易发热以致烧毁；容量较大的制冷系统中注入的制冷剂量大，用自身压缩机抽取制冷剂耗时长，易发生危险。下面分别介绍两种抽取制冷剂的方法。

(1)小型开启式压缩机抽取制冷剂的操作步骤

①管路连接如图 4-79 所示。将压缩机排气截止阀逆时针退足，以关闭“多用通道”。用连接铜管将“多用通道”孔与备用钢瓶连接并拧紧接扣。

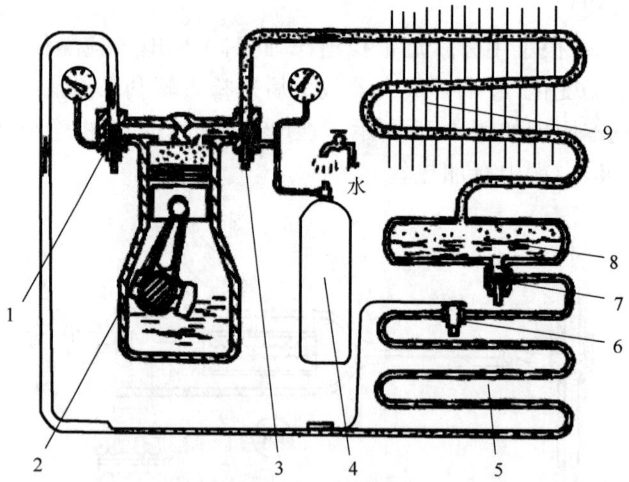

图 4-79 用压缩机本机抽出制冷剂的方法

1—吸气截止阀；2—压缩机；3—排气截止阀；4—备用钢瓶；5—蒸发器；6—膨胀阀；7—出液阀；8—储液器；9—冷凝器

②顺时针转动排气截止阀的阀杆，稍开即关，再将钢瓶一端接扣拧松片刻，再拧紧。用系统放出的制冷剂将管内空气排出。

③旋开钢瓶的止阀，准备好冷却钢瓶的冷水或将钢瓶浸入水中，以便使制冷剂凝结成液体，加快抽取速度。

④起动压缩机，将吸气截止阀关小，关闭排气截止阀与冷凝器的通路，将过热蒸气排入钢瓶中。连续用冷水冷却钢瓶，注意排气压力应不超过 1.5×10^{6} Pa(表压)。

⑤当排气压力逐渐下降或手摸排气管不太烫时，可逐渐开大吸气截止阀，将系统内制冷剂抽取干净。

⑥压缩机连续运转相时间后，吸气压力表的压力逐渐下降，当压力表指针为零(表压)或更低时，制冷系统中的制冷剂已抽空，此时可停机，并立即关闭钢瓶止阀。

⑦稍等几分钟，观察吸气压力表指针回升情况。若停机后，压力升至零位以上，就要重新打开钢瓶止阀，并起动压缩机继续抽取制冷剂；若压力不回升，说明系统内已没有液态制冷剂。至此，可逆时针退足排气截止阀，关闭其“多用通道”。

⑧在抽取过程中，应事先了解备用钢瓶的容量和允许灌注量。应将钢瓶放在磅秤上，及时控制其灌注量，以免发生意外。

对于装有低压控制器等保护设施的制冷装置，在操作前应预先将其触点短接，以免因吸气压力的下降，使保护装置动作而造成压缩机的停机。

(2)从出液阀排出制冷剂并用另一台小型压缩机抽出制冷剂的操作步骤。

从容量较大的制冷系统中抽取制冷剂的管路连接，如图4-80所示。容量较大的制冷系统，如果用本身压缩机抽取制冷剂，容易发生危险，通常采用另一台小型压缩机来彻底抽尽较为安全。

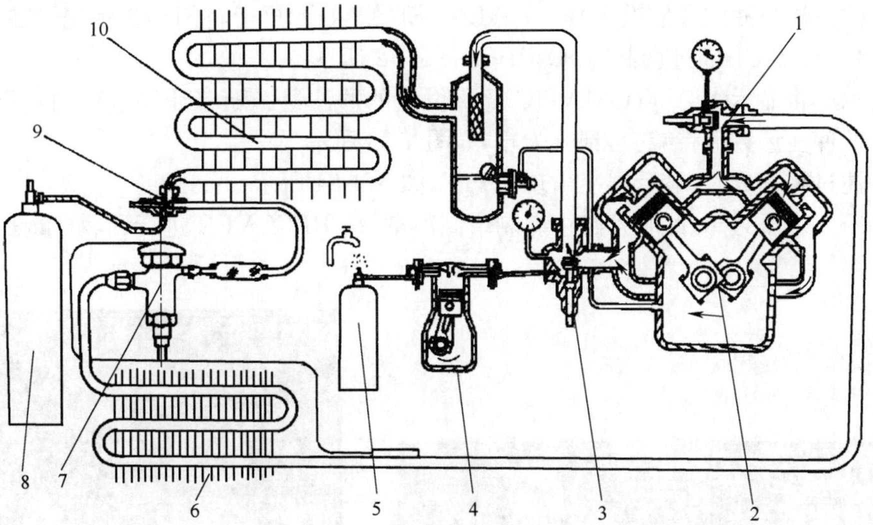

图4-80　从出液阀排出制冷剂及用另一台压缩机抽出制冷剂

1—吸气截止阀；2—系统压缩机；3—排气截止阀；4—抽制冷剂的压缩机

5—钢瓶1；6—蒸发器；7—膨胀阀；8—钢瓶2；9—出液阀；10—分油器

①先从储液器或冷凝器出液阀上的多用通道孔上接连接铜管并与备用钢瓶相接。连接铜管应排空气。

②开启备用钢瓶的阀门，然后起动系统本身的压缩机，让制冷剂液体直接排入备用钢瓶，当系统的吸气压力低于零(表压)时，可以停机，并关闭钢瓶止阀及多用通道孔，卸下连接铜管。

③系统中所剩的少量制冷剂由所连接的另一台小型压缩机抽取；原系统的压缩机不宜运转，以免发生危险。其操作方法同上。

5. 制冷药剂的添加

制冷系统若有制冷剂的泄漏或因拆修、操作(如换油、放空气、更换部件)不慎造成制冷药剂的漏泄,在运转中,就会出现压缩机吸入压力和冷凝压力降低,膨胀阀出现气流声响,制冷能力下降及蒸发温度升高,这就需要添加制冷剂。在添加前,应先对制冷系统进行检漏和补漏,确认系统无漏泄后,再添加制冷剂。添加制冷剂是从低压段进行加入制冷剂蒸气,具体方法和步骤可参考本节前述内容。

决定制冷剂的添加量是比较困难的,一般经验是根据压缩机的工作电流是否在额定电流范围之内来判断。当在用于冷冻的制冷系统添加制冷剂时,若白霜结到吸气截止阀的吸气管接口处即认为系统的制冷剂添加量已足够,添加制冷剂的工作可以结束。然后再对系统进行调试运转。

6. 空调机组制冷系统充氟作业

(1)工作前准备(图 4-81)

将制冷剂回收充注机推入机组流水现台位,准备进行制冷系统氟利昂充注。

(2)制冷系统充氟

①打开设备操作面板上的高压阀或低压阀(不能同时进行)。

②注视显示屏,按 SHIFT/RESET 键显示 0.00(根据 KLD29,KLD40 空调机组铭牌所标定的冲注量进行冲注数值设定)然后按 ENTER 键,显示屏上将闪动指示记录在设备内存中的冲注量,再按 CHG 进行制冷剂冲注,如图 4-82 所示 。

③显示屏将显示出 AUTOMATIC 及所设定的冲注量。随着冲注过程的进行,显示屏上所显示的冲注量数值将减少,到 0 为止,如图 4-83 所示 。

④冲注过程完成时,显示屏上出现“CPL”,如图 4-84 所示 。

关闭压力表压力阀,此时管路中有剩余制冷剂,按 RECOVER 进行回收(重复进行二位冲注)。

图 4-81　工作前准备

图 4-82　制冷系统充氟 I

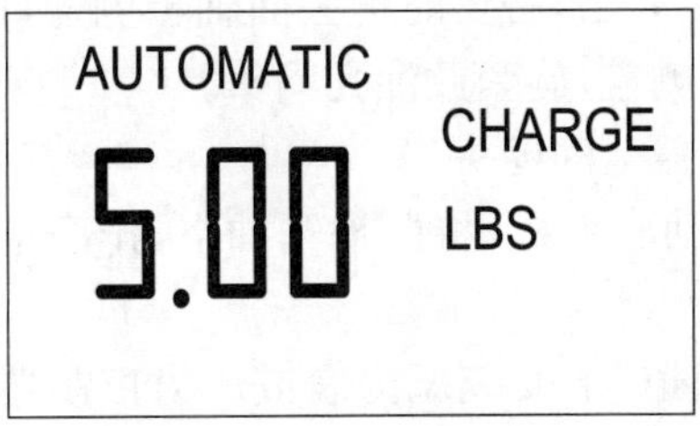

图 4-83 制冷系统充氟Ⅱ

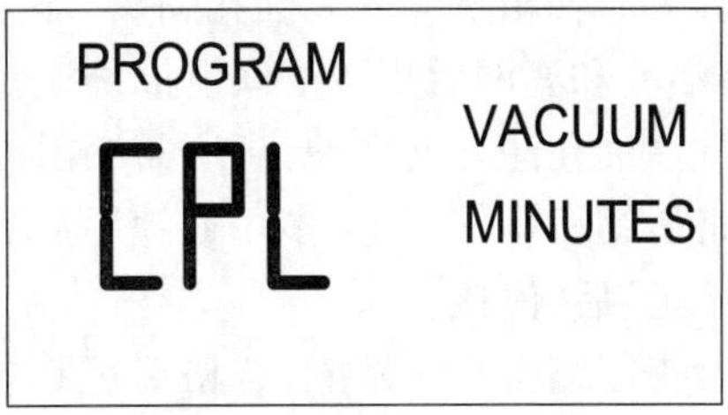

图 4-84 制冷系统充氟Ⅲ

(3)工作后整理(图 4-85)

①关闭高、低压阀,拆下连接到空调制冷系统上的红、绿色高或低压软管。

②关闭主电源。

图 4-85 工作后整理

典型工作任务 7 制冷系统中润滑油的充注与更换

4.7.1 任务目标

掌握制冷系统中润滑油的充注与更换方法。

4.7.2 相关配套知识

制冷系统在运行过程中,压缩机的润滑油在润滑过程中将带出各摩擦部位合运动部件中自然磨损产生的金属粉末,使油变脏。若制冷剂含有水分,进入压缩机后与润滑油混在一起,会使油编制所以压缩机运行一段时间后,必须更换润滑油,特别是新投产的压缩机。

1. 开启式压缩机的换油

开启式压缩机的润滑油一般只在定期检修或拆修压缩机时才予以更换。在特殊情况下,必须要更换时,可按以下步骤进行的。

(1)关闭压缩机吸气阀,将压缩机曲轴箱及低压腔抽空至稍高于零(表压),随即停机,关闭压缩机排气阀。

(2)拆去曲轴箱下部的放油孔闷头，即可把脏油放出，必要时拆去曲轴箱侧盖，用汽油清洗曲轴箱油池和滤网后用清洁润滑油冲洗，再装上侧盖，旋紧放油孔闷头。

(3)从注油孔注入润滑油，到所需润滑油量后，盖上油闷头。

(4)将压缩机排气阀上“多用通道”通大气；起动压缩机，将曲轴箱抽空，排净空气，再关闭“多用通道”后，停机。

(5)检查压缩机真空性能，合格后可在“多用通道”上安装压力表或压力控制器，并开启压缩机吸入、排气阀。至此换油完毕，压缩机可重新开机运转。

2. 压缩机添加润滑油

添加润滑油的方法因压缩机结构不同而异，现介绍四种。

(1)无油泵装置的小型压缩机

例如2F6.5型或2F6.3型压缩机，在曲轴箱靠近后端盖的左上方，有一加油螺塞，添加润滑油的步骤如下：

①关闭吸气截止阀，起动压缩机，将曲轴箱内制冷剂排入冷凝器，注意如发生液击，则应断续停开几次，使压缩机内的压力接近大气压力(即表压略高于零)，关闭排气截止阀，停机。

②旋开加油螺塞，用漏斗灌入洁净的润滑油，油面应到视油镜中线为止，然后旋紧螺塞。

③打开吸、排气截止阀，加油工作结束。

(2)有泵装置、无加油孔的压缩机

例如老系列2F10型和4F10型以及新系列的4FS78型压缩机，均属这一类型，加油方法有以下两种。

①从压缩机吸气截止阀处加油

加油方法如图4-86所示，具体操作步骤如下：

a. 关闭吸气截止阀的“多用通道”，接上一根铜管作加油管，铜管另一端浸入油桶中。

b. 稍稍开启“多用通道”，排除管内空气后，用手指将加油管的口堵住，不要漏气。

c. 打开排气截止阀和“多用通道”口，关闭吸气截止阀，将吸气截止阀上“多用通道”打开，压缩机点动开机，将曲轴箱抽成真空状态后停机，把手指松开，润滑油自动系如曲轴箱，如此反复数次，加足为止。

d. 关闭吸气截止阀的“多用通道”，拆除加油管，堵严“多用通道”口，完成加油工作。

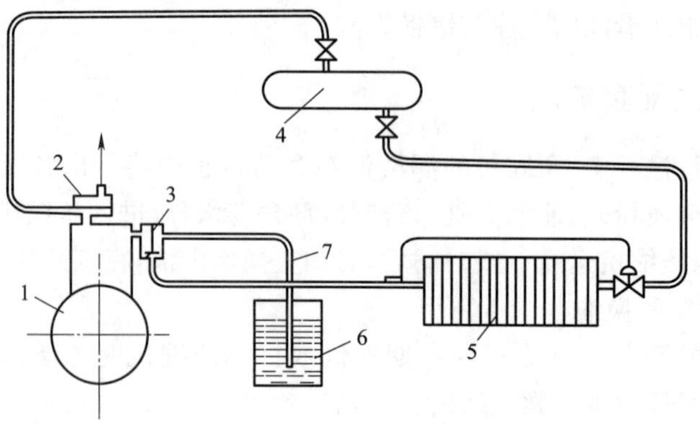

图4-86 从吸气截止阀处添加润滑油

1—压缩机；2—排气截止阀；3—吸气截止阀；4—冷凝器；5—蒸发器；6—油桶；7—加油管

②从油分离器上的回油管处加油

其加油方法如图 4-87 所示，具体操作步骤如下：

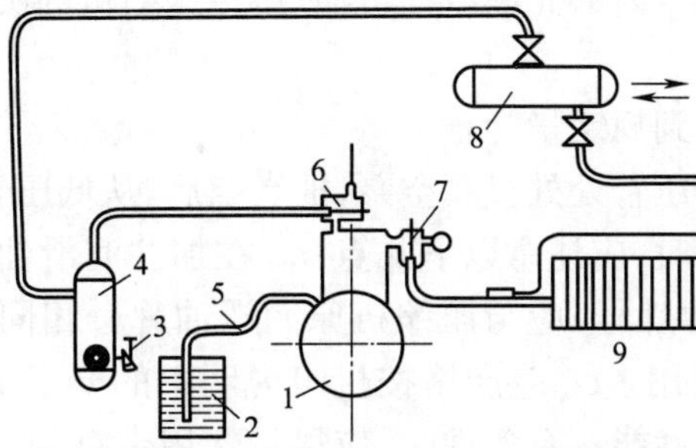

图 4-87　从回油管处添加润滑油

1—压缩机；2—油桶；3—手动回油阀；4—油分离器；5—回油管；
6—排气截止阀；7—吸气截止阀；8—冷凝器；9—蒸发器

a. 开启压缩机排气截止阀，关闭吸气截止阀和手动回油阀，拆下接在手动回油阀上的回油管，用手堵住管口，将管口浸入油桶中。

b. 将压缩机点动开机，待曲轴箱内成为真空状态时，将手放松，润滑油经油管被系如曲轴箱。

c. 当油面达到要求时，将油管复原接好，再开启手动回油阀，压缩机恢复正常使用。

(3)有油泵装置及加油阀的压缩机

例如新系列 6FW7B 型压缩机等，加油方法如图 4-88 所示。

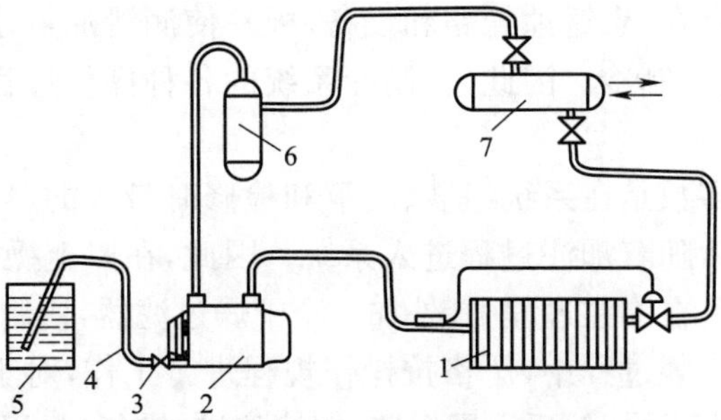

图 4-88　从压缩机加油阀添加润滑油

1—蒸发器；2—压缩机；3—加油阀；4—加油管；5—油桶；6—油分离器；7—冷凝器

①用一根铜管，管内充满润滑油，一端接到加油阀，另一端用手指堵住，浸入油桶内。

②关闭掉压缩机的吸气阀，开启压缩机排气阀和冷凝器的进气阀。

③将压缩机点动开机，当曲轴箱被抽成真空状态时，排气加油阀，润滑油经铜管被系如曲轴箱，灌到刻度线时，关闭加油阀，拆除加油管，结束加油工作。

(4)小型全封闭压缩机

小型全封闭压缩机一般采用往复式和旋转式结构。在压缩机的修理过程中，充满冷冻机油应在压缩机外壳焊接好，并经验漏合格后，方可加注冷冻机油，以免在焊接外壳过程中，压缩机内部空气受热膨胀而爆裂。对于往复式全封闭压缩机可从其工艺管处加注润滑油。

其方法步骤如下：

①将冷冻机油倒入一个清洁而干燥的油桶中，且使油桶略高于压缩机的吸气管位置。

②用一条清洁、干燥的软管，内部充满冷冻机油，接在压缩机的吸气管上，软管上的另一端插入油桶中。

③从吸气管注入冷冻机油到规定量为止。

对于旋转式压缩机可从高压管处处接真空泵，抽真空后，从低压管处将冷冻机油吸入。

对各种压缩机加注润滑油时，应注意以下几点：a. 在加注润滑油操作时，不得将空气混入系统中。b. 新注入的润滑油牌号，应与压缩机原润滑油牌号相同，且质量符合要求。禁止将不同牌号的润滑油混合使用。c. 应严格按机组说明书的要求加注润滑油的牌号和数量。过多或过少都会影响机组性能。有条件时，应尽量使用带有刻度的油桶。d. 在加注过程中，对各截止阀的开关状态应弄清楚。当压缩机排气截止阀关闭，“多用通道”又没有打开时，切勿开机，以免造成意外事故。

典型工作任务8　制冷系统中水分和空气的排除

4.8.1　任务目标

掌握制冷系统中水分和空气的排除方法。

4.8.2　相关配套知识

1. 制冷系统中水分的清除

制冷系统中水分的存在，会锈蚀管路和设备，极易使润滑油氧化变质，严重时会在膨胀阀处形成冰堵，造成系统不制冷。因此，在制冷系统的各种操作过程中，应严格防止水分进入系统内部。

制冷系统内的水分多数是在系统组装、分解和检修时带入的，另外，也会由于制冷剂和润滑油不纯，含水分过多，随着加注过程进入系统。因此，在以上操作中应使用合格的制冷剂和润滑油；有条件的，可在加注过程中，外加一个干燥过滤器，使制冷剂和润滑油先行除去水分和杂质。在分解和组装过程中，严格按操作规程进行工作，对于小型制冷机组，可在组装前先将部件在干燥箱内干燥，然后立即组装，并堵住进、排气口，以免潮气进入系统内。严把抽真空处理这一关，除真空度应达到规定值外，还可在抽真空过程中，对某些易积存水分的部件进行适度加热，以除去水分。

对于系统中的水分，可使用干燥过滤器除去，但应注意及时更换失效的干燥剂。干燥剂失效与否的判别，可通过手摸干燥器外壳。外壳若发冷、凝水或结霜，说明其中的干燥剂吸水已经饱和，制冷剂流过干燥器时，产生部分节流，此时应予更换。

开启式压缩机制冷系统更换干燥药剂得步骤如下：

(1)关闭出液阀，按回收制冷剂的方法，将蒸发器及管路内压力抽空至稍高于零(表压)后停机。

(2)关闭干燥过滤器临近的阀门，拆下干燥过滤器，换上干燥剂，重新装好。

(3)若干燥过滤器与低压管路间有阀门，则可稍开出液阀，排出干燥过滤器内空气后拧紧即可。如无此阀，则开机，将输液管与低压段空气排出，然后停机，将压缩机排气阀的“多用通道”螺母拧紧，打开压缩机排气阀和出液阀，让压缩机运转。

若系统内无干燥器，只有过滤器时，可按以上步骤，将过滤器取下，换上事先准备好的干燥器，经几小时运转吸潮后，重新换上过滤器。

干燥剂一般选用硅胶。在吸潮处理过程中，为了多吸水，干燥剂也可选用无水氯化钙等材料，但使用时间不宜过长，一般为 6～8 h，最长不能超过 24 h，这是由于无水氯化钙吸潮、吸水性强，潮解后变为粉末或糊状，容易流进系统管路，产生堵塞。

2. 制冷系统中空气的排除

空气是不易凝结的气体，即在一般低温下是不会凝结成液体的。如果制冷系统中有不凝性气体存在，会导致冷凝压力升高，并在冷凝器内传热面上形成气体层，增加热阻，使传热系数降低；而且空气与水分伴生，使系统含水量增加；由于系统冷凝压力的升高，使机组的产冷量减小而耗电量增加。

空气进入系统的途径，大部分是由于系统真空试漏不合格或局部更换部件时，未经抽真空处理；也可能是在加注制冷剂或润滑油时，操作不慎带入系统内。

系统内有无空气的检查，可根据排气压力表的摆动情况，再结合压缩机的排气压力与温度来判别。若系统内有空气存在，则排气压力表指针摆动慢，摆幅略大，摆动频率不与活塞运动频率相同，此时，排气压力和排气温度均高于正常值。

开启式压缩机制冷系统排出空气的操作步骤如下：

(1)关闭储液器或冷凝器出液阀。

(2)起动压缩机，将低压段制冷剂全部抽到冷凝器或储液器内。

(3)待低压段抽成稳定的真空后停机，关闭压缩机吸气阀，但冷凝风扇不停。

(4)停机 10～15 min 后，拧松排气阀“多用通道”螺塞，并将排气阀顺旋约半圈，使其成为三通状态，这时会有高压气体从“多用通道”孔逸出，用手挡住排出气流(注意防冻伤)，当油渍增加或排放处很冷，或有白色未气化的制冷剂出现，以及可闻到浓厚的芳香味时，应立即停止排气，说明此时空气已基本放净，应重新将“多用通道”孔螺塞拧紧。

(5)若排气压力表指示值所对应的饱和温度超过冷凝器排风温度很多时，说明系统内空气未放净，应继续放空气。若两者温度比较接近(一般高 2～3 ℃)，则说明空气已基本放净。

(6)全开排气阀，关闭“多用通道”孔，拧紧螺塞，将其余阀置于正常工作位，关掉冷凝器排风扇或停止冷却水供水。排放空气工作可告结束。

在进行系统排放空气工作之前，应认真检查低压段是否有些泄漏存在，在消除泄漏后，再进行排空处理。

复习思考题

1. 试分析蒸发、冷凝温度的变化对制冷机性能的影响?
2. 叙述 JH514YZ 型压缩机的工作过程。
3. 滚动转子式压缩机有何特点?
4. 涡旋式压缩机有何特点?

5. 冷凝器和蒸发器有什么作用？各有哪些类型？影响其换热的因素有哪些？

6. 储液器的作用是什么？在什么样的空调制冷装置中安装储液器？安装在系统的什么位置？

7. 膨胀阀有哪些类型？热力膨胀阀的作用是什么？它安装在什么样的空调制冷装置中？

8. 说明热力膨胀阀的工作原理；简述热电膨胀阀、电子膨胀阀的作用原理。

9. 毛细管节流有什么特点？在什么样的空调制冷装置中采用？

10. 客车空调装置的自动控制、自动调节包括哪几个方面？

11. 叙述 WT-1226 型温度控制器的动作原理。客车空调系统采用什么温度控制器？

12. 叙述直接开启式和间接开启式电磁阀的工作原理。

13. 叙述 KD 型压力控制器的工作原理。客车空调系统中采用什么形式的压力控制器？其作用原理如何？

14. 分油器的作用是什么？简单说明过滤式分油器的工作原理

15. 干燥过滤器安装在空调制冷系统的什么位置？

16. 储液器的作用是什么，一般安装于系统的什么位置？

17. 说明压缩机截止阀的几个工作位置。

18. 利用所学知识，设计一套制冷系统，要求采用开启式压缩机，合理选用辅助设备及自动控制器件，并说明选用这些元件的理由。

19. 什么叫压力检漏？在什么情况下应进行压力检漏？如何进行？

20. 试述真空检漏的作用。

21. 如何进行真空检漏？

22. 对制冷装置检漏的方法有几种？分别适用于什么情况？试述其操作过程。

23. 加注制冷药剂的方法有几种？如何加注？

24. 如何对餐车电冰箱添加润滑油？

23. 水分和空气对制冷系统的影响有哪些？如何排除？

项目5 • 客车空调装置采暖及通风系统维护与检修

项目描述

通过本项目学习，使学生掌握客车空调采暖及通风系统的作用、设备组成及运行原理，同时能运用所学知识对采暖及通风系统的维护及常见故障进行处理。

学习目标

1. 知识目标：掌握采暖和通风系统的作用及设备组成。
   掌握常见车型的采暖通风系统的维护方法。
   掌握采暖通风系统常见故障的处理方法。
2. 能力目标：能自主学习采暖和通风系统的作用及设备组成。
   能自主学习采暖和通风系统的维护周期及项目。
   能自主分析常见故障原因及处理方法。
3. 素质目标：能在实训活动中保持积极向上的学习态度。
   能与小组成员和教师就学习中的问题进行交流和沟通。
   能与他人共享学习资源，具有较好的合作能力和团队协作精神。

相关案例

2015年7月28日15点30分，郑州车辆段接到Y153/Y152次车辆乘务员报：本日由郑州—三门峡—山海关的Y153/Y152次列车，车组中671621、668860空调不制冷，回到段里库检车间，经工作人员将空调滤网取下清理干净，安装后启动机组，制冷恢复。

典型工作任务1 电热采暖装置维护与检修

5.1.1 任务目标

1. 掌握采暖装置的作用及组成。

2. 掌握采暖装置的日常保养及维护方法。

5.1.2 相关配套知识

冬季，车外环境温度比较低，为保证送入客室的空气温度，外界新鲜空气在送入车内之前，必须进行预热。在北方地区或南方寒冷时节，由于车内外温差很大，经车体隔热壁的热损失较多，车内旅客热量的供给不足以抵偿车体热损失，如果保持车内达到规定的温度，需要进一步加大车厢内的加热量 。同时，对大多数采用车顶送风的空调客车来说，由于其上下温度相差较大，使车内温度很不均匀，因而在车内两侧地板面上还设置加热设备来补偿车体的热风采暖 。所以客车空调的加热系统一般由两部分组成，一部分是设置在风道内的空气预热器，另一部分是设置在客室内的补偿热源。

不同的时期和车型采用了不同的采暖形式，常用形式包括以下几种：

①预热与补偿全电热形式。如 25G、25Z、25K、25T 型空调客车大都采用这种形式。

②燃煤锅炉温水采暖形式。空气预热用电预热器，补偿加热用温水加热器，如 25B 型空调客车的采暖。

③采用热泵采暖。在南方一些温暖地区用得较多。

④燃煤锅炉温水采暖和电热采暖两种并用。用于少量还在使用的德国进口的空调客车。

1. 管状电热元件

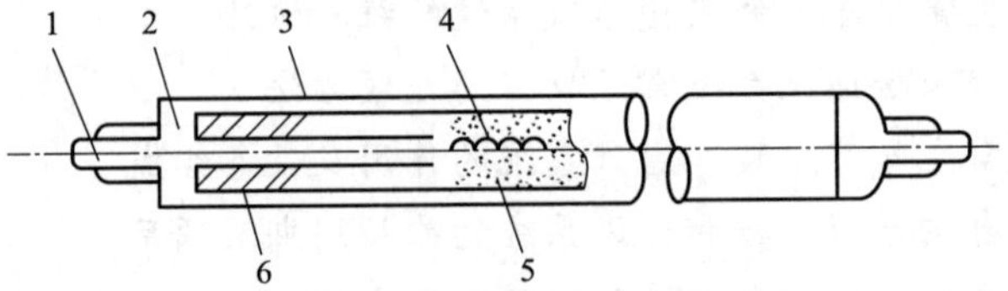

图 5-1　管状电热元件基本结构

1—连线端子；2—绝缘垫；3—金属套管；4—电热丝；5—绝缘粉末；6—封口材料

管状电热元件的结构如图 5-1 所示，在金属管内沿管子的轴线方向放入一根螺旋形的电阻丝，在其空隙部分均匀的填满具有良好导热性和电气绝缘性的结晶氧化镁粉。并用缩管机将管径轧小，以增加氧化镁粉的密度而使导热系数提高。同时还要保证管内螺旋状电阻丝不能因电热元件经受弯曲或碰撞发生偏移而碰及管壁。在电阻丝引出棒出口处浇以硼酸钡的混合物密封，以避免空气中的水分和液体介质潜入氧化镁粉中，引起绝缘不良。由于电阻丝是埋在紧密的导热性较高的氧化物介质中，不与空气接触，其单位负载功率较裸露式电阻丝可大大增加，寿命也相应提高。

安装电热空气预热器时，与该管段相接部分的风管应用不易燃烧的耐热保温材料，风机与电预热器应联锁控制使风机启动后，电热空气预热器才能工作，而对于电热空气预热器来说，旁通风门是不必安装的。

2. 空气预热器

常用的空气预热器有管式温水空气预热器、肋片式温水空气预热器、电热空气预热器等。

(1)管式温水空气预热器

管式空气预热器结构为一金属水箱,上盖可拆卸。箱内装设内径为25 mm或28 mm的光管多根。箱内为热水,需要预热的空气从加热管道内通过,从而得到加热。夏季增大风量时,可打开旁通风门以减少阻力。旁通风门也可调节空气预热器的温度。例如,当外温升高的时候,预热量需求减小,这时候可打开旁通风门,使部分空气旁通过去。

(2)肋片式温水空气预热器

热水在管内流动,空气在管外横向通过。与管式预热器一样,它也是有旁通风门。同时为了防止散热管的腐蚀锈蚀。一般散热管采用铜管或不锈钢管来组成。肋片为套片式,沿空气流动的方向,有四排肋片管每排六根,一共24根。

(3)电热空气预热器

电热空气预热器装置是当空气调节装置冬季取暖不足时,在客车内部采用电热元件补充加热量的一种采暖装置。电热空气预热器是使电流通过电阻丝发热,然后把热量传给流过的空气,它具有表面温度均匀,热量稳定结构紧凑控制方便等特点。目前客车空调上应用的有管状电热元件和电热板的电热空气预热器。

电预热器由电热元件和框架组成,在使用时与通风机实现电气联锁,与制冷机实现电气互锁。电热元件一般分成两组,通过空调温度控制器根据室内空气温度自动控制其一组工作、两组工作或停止工作。与电预热器相接部分的风道,应采用不易燃烧的耐热保温材料。

为了防止电预热器在缺风时工作而导致表面温度过高,特设有两道缺风保险:温度超过70 ℃,继电器跳开;温度超过139 ℃,熔断器熔断。从而切断控制电路和主回路,使电预热器停止工作。

3. 电加热器

电加热器是地面加热器的一种,使用时与通风机形成电气联锁,而和制冷设备实现电气互锁。工作时通过温度控制器实现自动控制。

电热器主要由电加热器体、电热管或电热板、熔断保护器、接线板、防水盒、耐高温连接导线和罩板组成。

电热器体一般采用钢板制作而成。在其中电热板或电热管是核心器件。电热板因具有良好的热辐射性能、使用寿命长、体积小、重量轻、温度分布均匀等优点,现多采用电热板。电热板通过接线板和连接导线与车上电源相连,因此,接线板和连接导线都采用耐高温材料制作。并采用笼式弹簧端子接线,每个电热板上装一个不可恢复式超温保护器。

电热板主要由发热板、散热翅片组成,结构如图5-2所示。电热板接线柱部分采用耐温聚四氟乙烯材料密封。

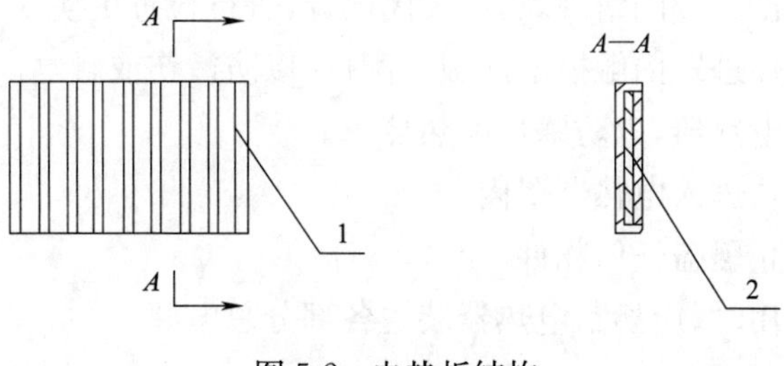

图5-2　电热板结构

1—散热翅片;2—发热板

电热器安装采用 M4×30 木螺钉与车体侧墙固定，如图 5-3 所示。嵌入式电热器采用 M4×30 木螺钉与车体侧墙固定。

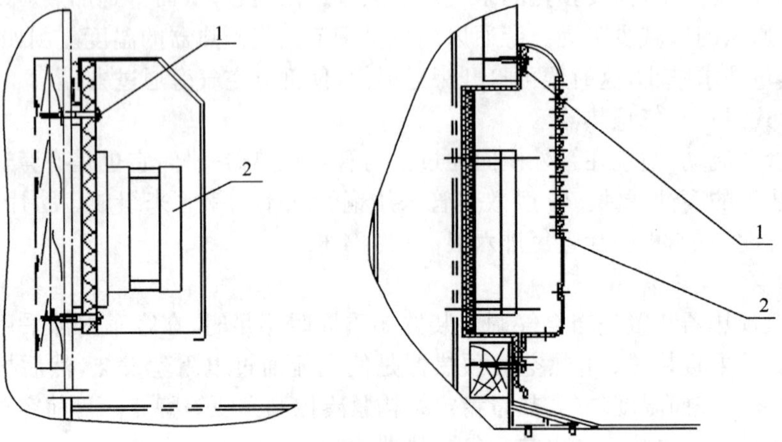

图 5-3　电热器安装剖面图

1—木螺钉；2—电热器

4. 电热器的日常维护保养

车辆出厂后，应定期检查电热器，使电热板表面保持干燥、清洁。电热器一般在环境温度－40 ℃～＋40 ℃，空气相对湿度≤90％的条件下使用。每年冬天使用前，应在保证电热板干燥、清洁、绝缘良好、接线牢固的前提下进行试开，符合电气标准要求及电热板性能要求后方可正常使用。

电热板在使用中如发现下列情况之一，应给予处理，见表 5-1。

表 5-1　电热板故障情况及处理意见

序号	故障情况	处理意见	备　注
1	电热板绝缘值下降超过标准	更换	电热器罩上应有生产厂家、出厂日期、出厂编号、电压、功率等永久标记，电热板表面应有电压、功率等永久标记
2	电热板通电不发热或发热小，不符合要求	更换	
3	电热板表面温度过高，不符合要求	更换	
4	通电后电热板有闪络现象发生	更换	

注意事项：

(1)如电热板发生击穿或闪络现象，应关闭电源，进行检查更换。

(2)不准随意将手伸进罩内触摸电热板等配件，以防烫伤或触电。

(3)不准随意踏上电热器，以防踩坏电热器罩。

(4)不许将水或杂物进入电热器罩内。

(5)电热器表面禁止覆盖任何物件。

(6)电热器停止使用时，应切断电热器装置各部分总电源。

典型工作任务2　通风系统维护与检修

5.2.1　任务目标

1. 掌握通风系统作用及结构组成。
2. 掌握常见车型通风系统的维护与检修方法。

5.2.2　相关配套知识

1. 概述

为了获得旅客舒适要求的空气参数，就应该采取必要的技术措施，客车空调系统就是主要的措施。空气调节就是把经过一定处理之后的空气，以一定方式送入车内，使车内空气的温度、湿度、洁净度和气流速度控制在适当范围内的技术，为此客车空调装置均包含通风系统。

按照工作方式通风系统可以分为以下几类：

自然通风系统：依靠自然通风器和风道向车内输送经过调节的空气。

强迫通风系统：利用专设的通风机和风道向车内输送经过调节的空气。

诱导通风系统：利用诱导器使二次风在室内就地循环，不必集中处理和主风道输送，所以风管尺寸小，设备紧凑，如图5-4所示。

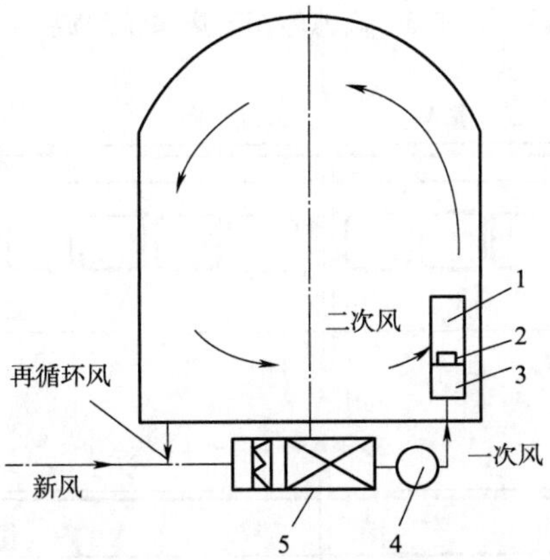

图5-4　诱导空调系统

1—混合箱；2—喷嘴；3—静压室；4—通风机；5—集中空气处理箱

高速客车通风系统：由新风系统、回风系统、通风机和送风系统组成，如图5-5所示。

2. 通风系统组成

一套完整的通风系统由离心式通风机、滤尘装置、送风道、排风装置、回风道等组成，如图5-6所示。它的作用是：空气过滤、空气输送、空气分配。离心式通风机将车外的新鲜空气吸入车内，并与车内再循环空气混合，经过滤尘装置滤去空气中的尘埃和其他杂质后，送入客室，同时由排风机将客车内多余的污浊空气排出车外，通风系统是客车空调装置中唯一不分季节而常年运转的系统，因此它的质量状态直接影响到旅客的舒适性和空调装置的经济性。

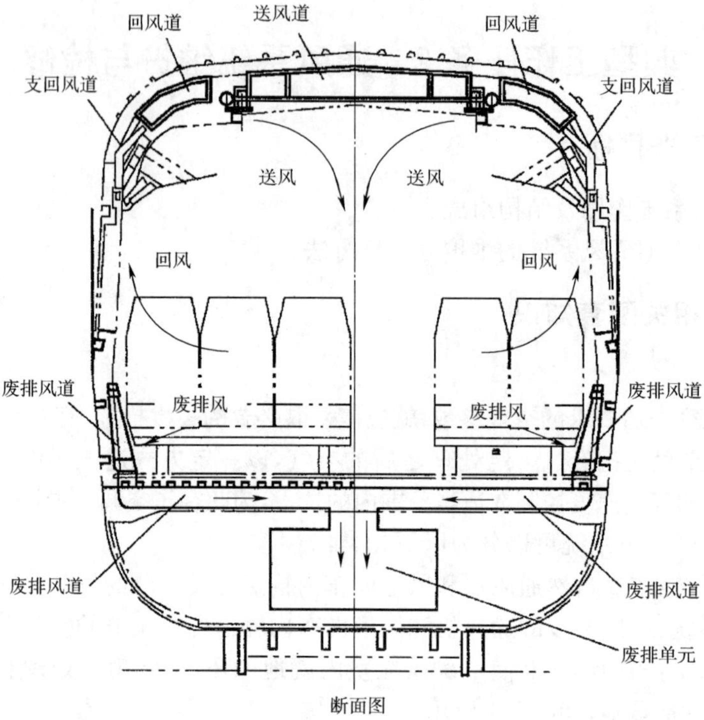

图 5-5　高速客车通风系统组成

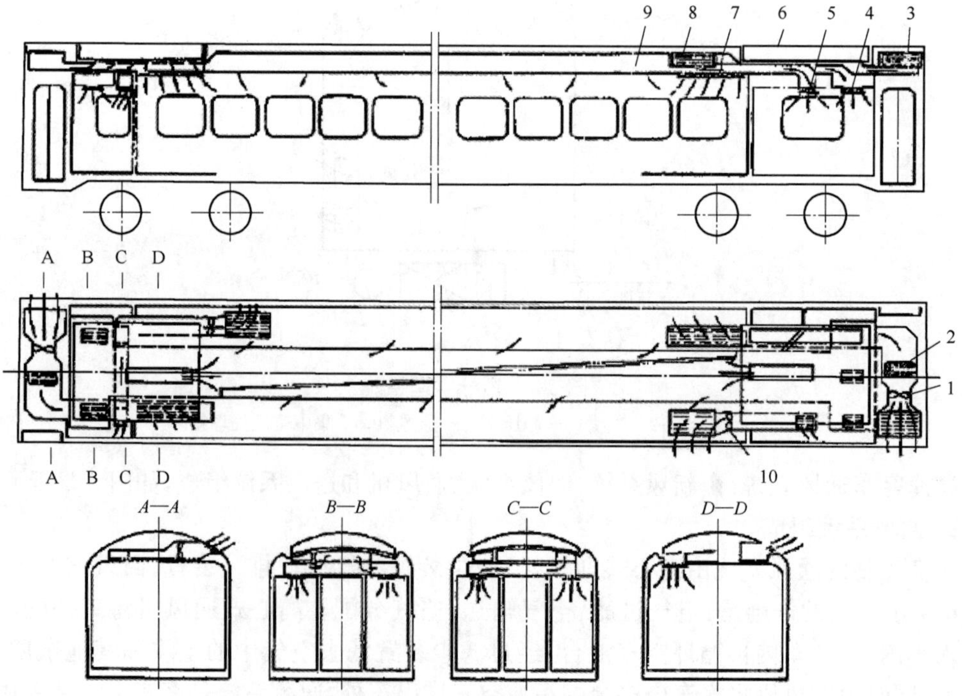

图 5-6　通风系统的组成

1—通风机；2—加热器；3—吸风口；4—送风口；5—排风吸入口；6—空调装置；7—回风口；8—排风口；9—风道；10—排风扇

在通风机组的作用下，室外新鲜空气经新风口吸入车内，经滤尘器过滤并与回风混合后送入空气处理室，经过蒸发器冷却或者由电预热器预热，送入主风道，再由各送风口均匀地送入室内。室内空气的一部分，经回风口、回风道被通风机吸入作为再循环空气重复使用；另一部分则经由排风口和排风扇排出车外。通风系统工作过程如图5-7所示。

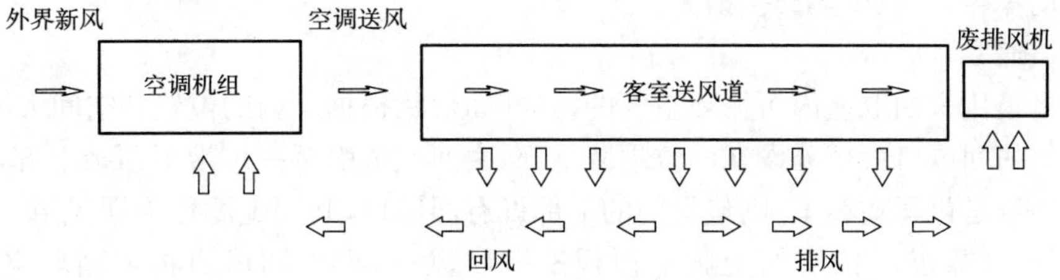

图5-7　通风系统工作过程示意图

(1)通风机

通风机组是通风系统的动力装置，由离心式通风机和电动机组成。其中，离心风机结构如图5-8所示。通风机组一般安装在车辆端部平顶板上部空间，也可以安装在车下部，其安装位置主要取决于空气处理设备的位置。

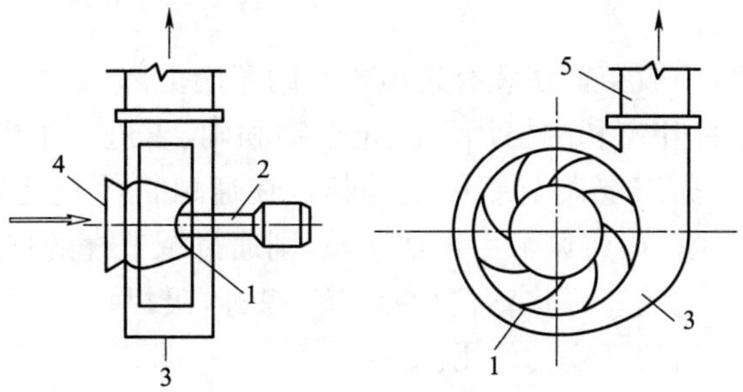

图5-8　离心风机结构示意图

1—叶轮；2—电动机；3—机壳；4—吸风口；5—出风口

(2)主风道、回风道及排风道

风道的作用是输导空气。在送风系统里，依靠风道，把处理好的新鲜空气输送到客车车厢内；在排风系统里，依靠风道，把需要排出的污浊空气输送至车外。这种用以输送空气的管道可以由各种不同的材料制成，也可以有很多不同的构造和断面形式。在客车空调装置中，风道应满足经济性、耐腐蚀、隔热性好、重量轻和易于加工等方面的要求。常用材料有镀锌铁板、铝合金板、玻璃钢和胶合板等。

①主风道

主风道的截面一般为矩形。由于矩形风道与客室内的装饰容易协调，而且占地少，安装又方便，所以在客车上采用较多。如果要使风道中空气流速不变，可采用变截面风道。但变截面风道结构复杂，制造困难，通常均采用等截面风道，加装调节板，以达到每个送风口能均匀送风的目的。其结构形式，根据风道截面积而定，调节方式为手动。

用金属薄板制成的风道，其紧密缝(即下料接缝)一般采用“咬口”形式。两节风道之间的连接，一般采用法兰盘，并在法兰盘之间加有填料，以防气体泄漏。

木制风道大部分由胶合板制成，顶部与车顶内顶板结合成一封闭空间。木材在制作风道前，需经防腐处理，制成风道后，需涂防火漆。风道接缝处贴以细布或质地优良的厚油纸。

在风道内部贴一层 3.5 mm 厚的聚氨基甲酸酯泡沫塑料，可有效地吸收通风机的噪声及空气流动噪声，并减少热交换损失。

②回风道

回风道是用来抽取室内再循环空气的，其断面形状根据车内的位置和空间大小而定。

客车上的回风口大部分设在一位端墙下部，由回风道引至一位端平顶板上部，以利于通风机吸入。若是包间式客车，则包间门的下部设有回风口，利用走廊作为回风道。走廊两端门是关闭的，在靠近一位端的走廊平顶板上有回风口，再由回风道将再循环空气引入通风机。

③排风道

排风道是用来排除车内污浊空气的，所以其一端是连接排风口，而另一端与排风扇相连或与自然通风器连接。客车排风口一般设在与回风口相对的另一端车顶。客车上也有不专设排风口的，这时车内多余空气就依靠室内正压，由门室缝隙或厕所的排便器等处排出。

(3)吸风口、送风口及其调节板

①吸风口

新鲜空气的吸风口，一般布置在装有通风机端的车门上部，也有设置在车端上部和车顶上部的。吸风口上装有百叶窗和网格用以防止杂物和雨、雪进入车内。在多数的吸风口上还装有调节机构，以便根据需要调节新风量，同时，在通风机停止运转时，也便于关闭吸风口。带有调节机构的吸风口可将调节手把往下拉，则通过调节杆的杠杆作用，可将活门拉杆处于虚线位置，此时拉杆上的短杆将活门(百叶窗)撑开，吸风口呈开启状态，弹簧板卡在调节杆的凹槽内，起到固定活门开度的作用。

②送风口

送风口是用做分配空气的。送风口处一般都装有散流器，它不但可以使送风均匀，达到室内气流分布合理、温度均匀，而且还可以根据室内具体要求，调节送风量的大小。

集中送风的通风系统，其送风口一般都沿车顶棚或侧壁均匀布置。常用的送风口形式有圆盘式散流器，直片式散流器，其风量调节机构装在风道中。回风口、排风口一般设置在间壁上，外表面设有格栅以增加美观，内部装有铁丝网以防杂物进入风道。

在运用中有时发现，个别硬卧车上铺的旅客，因感觉送风口风量太大或过冷，而用废纸条等杂物堵塞送风口的现象。这说明该送风口风量应进行调节了。此时应清除杂物，并将送风口风量调小一些，既可以消除旅客的不适，也能改善各送风口均匀供风的条件，还去掉了车内的不雅，保持整洁干净的环境。

③调节板

调节板的作用就是调节通过风管的空气流量，其结构根据风管截面形状而定。最简单且应用也较广的调节板是百叶窗式。常用的圆形、矩形调节板，使用时只要转动手柄，改变调节板角度，即改变空气通过的截面积，进而达到调节风量的目的。客车上调节板的开度均由人工来进行调节。

(4)空气过滤器

空气中总是不同程度的含有各种灰尘和杂质。过多的灰尘进入车内,不仅会影响旅客的舒适和健康,也不利于空气处理设备的正常工作,因为灰尘积聚在蒸发器表面要降低它的传热效果。因此,通风系统中设有空气过滤器。过滤器应装在空气处理室的前面,它可以水平安装,也可以垂直安装。

空气过滤的作用原理是使含尘的空气,通过直径比尘粒还小的空隙或者通过孔径虽大但充分长且又曲折的孔道,将灰尘留下来。此外,尘埃颗粒在通过过滤器时,还会因为扩散作用,摩擦力、静电力或者材料表面湿润时产生的黏附力而使灰尘留下。总之,过滤器的过滤效果取决于所用材料的空气通道的粗细、密实程度和通过过滤器的风速。

客车空调系统曾用过玻璃纤维以及原脂型粗孔泡沫塑料过滤器等。用原脂型泡沫塑料作过滤材料时,须先经过化学处理,通常是在5%浓度的NaOH水溶液中浸泡一定时间,把内部气孔穿透。使用中,泡沫塑料积满灰尘,应及时清洗。这种过滤器易于清洗,更换方便,但耐用性差。

尼龙纤维型材料耐用,并耐酸、碱,使用方便,寿命长,粘污后用清水冲洗干净即可,是现在普遍采用的材料。

必须保持空气过滤器的清洁,才能够延长蒸发器的清洁周期,因为保养空气过滤器总比保养蒸发器要简单得多。所以,过滤网绝不可以没有,丢失、损坏时一定要及时更换新品,否则蒸发器将会很快被污物堵塞,并严重影响制冷效果。特别是在冬季寒冷季节,制冷机不开,就往往容易忽视蒸发器处的通风效果,特别是卧铺车厢纤维性飞尘严重,假如早期生产的电热管式空气预热器前的滤网和蒸发器被严重堵塞,空气预热可能会因通风效果严重不良而发生过热,造成严重后果。

在使用中发现,现有的过滤网对空气中的尘埃、纤维,部分油污过滤效果还是较差,经常造成蒸发器“脏堵”,使空调作用降低,也易造成蒸发器的损坏。中国铁路北京局集团有限公司北京西车辆段在中国铁道科学研究院集团有限公司车辆所的支持下,对原单层平板式尼龙过滤网的结构和材料进行了改造试验。一方面更换过滤材料,使用了“非织造物”作过滤材料,加厚了过滤层,使其捕尘效率提高,容尘量大,延长了平时保养的间隔时间。另一方面将单层平板式过滤方式改造成为“折褶式”过滤方式,使其过滤面积增加了3倍左右。两面用防锈金属防护网做骨架,将“非织造物”夹于其中,形成折褶,容尘量增加近四倍。过滤效果提高15%,提高了空气质量,并降低了乘务员的劳动强度,取得了较理想的效果。但使用中也发现由于容尘量大,必须使用专用的清洗设备清洗滤尘网,使滤尘网的保养清洗不如从前方便了。所以还可以不断探索与创新,改变目前这种过滤效果差或不易保养的缺陷,使空调系统发挥更好的作用。

(5)自然通风器

自然通风器安装在车体的上部,利用通风器处于车外气流中形成背压真空及车内上、下部温度不同而形成空气容重差,诱导车内空气排出车外,以完成通风换气作用。

(6)排气扇

排气扇均采用轴流风机,安装在洗手间、厕所等处的车顶部,直接抽取车内废气排出车外。

3. 25K 型双层空调客车通风系统

25K 型双层空调客车的通风道是采用玻璃钢材料制造，不会产生腐蚀，不燃烧，强度高，两端采用阻燃橡胶软风道与空调机组相连。在上下两层分层部位，风道分成中间与两边三个通道，并设上下层风量分配调节装置，比普通空调客车要复杂一些。中间部分通风道向上层客室送风，各送风口设风量调节器。两边风道从楼梯处沿墙壁向下到下层客室顶部，向下层客室送风。乘务员室、配电室等处设专用送风口。楼梯间内设回风风机，回风口设在中层平顶下方，内设滤尘网。两厕所和茶炉间设废气排风装置。两端通过台顶内设空调新风装置。

YZ_{25K} 型硬座空调通风系统和 SYZ_{25K} 型双层硬座空调客车通风系统，如图 5-9、图 5-10 所示。

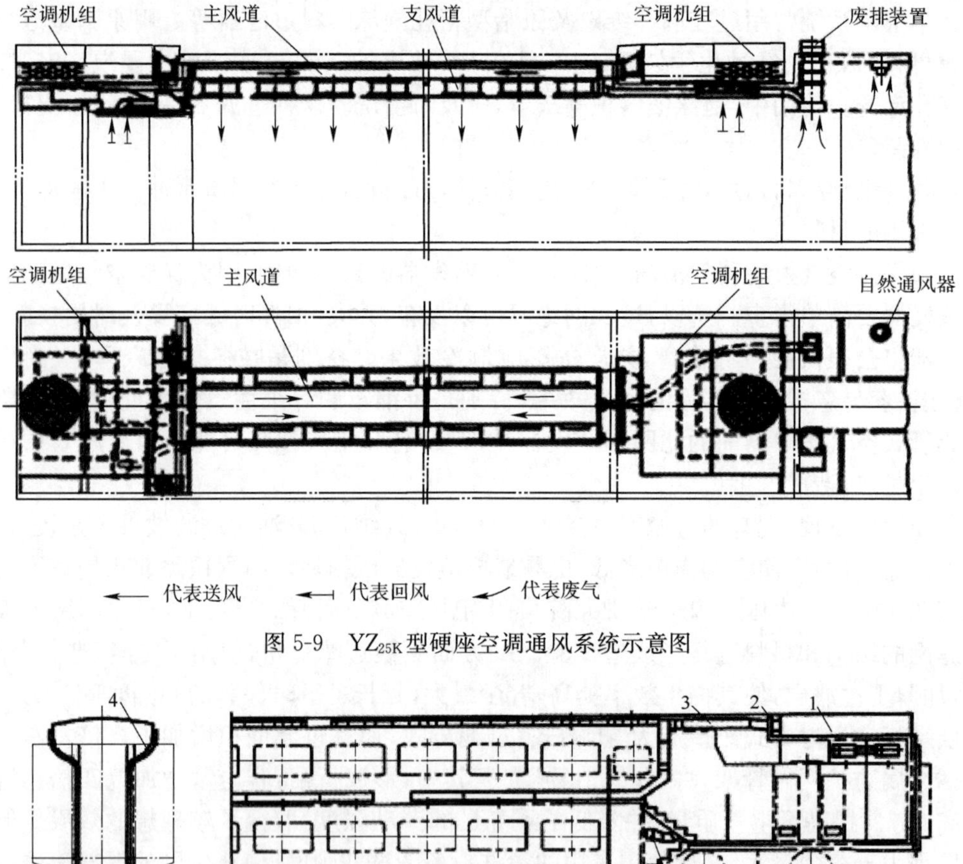

图 5-9　YZ_{25K} 型硬座空调通风系统示意图

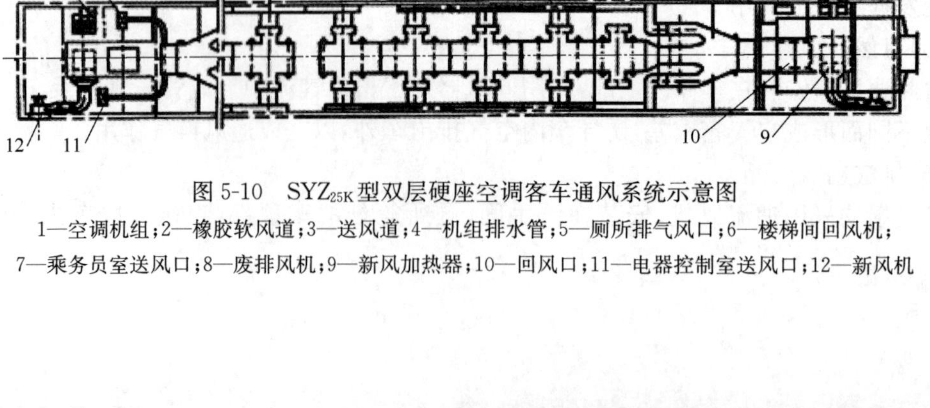

图 5-10　SYZ_{25K} 型双层硬座空调客车通风系统示意图

1—空调机组；2—橡胶软风道；3—送风道；4—机组排水管；5—厕所排气风口；6—楼梯间回风机；7—乘务员室送风口；8—废排风机；9—新风加热器；10—回风口；11—电器控制室送风口；12—新风机

4.25T 客车通风系统

25T 硬卧车设有一台制冷量 45 kW 的车顶单元式空调机组，装在一位端车顶。在车内设有主风道，向客室包间、乘务员室送风。回风为分散回风，回风口设在四合一电器控制柜间和大走廊窗帘滑道上方。洗面间、厕所间、开水炉间等设有自然通风器，三洗间、残疾人厕所(残疾人车)设有废排装置。

软卧车设有一台制冷量为 35 kW 的车顶单元式空调机组，装在一位端车顶。在车内设有主风道和回风道，由主风道向客室包间、乘务员室、洗脸间、四合一电器控制柜间送风，回风道设在客车二位侧，回风口设在大走廊窗垛中心，一、二位厕所，茶炉室等设有自然通风器。车的二位端设废排装置。

25T 软卧、硬卧空调装置如图 5-11 所示。

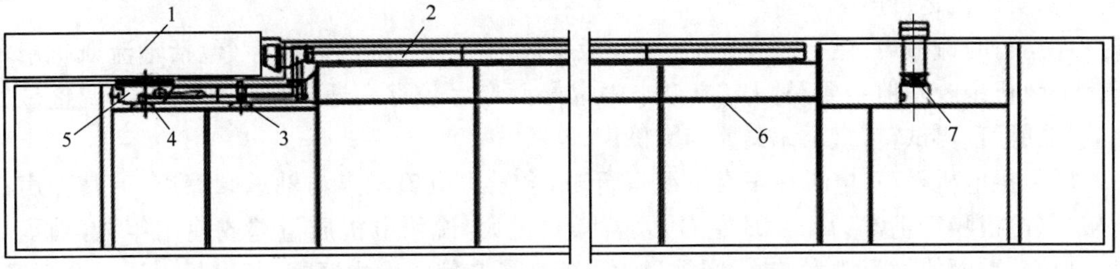

图 5-11 25T 软卧、硬卧空调装置示意图

1—空调机组；2—空调送风道；3—乘务室送风道；4—配电室回风道；

5—主回风道；6—分散回风口；7—废排装置

餐车设有一台制冷量 40 kW 的车顶单元式空调机组，装在一位端车顶。在车内设有主风道，向四合一电器控制柜间、餐厅、吧台、厨房送风。回风为集中回风，回风口设在一位过道平顶上。储藏室、二位厨房配电室顶部设有自然通风器，二位过道平顶处及厨房顶部设有废排装置。

25T 餐车空调装置如图 5-12 所示。

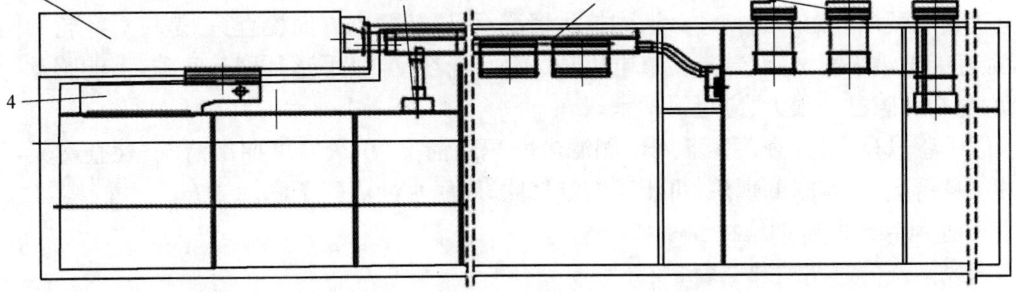

图 5-12 25T 餐车空调装置示意图

1—空调机组；2—空调送风道；3—吧台送风道；4—主回风道；5—废排装置

5. 通风系统的检查

(1)查看风机部分

①查看风机的转动方向:三相交流电源的风机接上电源时,如原来规定为顺转的,它却反转了。遇上这种情况,可将任意两根相线对换,使之顺转。风机转动的方向正确与否,可以从风量大小来判断。通风机是离心风机,当反方向运转时,风量很小。此时也可用纸或布条在回风口处试验,如果纸或布条被吸在回风蓖子上表示通风机正常,吸不上则说明通风机转向不正确。冷凝风机是轴流风机,当反方向运转时,几乎无风。

②查看风机的风扇叶是否打滑:当风机运行时,如吹不出风,有可能是风扇叶打滑,其原因是固定螺丝松动,电机轴在运转,而风扇叶不转。

③查看风机转速是否有下降:风机转速下降主要是电动机的问题,可用转速表测量。

④风机电机转不动:风机电机转不动,可能是电机绕组或线路有问题。如三相电源缺相、轴承严重损坏、电机扫膛或扇叶卡住等问题。

(2)听风机运行声

①运行时碰撞声:运行时有碰撞声,一般是风扇叶与风圈的碰撞声(包括轴流风机扇叶与离心风机扇叶),但主要是固定螺钉未固定好而产生位移。遇到这种情况必须调整位置后,拧紧螺钉,再试转,直至无碰撞与摩擦声。

②风机电机噪声:电机在正常情况运行时,会发出电磁噪声与轴承摩擦声,但其噪声都比较低(电机噪声正常为 45 dB 左右)。若噪声过大,说明电机质量差或使用年久,轴承缺油、摩擦严重而使噪声增大,轴承间隙过大可使转子与定子发生摩擦,其电机电流也会上升,应考虑更换轴承或电机。检查方法是在停机后用手径向摆动轴,感觉有非正常的间隙存在就应更换轴承或电机,另外再试轴向推动时若有较大松动,也说明轴承磨损严重。

(3)触摸风机有关部位

①摸风机电机温升:空调机组风机电机为封闭型,以防止潮气、灰尘进入电机内部,影响其工作寿命。因此,电机自身的热量靠电机外壳散发,它本身没有冷却风扇来帮助散热,而是靠空调风机的风来散热。电机绕组使用 A 级绝缘材料,允许工作温度为 105 ℃。为提高电机的可靠性,有些厂家的绝缘材料为 E 级甚至 B 级,它们的极限工作温度为 120 ℃和 130 ℃。

②摸风机的抖动情况:风扇叶抖动厉害,可能是由于风扇叶平衡性差产生较大的离心力或电机轴承磨损大而引起抖动。遇到这种情况,可以从两个方面检查:一是校对叶轮的同心度,最好能做动平衡试验;二是检查电机轴(停机)向摆动,以手感判别其间隙,手能感觉明显松动,那么间隙已经很大,应更换轴承。

③手感风量小:检查蒸发器入口侧滤尘网积灰情况,积灰多可抽出清洗;检查冷凝器散热片结灰情况,若有阻塞现象,可用压缩空气吹、高压水冲或刷子刷。

6. 通风系统的定期维护

通风系统的定期维护见表 5-2。

表 5-2 通风系统的检查方法及处理

分　类	部件名称	周期	检查方法及处理
空气过滤网	新风过滤网	1 次/周	用肥皂水洗净后清水漂洗晾干
	蒸发器过滤网	1 次/月	用肥皂水洗净后清水漂洗晾干

续上表

分　类	部件名称	周期	检查方法及处理
通风机	室外通风机	1次/年	(1)除掉室外通风机的铁锈,涂防锈漆 (2)运转时发现有异常声音或振动时请更换轴承或电机
	室内通风机	1次/年	(1)清扫风机,特别是附着在叶片内侧的灰尘用软毛刷刷洗(请注意不要使叶片变形) (2)运转时发现有异常声音或振动时请更换轴承

典型工作任务3　通风系统常见故障处理

5.3.1　任务目标

1. 了解通风系统常见故障原因。
2. 掌握通风系统常见故障的处理方法。
3. 掌握常用检修设备的使用方法。

5.3.2　相关配套知识

1. 通风系统常见故障及处理

通风机是空调系统中用以输送空气的动力装置。常用的通风机有离心式、轴流式和贯流式三种。通风机作为动力设备在整个通风系统的运行中起到了至关重要的作用。在实际运用中,可能发生以下故障:

(1)风量不足

风量不足是指通风机的风量比正常情况下显著减小。一般可根据风对着手吹时的感觉来判断;也可用风速仪测量风口平均风速来计算其风量。风量不足应从以下几方面检查。

①风机叶轮与驱动轴相紧固的制动螺钉松动,使叶轮转速降低,风量减小,查清原因后应旋紧制动螺钉。

②叶轮反向旋转,一般是在刚安装或检修后的机组,查明后应改变电机转向。

③空调器进风口处的滤尘器太脏,应定期清洗。

④通风管路法兰漏风,查明原因后,设法处理;软风道破损、漏风。

⑤蒸发器上霜层过厚引起风阻增加,应定期融霜。

(2)风机电机不转

①电机轴承磨损,使转子与定子摩擦(扫膛),电机温升快,电流大。关电源后用手转动电机轴有轻重感,此时,应拆开电机、调换轴承。

②电机线圈烧毁,用万用电表或兆欧表测量确定,查明确有绕组烧毁时,应重绕线圈。

③电机控制线路或电器有故障。

④单相电机的运转电容击穿,检查电容器,可将电源直接通电容器,若电源熔丝熔断,则该电容已短路,应调换新电容器;若给电容器充电后,再放电,伴有较大放电火花,则表明电容器还可用。

(3)通风机有噪声

通风机的运转噪声超过正常工作时的声音或伴有杂音，说明有故障存在，应及时检查。

①叶轮与蜗壳或进风口摩擦，伴有金属碰撞声，应重点检查固定螺钉(叶轮)是否松动，使叶轮移位而相碰，检查后应纠正之。

②风机支持轴承严重磨损，使转轴跳动，风叶动平衡差从而产生响声。断电后用手将轴径向摇动几下，检查轴承间隙大小，必要时应更换新轴承。

③机壳与支架紧固螺栓松动而产生震动声，应及时检查并重新拧紧。

④风机的进出风管安装不正确，产生震动声。

2. 常用检测仪表

用检测仪表检查和判断空调与制冷设备工作是否正常是重要技术手段。由于空调与制冷装置从结构上可分为电气控制和热工设备两部分，其中任何一部分出现故障，都会使整个装置不能正常工作。因此有必要掌握一些常用电工和热工仪表的使用方法。

检测仪表种类较多，在此仅介绍万用表、兆欧表、钳形电流表、半导体温度计、风速仪的使用。

(1)万用表

万用表是最常用的电工测量仪表，如图 5-13 所示。万用表在检修电工设备、电子仪器时是必不可少的。常用的万用表可分为指针式和数字式两类。一般万用表都可以用来测量电阻、交直流电压、电流，比较新型的还可以测量电容值和晶体管的放大倍数。

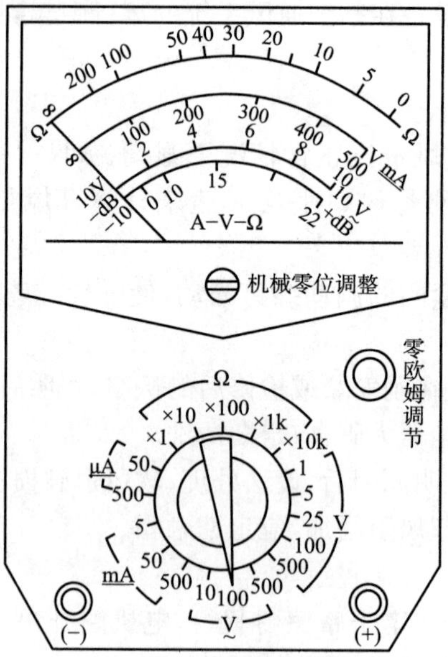

图 5-13　万用表面板

在检修时，常用万用表的电阻挡测量电路的通断和线圈的直流电阻值，用交流电压挡测量电源的供电电压等。

为了正确地使用万用表，必须特别注意以下几点：

①黑表笔插入“COM”插孔内，红表笔插入相应被测量的插孔内。测量时将电源开关打

开，接通表内工作电源。测量后关闭电源开关。

②数字万用表读数值为所测值，不需进行量程和倍率的换算，若显示屏左边出现“1”字，说明超出量程范围或者测二极管时极性反。

③检查电路通断时，将转换开关打在标有二极管符号的挡上，表笔位置与接法和测电阻时相同。检查时若指示灯发光、蜂鸣器发声，说明电路导通。反之，电路不通或接触不良。

④不允许带电测量电阻，否则不能准确测量，可能损坏仪表。

⑤表笔应完整无损，严防误碰表笔金属端漏电伤人。

⑥测量时严禁旋动转换开关，以免产生电弧，烧坏表计。

(2)兆欧表

在电机、电器和供电线路中，绝缘材料的好坏对电气设备的正常运行和安全用电有着重大影响，而说明绝缘材料性能的重要标志是它的绝缘电阻值的大小。由于绝缘材料会因发热受潮、污染、老化等原因使其绝缘电阻值降低以至损坏，造成漏电或发生短路等事故，因此，必须定期检查电气设备的绝缘电阻值。

一般绝缘电阻都是用兆欧表来测量的，兆欧表又称摇表，如图 5-14 所示。它是一种简便的测量大电阻的指示仪表，单位是“兆欧”，用“MΩ”来表示。

兆欧表的结构主要是由一台手摇发电机和磁电比率表组成。直流发电机(或交流发电机与整流电路配合的装置)的容量很小，而电压却很高。兆欧表的分类就以发电机能发出的最高电压来决定，电压越高，能测量的绝缘电阻值也就越高，就能用在额定工作电压越高的电器的测量中。

①兆欧表的选用

选择、使用兆欧表的原则是：额定工作电压高的电器设备对绝缘电阻值的要求大些。因此，额定工作电压高的电器设备须使用电压高的兆欧表来测试。如测量额定工作电压为 380 V 的线圈的绝缘电阻值时，就不能使用 250 V 的兆欧表，而应选用 500 V 的兆欧表来测量。通常对于检查何种电力设备应该选用何种电压等级的兆欧表都有具体规定，可根据有关规定来选用。

②兆欧表的接线

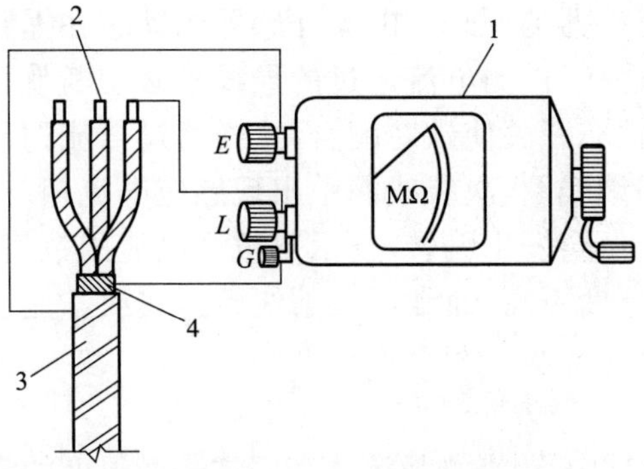

图 5-14　测量电缆绝缘电阻接线图

1—兆欧表；2—三相电力电缆的导线；3—外包钢皮；4—绝缘层外的屏蔽层

一般兆欧表上都有三个接线柱："线"（或"火线"）接线柱"L"，测量时与被测物或与大地绝缘的导体部分相接；"地"接线柱"E"，在测量时与被试物的外壳或其他导体部分相接；"保护"（或"屏"）接线柱"G"在测量时与被测物上保护屏蔽环或其他不须测量部分相接。一般测量时只用"L"和"E"两个接线柱，"G"接线柱只在被测物表面漏电很严重的情况下使用。连接被测物和兆欧表的接线应采用单根绝缘导线，不要采用双股绞线，以免影响测量精度。

③兆欧表的使用

a. 测量前，应对兆欧表本身进行检查，即在兆欧表未接上被测物之前，摇动手柄到额定转速，指针应指到"∞"的位置；其次将"线路""接地"两接线柱短接，缓慢转动手柄，指针应指在"0"位。

b. 测量前必须切断被测试设备的电源，并接地短路放电，不允许用兆欧表测量带电设备的绝缘电阻。对在测量过程中，可能感应出高电压的设备，应进行必要的处理，避免出现感应高压。

c. 连接好测试用的接线，兆欧表应平稳地放在远离大电流的导体和有外磁场的地方。转动兆欧表手柄，速度应保持在规定范围内（一般为 120 r/min），转速不宜忽快忽慢，有的兆欧表装有离心调速装置，可摇到打滑时止，这时的读数较为稳定。

d. 注意绝缘电阻随着测量时间的长短而不同，一般采用 1 min 以后的读数为准。遇到电容量特别大的被测物时，可等到指针稳定不变时为准。

e. 在兆欧表没有停止转动和被试物没有放电以前，切勿用手去触及被试物测量部分和进行拆除连接导线的工作。

(3)钳形电流表

通常用电流表测量电路的电流时，需要切断电路，才能将电流表或电流互感器的初级线圈串联到被测电路中去。而用钳形电流表测电流时，可在不断开电路的情况下进行测量。这是使用钳形电流表最大的优点。

钳形电流表是用来测量电路中通过电流大小的仪表，如图 5-15 所示。主要由电流互感器和电流表两部分组成。它的结构是借用单匝穿心式电流互感器的原理。电流互感器的铁芯在捏紧铁芯开关时就可以张开，这样，被测电流通过的导线不必切断就可以穿过铁芯的缺口，放松铁芯开关使铁芯闭合，这样通过电流的导线相当于电流互感器的初级线圈，次级线圈中出现感应电流，和次级线圈相连的电流表指针便会发生偏转，指示出被测电流的数值。钳形电流表使用方便，但精度不高，通常用在不便于拆线或不能切断电路的情况下进行测量。

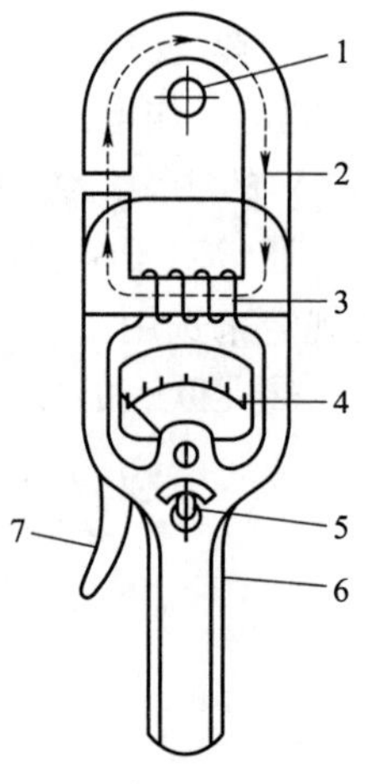

图 5-15　钳形电流表
1—被测导线；2—铁芯；3—二次绕组；4—表头；5—量程调节开关；6—胶木手柄；7—铁芯开关

(4)半导体温度计

在车辆制冷与空调测试中，用来测量流体和固体表面温度的常用仪表有：玻璃管液体温度计、双金属温度计、半导体温度计、热电偶温度计、电阻温度计等。

玻璃管液体温度计是利用玻璃管内的工作液体（酒精、水银等）热胀冷缩的性质来测量温度的。水银玻璃温度计的测量范围为 −30 ℃～+300 ℃，酒精玻璃温度计测量范围为

－100 ℃～＋75 ℃。

半导体温度计由半导体热敏电阻和电桥组成。它是利用半导体电阻的负温度系数特性，即其电阻值随温度升高而减小的性质，配合电桥电路和液晶显示装置把半导体的电阻变化转变成温度的变化。半导体温度计反应灵敏、携带方便，又可测量物体表面温度，因而在制冷和空调工程中得到广泛的应用。

(5)测量风速的仪表

直接测量风速的仪表有叶轮风速仪、热电风速仪和转杯式风速仪三种。

①叶轮风速仪

叶轮风速仪是利用风力使叶轮转动，经过齿轮又带动指针旋转，从指针转动的圈数及转过这些圈数所需的时间，进而计算出空气流动的速度。这类风速仪测量范围为 0.5～10 m/s。按其结构分为两种，一种内部带有计时装置，可直接读出风速，称自记叶轮风速仪；另一种需另备秒表计时，根据风速仪计数器的指示值除以观测时间得到平均风速。

②热电风速仪

热电风速仪是一种新型测量风速的仪表，使用方便、灵敏度高，测量范围广，可以测量 0.05～30 m/s 的风速，尤其适用于微风速的测量。

热电风速仪主要由带测头的测杆和指示仪表组成。测头有热球式和热线式两种，工作原理相同。热球式热电风速仪的原理图如图 5-16 所示。

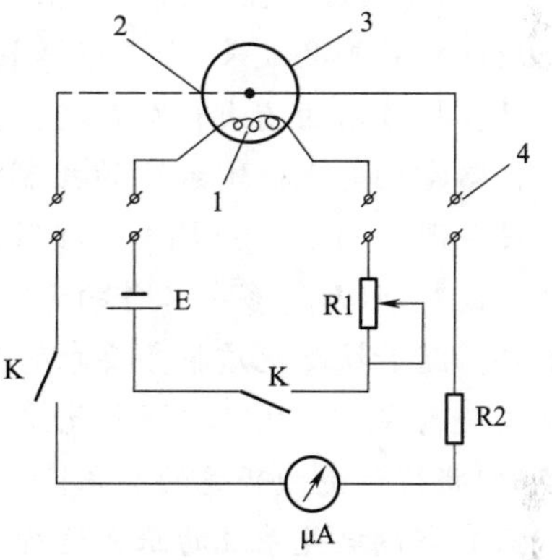

图 5-16　热球式热电风速仪原理

1—电热线圈；2—热电偶；3—玻璃球；4—接线柱

测头有一个玻璃球，球内绕有镍铬丝电热线圈和两个串联的热电偶，它们分别接在两个独立的回路中。镍铬丝电热线圈通以额定电流时，玻璃球温度升高、热电偶便产生热电势，其回路中相应出现电流。若将测头置于被测处时，玻璃球的温升与吹过它的气流速度有关：气流速度越大，玻璃球散热越快，温升越小；反之，则温升越大，说明气流速度越小。由热电偶回路中所测得的热电流大小就能反映风速的大小。标定后，在热球式热电风速仪的仪表刻度盘上可直接读出风速值。

③转杯式风速仪

转杯式风速仪由三个风杯组成，三个互成角度固定在架子上的抛物形或半球形的空杯都顺一面。整个架子连同风杯装在一个可以自动旋转的轴上。在风力的作用下风杯绕轴旋转，其转速正比于风速。转速可以用电触点、测速发电机或光电计数器等记录。

复习思考题

1. 客车空调通风系统的作用是什么？
2. 使用电加热器时应注意哪些事项？
3. 风速仪的作用原理及种类有哪些？
4. 简述诱导通风的工作原理。
5. 简述 25K 型空调客车通风系统的主要组成及工作过程。

项目6 · 客车空调装置电气控制系统维护与检修

项目描述

目前，铁路客车空调机组等相关装置的结构、组成是比较成熟、稳定的。当然，若是要达到比较理想的工况效果，除了空调装置本身之外，其电气控制系统起着重要的作用。当今，随着计算机技术的使用和发展，空调电气控制系统的功能和性能都有了很大的改进。

铁路空调电气控制系统的控制方式，根据其电路元器件的工作原理不同，主要有继电器—接触器控制方式和PLC—接触器控制方式这两大类。传统的继电器—接触器控制的电路比较成熟，经历了多年工作的考验，工作性能可靠，但功能较少，尤其是不能适应集中控制的需要。随着铁路优质服务要求的不断提高，继电器—接触器控制方式的功能较弱，已不能适应发展需要；而PLC空调电气控制系统具有功能强大、易于集中控制、保护特性更可靠等优点，它将得到更为普遍的应用。

只有空调电气系统的正常运行，才能保证整个空调运行状态的良好，使列车具备良好的舒适度。而在整个运用中，首先应保证符合要求地操作空调电气柜；然后，能及时、规范地检查电气柜状态，并在遇到不正常情况时，能按正常步骤检查、判断故障；最后，能安全、正确地处理各类故障。

本项目将以目前铁路主型25T型客车的空调电气控制系统为例进行分析，并将TKDT型电气综合控制柜对空调系统的操作、维护与故障处理进行讲解。对于其他类型空调电气系统，可参照本项目内容进行。

学习目标

1. 知识目标：掌握客车综合控制柜组成及工作原理。
   掌握客车综合控制柜空调系统常见故障的处理方法。
2. 能力目标：具备客车电气系统运用能力、铁路相关设备操作能力。
   能够进行25T型客车综合控制柜空调系统操作。
3. 素质目标：养成爱护设备的良好习惯。
   养成安全生产及规范作业的意识。
   养成善于沟通团结共事的团体意识。

相关案例

2010年12月14日,长春车辆段担当的K127次(西安—长春)旅客列车运行至沈阳至四平间,客运员发现YW25G679406电气综合控制柜冒烟。报告车辆乘务员,车辆乘务员检查后发现原因为:控制柜内的客室电热Ⅰ隔离开关Q15(不具备DC600V灭弧能力),因人为违章带载操作造成内部过热导致烧损。

典型工作任务1 25T型客车空调电气控制系统组成及工作原理认知

6.1.1 任务目标

1. 掌握客车空调控制系统组成。
2. 掌握空调控制系统工作原理。

6.1.2 相关配套知识

网络监控系统主要由电气综合控制柜和网络传输电缆组成。25T空调客车采用TKDT型DC 600V供电铁路客车电气综合控制柜(以下简称综合控制柜)。综合控制柜是DC 600V供电,集电源转换控制、空调机组控制、照明控制等功能单元于一体的智能型控制柜。综合控制柜的控制核心采用可编程控制器(以下简称PLC),PLC通过微型可编程序终端(以下简称显示触摸屏)接受各种指令并自动执行相应的操作步骤,对电气系统运行中出现的各种故障及时进行诊断、指示并保护。每节车厢两端39通信芯连接器中的LON网络电缆引至电气综合控制柜内的PLC汇集,轴温、防滑、烟火报警、车门、车下电源箱通过网关将状态信息传输给PLC,在触摸屏上查询。综合控制柜具有检测、控制、故障诊断保护、信息提示、联网通信功能,实现供电及控制系统的综合控制,可进行车对车通信。

PLC系统能对空调系统、电源供电系统进行电气性能的监视和控制。采用LONWORKS现场总线,通信介质为双绞屏蔽线。各子系统的通信协议服从本车监控系统。

25T空调客车由DC 600V综合供电。采用Ⅰ、Ⅱ路双路供电,根据需要可手动或自动选择Ⅰ路(Ⅱ路)供电。编组时原则上Ⅰ路、Ⅱ路负载应均衡,例如1、3、5…车由Ⅰ路供电,2、4、6…车由Ⅱ路供电。

本任务主要学习兼容控制柜中与空调相关的内容。

1. 综合控制柜主要技术参数

兼容控制柜控制单元由PLC主机单元(CPM2A-CPU61)、12/8点的I/O扩展模块(CPM1A-20EDR1)、信息显示触摸屏(NT31)组成。

(1)PLC主机单元

PLC是兼容控制柜的控制核心部件,负责对整个电气系统进行自动控制,实时监测电气系统运行过程中的参数并进行分析,对出现的故障自动报警、处理,通过显示触摸屏实现人机对话，响应显示触摸屏输入的命令、参数，将故障信息、运行记录通过显示触摸屏显示等。其主要配置如下：

①模拟量输入点：17 点(0～10 V)

②温度输入点：1 点(PT100)

③开关量输入点：24 点(DC 24 V，8 mA)

④开关量输出点：24 点(继电器输出)

⑤输出端最大开关能力：2 A，250 V (AC)(cosϕ=1)；2 A，24 V (DC)

⑥输出端最小开关能力：10 mA，5 V (DC)

(2)显示触摸屏功能

显示触摸屏是一种微型可编程终端，采用全中文液晶显示触摸屏(带背光)，具有字符类型和图像类型显示，由通信接口和 PLC 的外设接口进行通信。主要功能是现场参数设定，电源转换、空调机组等功能单元运行工况的人为控制，运行工况、参数的显示，实时显示各功能单元的运行状态及实时报告故障现象，并可查询各功能单元的运行记录及故障记录。其主要功能如下：

①字符、图像类型显示：20×15 个汉字

②液晶显示器规格：320×240 点

③有效显示面积：122×92 mm

④电源规格：

a. 直流 600 V 供电

主电路由两路电源母线中的其中一路提供电源，向逆变器、充电机供电，逆变器输出向交流负载供电。

(Ⅰ)额定工作电压：DC 600 V

(Ⅱ)电压波动范围：DC 500 V～DC 660 V

b. 直流 110 V 供电

由 110 V 母线及本车蓄电池向单相逆变器、照明、防滑器等负载供电。

(Ⅰ)额定工作电压：DC 110 V

(Ⅱ)电压波动范围：77～137.5 V

c. 直流 48 V 供电

将直流 110 V 电源转换成直流 48 V 电源向尾灯等负载供电。

(Ⅰ) 额定输出电压：DC 48 V；

(Ⅱ)输出电压波动范围：43.2～52.8 V

(Ⅲ)额定输出电流：6 A

d. 直流控制电源

将 DC 110 V 电源转换成 DC 24 V 电源向 PLC、显示触摸屏、网关、安全用电记录仪供电；将 DC 110 V 电源转换成 DC 12 V 向传感器供电，将 DC 110 V 电源转换成 DC 48 V 电源向尾灯等负载供电。

e. 直流电器控制电路

(Ⅰ)额定工作电压：DC 110 V

(Ⅱ)电压波动范围:DC (77～137.5)V

f. PLC、触摸屏电路

(Ⅰ)额定工作电压:DC 24 V

(Ⅱ)电压波动范围:DC 20.4～26.4 V

g. 信号采集电路(传感器)

(Ⅰ)额定工作电压:DC 12 V

(Ⅱ)电压波动范围:DC 11.4～12.6 V

(Ⅲ)输出电压范围:DC 0～10 V;0～5 V

h. PLC、触摸屏及传感器供电电源

(Ⅰ)额定输入电压:DC 110 V

(Ⅱ)输入电压波动范围:DC 77～137.5 V

(Ⅲ)额定输出电压:DC 24×(1±5%) V

2. 空调系统控制功能

空调机组控制功能包括“自动”“停止”“试验暖”“试验冷”四个功能,通过综合控制柜的转换开关 SA2 实现切换。

(1)自动位

正常情况下,转换开关 SA2 置于“自动”位

①电源供电开始后,PLC 控制空调机组自动进入“自动”运行,PLC 根据车厢里温度传感器检出值与预先设定的“制冷”“制暖”温度值进行比较后,进行空调机组的“自动”运转,空调机组有六种工况“强风”“弱风”“强风半冷”“弱风半暖”“强风全冷”“弱风全暖”。在“制暖”工况中,客室电加热器与空气预热器联动。“制冷”温度设定值为空调机组从“强风半冷”工况转入“强风”工况时的临界温度;“制暖”温度设定值为空调机组从“弱风”工况转入“弱风半暖”工况时的临界温度。

②可以根据显示触摸屏上的菜单和提示,强制选择“强风”“弱风”“强风半冷”“弱风半暖”“强风全冷”“弱风全暖”等运行方式,此时空调机组不受温度控制,按下“全自动”触摸开关可以返回受温度控制“自动”状态。

③强通风机发生故障时,对应冷凝风机、压缩机停止工作;冷凝风机发生故障时,对应压缩机停止工作;弱通风机发生故障时,对应空气预热器、客室电加热器停止工作。

④在“强风半冷”或“弱风半暖”工况下,压缩机或空气预热器运行时发生故障,有故障的压缩机或空气预热器将停止运行,并自动切换到另一组压缩机或空气预热器启动运行;在“强风全冷”“弱风全暖”工况下,运行发生故障,有故障的压缩机或空气预热器停止运行,保持无故障压缩机或空气预热器继续运行。

⑤空调机组有故障时,通过按下显示触摸屏上的“停空调”停止空调运行,故障排除后,再按下“启空调”空调机组重新运行后,PLC 通过检测可以重新启动空调机组。

⑥故障排除后也可以通过转换开关 SA2 由“停止”位转换到“自动”位,空调机组自动转换到“自动”运行状态,通过 PLC 检测后,空调机组恢复运行。

(2)试验位

试验时,可将转换开关置于“试验冷”或“试验暖”,人为选择制冷工况,启动强风、冷凝风

机或制暖工况启动弱风。在制冷工况下，合上开关 Q41，启动压缩机 1，适当延时后再合上 Q42 启动压缩机 2。在制暖工况下，合上开关 Q41，启动加热 1，适当延时后再合上开关 Q42，启动加热 2。此时 PLC 只能对空调机组进行监测，不进行保护动作。

机组主回路中接有电流传感器，显示触摸屏上可以显示空调机组的运行工况、压缩机或空气预热器运行状况、累计运行时间及电流值，可以显示“制冷”“制暖”设定温度值。当机组出现过载、过流、缺相及三相不平衡故障时，显示触摸屏显示故障提示状态，相应空调故障灯亮。

空调机组的压缩机及空气预热器按照累计时间运行，半冷或半暖时累计时间少的机组启动运行，运行 2 h 后自动转换到另一机组交替运行。累计运行时间多的机组达到 9 997 h 后，同一空调两台机组运行时间同时减去一定时间，保证两台机组累计时间差不变。

3. 空调系统电气原理

可以把综合控制柜的空调电气图分为主电路和控制电路两大部分组成：主电路是由直接与压缩机等负载相连的三相电路部分；控制电路主要是以 PLC 为核心组成的相关电路。

(1)主电路

25T 客车空调系统的主电路与 25 G 是相似的，它由通风机、冷凝风机、压缩机、空气预热电加热和客室辅助电加热等主电路组成。由于安装了电流检测装置，可以方便地在显示触摸屏上检查相关负载的工作状况。电路参见附图 6-1、附图 6-2，其原理请自行分析。

(2)控制电路

此处以 25T 硬卧客车兼容控制柜为例进行分析。它以 PLC 为控制核心，PLC 通过其接口部分与电气柜中的电气通路相连。如前所述，空调机组控制功能通过兼容控制柜的转换开关 SA2 分为“自动”“停止”“试验暖”“试验冷”四个挡位。

①停止

SA2 置于“停止”位时，其所有触头断开，PLC 空调部分不得电，空调不工作。

②试验冷

SA2 置于“试验冷”位时，SA2(1-2)、SA2(9-10)接通，使 400 号线和继电器 KA4 得电工作。选择 Q41 和 Q42，可以相应达成半冷或全冷工况。全冷时，405 和 406 号线均得电，在 KA4 作用下，555、556、187、287 号线均得电，为全冷做好准备。

a. 通风

电气通路：555→KM11→626→FR12→627→[KM12]→−112。此时，接触器 KM12 得电吸合，通风机强风运行。

b. 冷凝

电气通路：556→KM12→600→FR14→601→FR15→603→[KM14]→−112。此时，接触器 KM14 得电吸合，冷凝风机 M14 和 M15 得电运行。

c. 制冷

电气通路：187→FT11、FP11→189→FA16→613→KM11→614→KA11→630→KM14→615→[KM16]→−112 和 287→FT12、FP12→289→FA26→623→KM11→624→KA12→

640→KM14→625→[KM17]→−112 接通，相应地，接触器 KM16、KM17 得电吸合，压缩机 M16、M17 得电运行。全冷工作。

注意：该过程是不受 PLC 控制的。

③自动

SA2 置于“自动”位时，SA2(3-4)、SA2(5-6)接通，使 401 和 520 号线得电。520 为 PLC 的接口 00 脚送入直流电源，使 PLC 空调部分运行，它将根据传感器输入信号，按照有关设置的程序自动运行，自动进入制冷或制暖工况。而 401 将直流电源送至 PLC 的接口 14 和 20 脚，它是为 PLC 输出时提供直流电源的，这样，它能与−112 号线接成输出回路的直流电源。

④试验暖

SA2 置于“试验暖”位时，SA2(7-8)、SA2(11-12)接通，使 404 号线和继电器 KA3 得电工作。选择 Q41 和 Q42，可以相应达成半暖或全暖工况。全暖时，405 和 406 号线均得电，在 KA3 作用下，554、63、560、43、561 号线均得电，为全暖做好准备。

a. 通风

电气通路：554→KM12→616→FR11→617→[KM11]→−112。此时，接触器 KM11 得电吸合，通风机弱风运行。

b. 制暖

电气通路：63→FT13→64→KM14→611→KA13→610→KM11→612→[KM18]→−112 和 43→FT14→44→KM14→621→KA14→620→KM11→622→[KM19]→−112 接通，560→KM12→568→[KM8]→−112 和 561→KM12→569→[KM9]→−112 也接通。相应地，接触器 KM18、KM19、KM8、KM9 都得电吸合，电热器 DR11、DR12 和客室电热Ⅰ、Ⅱ都得电运行。全暖工作。

注意：该过程是不受 PLC 控制的。

⑤信号采集

a. 压缩机、预热器负载电流采集

通过 JK5，将压缩机/预热器的三相电流采集，送入 PLC 中。在 PLC 接口端，分别将压缩机/预热器的相电流 U、V、W，从 JK5 的 A9、A10、A11 连接到 24、26、28 脚，通过显示触摸屏可以查看其电流。

b. 温度信息采集

温度传感器 PT100 的 A、B、B 连接到 PLC 接口的 5、6、7 脚，显示触摸屏可以显示温度，并且，为自动工况提供工作依据。

⑥空调运行信息显示

制冷 1、2 分别通过 KM16、KM17 动合触头，将信号送至 PLC 接口的 4、5 脚，显示触摸屏显示相应信息；制暖 1、2 分别通过 KM18、KM19 动合触头，将信号送至 PLC 接口的 2、3 脚，显示触摸屏显示相应信息。

⑦空调故障信息显示

在通风、冷凝、制冷或制暖的控制电路检测到故障信息时，它们将信息通过热继电器、故障继电器的相关动合触头，连接到 PLC 接口上。

a. 通风故障

弱风：通过 FR11，将信号送至 PLC 接口的 8 号脚。

强风：通过 FR12，将信号送至 PLC 接口的 9 号脚。

b. 冷凝风机故障

通过 FR14、FR15，将信号送至 PLC 接口的 7 号脚。

c. 制冷故障

制冷 1：通过 KA11，将信号送至 PLC 接口的 6 号脚。

制冷 2：通过 KA12，将信号送至 PLC 接口的 10 号脚。

d. 制暖故障

制暖 1：通过 KA13，将信号送至 PLC 接口的 11 号脚。

制暖 2：通过 KA14，将信号送至 PLC 接口的 12 号脚。

当上述情况发生时，触摸屏会显示相关信息，相应负载停机。PLC 控制方式，使控制电路更加简洁，功能更强大，并便于检修。

典型工作任务 2　客车综合控制柜空调控制系统操作

6.2.1　任务目标

根据操作流程介绍步骤，熟练掌握综合控制柜的操作方法，并结合铁路生产实际，参照现场工艺规程，合理维护保养综合控制柜，保证综合控制柜处于良好的状态。

6.2.2　相关配套知识

综合控制柜使用前，必须合理地设定系统参数，否则综合控制柜将无法正常运行，这些参数的设定应该在综合控制柜出厂、装车、车辆编组前进行设定、检验，一经设定不得随意更改。如图 6-1 所示，为显示触摸屏显示的主界面，在此界面选择相关操作。

1. 参数设定

操作步骤：显示触摸屏显示画面为“主界面”时，按下“管理界面”按钮，系统弹出要求输入密码界面，在输入区输入密码后，按“确认”键登录到“参数设定”界面。在参数设定界面上用手轻触数字显示处，利用键盘设定直流漏电保护值、交流漏电保护值、空调制冷、制暖设定温度值、空调机组制冷（压缩机）、制暖（空气预热器）额定值、有烟火报警时是否切断当前供电电源、车厢号、车辆号、蓄电池欠压保护值、欠压恢复值，输入值确认后按下回车键输入设定值。按下“返回”按钮回到主界面，如图 6-2 所示。

直流漏电保护值出厂时预设为 100 mA，交流漏电保护值出厂时预设为 150 mA。空调机组制冷（压缩机）、制暖（空气预热器）额定值按照所配合空调机组型号出厂前设定。空调制冷、制暖温度值可分别设定，但要保证制冷值高于制暖值，制冷、制暖值相差不小于 5 ℃。

制冷温度值（T1）的设定最低不得低于压缩机的低温保护值（20 ℃）。

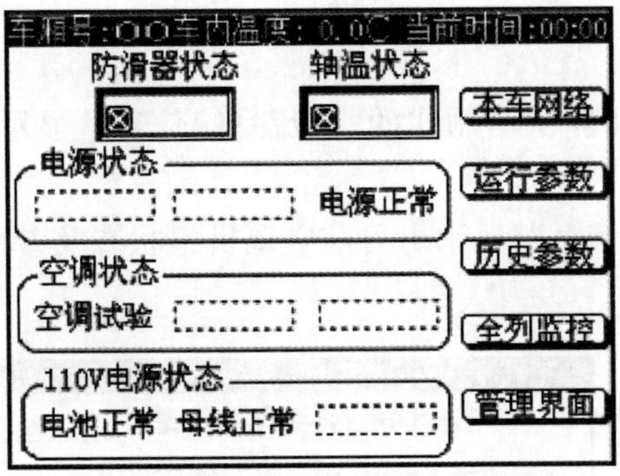

图 6-1 主界面

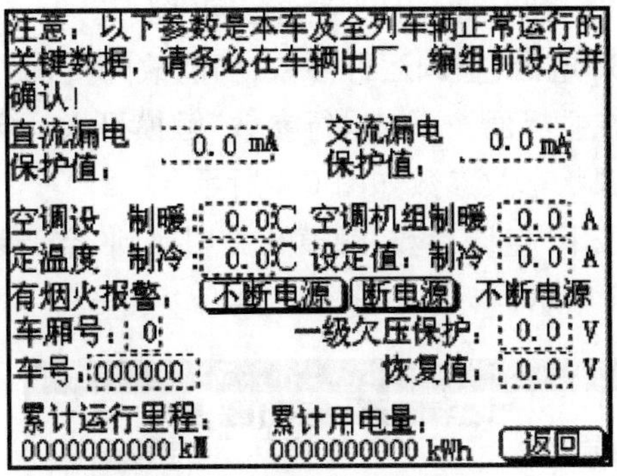

图 6-2 参数设定界面

车厢号设定可以在主界面直接设定。用手轻触车厢号显示处，弹出数字键盘界面，即可设定车厢号。车厢号必须在车辆编组后，运行前按照实际车厢号在显示触摸屏上设定，全列车辆车厢号不得重复，加车车厢号应依次顺延。例如：正常时最后一节车厢号为 17，则加 1、加 2、加 3 的车厢号在显示触摸屏上依次设定为：18、19、20。

2. 空调人工转换、操作

在主界面，按下“运行参数”触摸开关，进入“运行参数”界面；再按下“空调参数” 触摸开关，进入“空调参数”界面。

按下 “控制”触摸开关，调出“空调控制” 窗口，根据触摸开关上的文字提示人工强制选择空调工况，如图 6-3 所示。

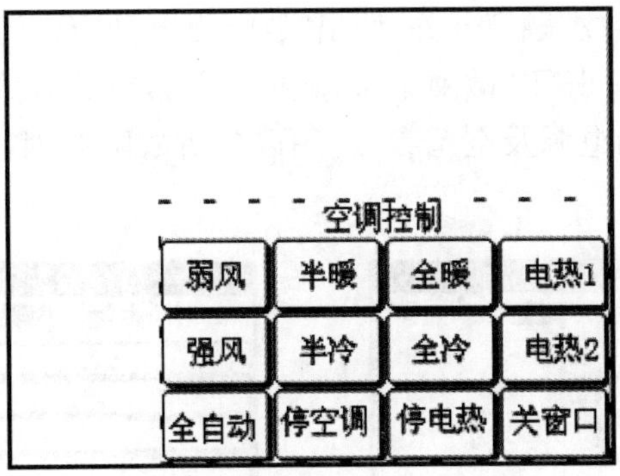

图 6-3 空调控制窗口界面

“空调控制”窗口设有十二个触摸键：强风、弱风、半冷、半暖、全冷、全暖、全自动、电热 1、电热 2、停空调、停电热。这些触摸开关的含义如下：

“强风”“弱风”“半冷”“半暖”“全冷”“全暖”是人工强制空调机组转换到所选择的工况运行，直到选择其他工况、停空调或全自动，此时空调机组处于不受温度控制的状态。

“停空调”是停止空调运行。

“全自动”是控制空调机组由不受温度控制的状态转换到受温度控制的自动运行状态。此时客室电热与空气预热器联动。

“电热 1”“电热 2”是启动客室电热器，“停电热”是关闭客室电热器。

“关窗口”是关闭“空调控制”窗口。

3. 电源、空调运行参数、当前故障查询

在主界面按下“运行参数”触摸开关，调出相应供电制式的“交流系统信息”，显示出目前电源状态及参数如图 6-4 所示。

按下“空调参数”触摸开关切换到“空调系统信息”，显示出目前空调机组状态及参数，如图 6-5 所示。

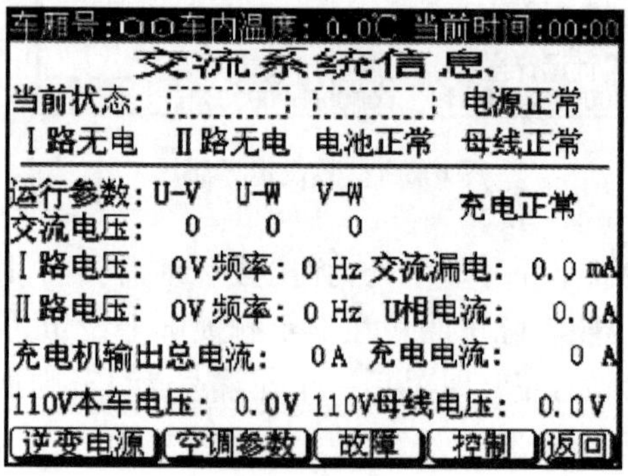

图 6-4　供电系统信息(交流供电制式)

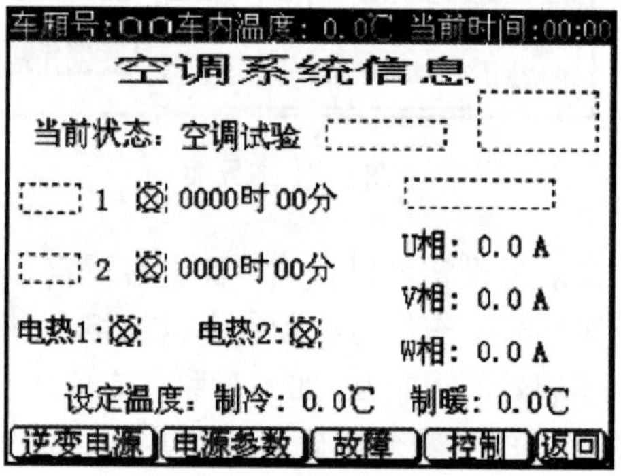

图 6-5　空调系统信息

按下“故障”触摸开关切换到“当前故障”，显示当前电气系统存在的故障，如图 6-6 所示。

4. 运行记录、故障记录、故障历史查询

在主界面按下“历史参数”触摸开关，调出“故障历史”界面，显示出电气系统最近出现的 256 个故障，如图 6-7 所示。按下“故障记录”触摸开关，调出“故障记录 1”界面，显示最近故障前十分钟、每隔两分钟的电源及空调参数，用以分析故障原因，按下“下翻”触摸开关可依次查看其他故障记录。

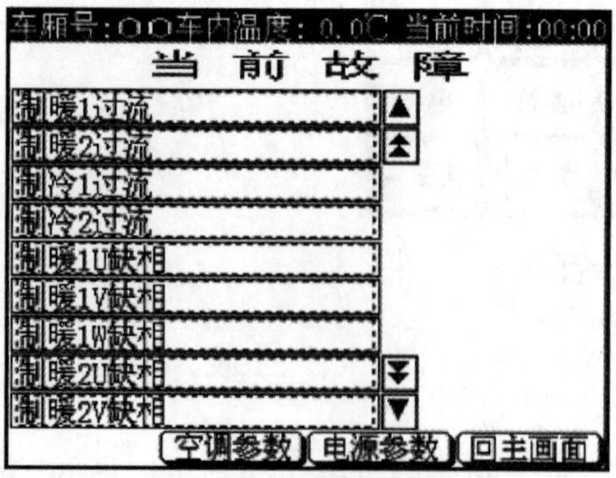

图 6-6　当前故障界面

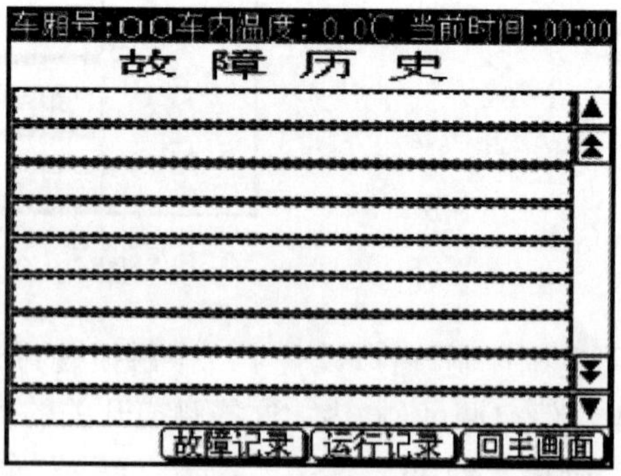

图 6-7　故障历史界面

在“故障历史”界面按下“运行记录”触摸开关切换到“运行记录 1”界面，显示出一定时间前电源参数及空调机组参数，按下“下翻”触摸开关可依次查看其他运行记录，运行记录每隔十分钟记录一次，一共 18 幅；通过触摸屏可以调出电气系统 3 h 以内的各种工作状态和运行参数，正常运行状态时平均每隔 10 min 记录 1 次，超过 3 h 后自动刷新；当出现故障时，应能及时记录，并进行提示。

5. 监视全列其他车厢状态、控制全列其他车厢

按下"全列监控"触摸开关，可切换到"全列监视"界面，只要轻触监视车厢号数字显示处，调出"键盘"，输入监视车厢号，确认后所监视车厢的电气系统基本信息即可显示出来。按下"回主画面"触摸开关返回主界面。

在"全列监视"界面，按下"全列控制"调出全列控制界面，如图 6-8 所示。根据其上的触摸开关及提示，如想控制其他车厢电源转换，可按下电源控制区内触摸开关；如想控制其他车厢空调机组转换工况，可按下空调控制区内触摸开关；如想控制其他车厢客室电热转换，可按下电热控制区内的按钮，触摸开关变黑为选中。按下"取消命令"可以取消选择，确认命令正确无误后，再按下"发送命令"触摸开关向受控车厢发送命令。按下"返回"触摸开关返回全列监视界面。

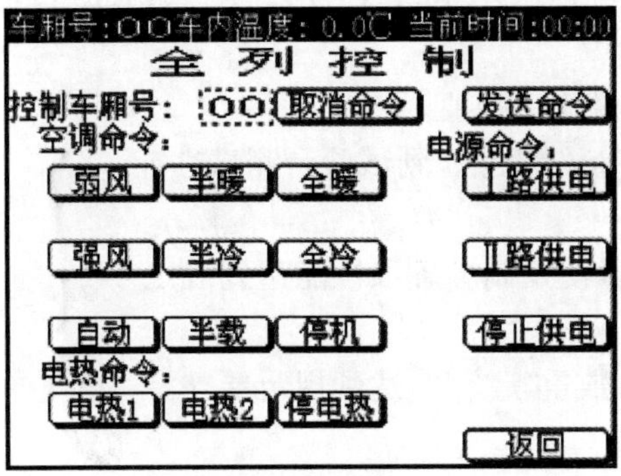

图 6-8　全列控制界面

典型工作任务 3　客车综合控制柜空调控制系统维护

6.3.1　学习目标

1. 熟悉车辆段综合控制柜检修规程工艺。
2. 能够正确掌握综合控制柜各类修程。
3. 了解综合控制柜空调系统的维护方法。
4. 能够自主动手独立完成综合控制柜的相关检修作业。

6.3.2　相关配套知识

1. 综合控制柜日常维护

(1)外观检查

①柜内应无锈蚀、变色、污染，应无灰尘和其他异物的混入；防尘密封垫、进线口防护胶圈应无龟裂、变色、变形、劣化、剥离；配线在端子部位，导线部位应无过热变形痕迹或损伤；配线符号和标识不应有脱落等；柜内和柜门活动部分的导线，不应有绝缘破损等等。

②各接线端子排紧固螺钉有无松动;各电器压接端子螺钉有无松动;电器固定螺钉有无松动;柜内电器安装板及配电柜安装螺钉有无松动;其他螺钉有无松动。

③柜门开启、关闭是否灵活,锁定装置是否可靠,门锁是否好用。

④电器安装是否牢固,各种开关操作是否正常。

⑤检查电器失电状态(接触器)标识是否正常。

日常维护保养中发现的问题应及时处理,不允许设备带病工作。

(2)定期维护保养

可分为月定期维护、半年定期维护和一年定期维护,可结合中国国家铁路集团有限公司有关规章制度进行。

①月定期维护保养

检查各电器状态(如触头粘接、触头不闭合、各断路器合不上闸或不能分闸等),经过检修或更换新品,恢复设备完好状态。

检查 Q1、Q2、JYJC、Q17、Q22、FR11、FR12、FR14、FR15 的测试按钮,动作是否正常。

②半年定期维护保养

a. 测试和整定断路器过流保护值。

b. 对所有电器进行检查,有疑点,到试验台测试性能。

c. 传感器校验。

经过半年定期维护保养使控制屏各项性能达到规定。

③一年定期维护保养

进行动态调试,各种参数重新统调,达到规定要求。

(3)主要电器件检修

①断路器的检修

a. 断路器的使用

(Ⅰ)断路器须垂直安装,安装应有足够的强度和绝缘距离。

(Ⅱ)接断路器母线,应事先固定好,再与断路器联结。

(Ⅲ)断路器安装完毕后,在主电路无电情况下,试操作几次,检查动作是否正确。

b. 维修、检修

(Ⅰ)断路器应保持清洁,经常清除表面及零部件灰尘和黑烟,注意不要破坏绝缘性能。

(Ⅱ)在活动零件及易磨损部位,应涂润滑油,改善零件工作条件。

(Ⅲ)如有损坏或磨损到限的零件,应及时更换。

(Ⅳ)各部分的螺钉、螺栓不应有松动。

(Ⅴ)灭弧室及栅片不应有熔接现象。

(Ⅵ)接点表面应保持光洁,如有斑点或表面不平,可用 200＃细砂纸研磨,若研磨后的接点厚度为原来的 1/3 或以下,须更换触头,且动、静触头应同时更换。

(Ⅶ)断路器的检查周期,由用户根据合分操作次数、接通与断开电流、使用环境条件及用户的经验而定。每次断开电流后,应检查一次;结合定期检查,半年进行一次简单检查维修,一年进行一次大检查,六年更换新品。

(Ⅷ)断路器在正常使用过程中,有易损零件(如弧触头、灭弧室)影响工作时,应进行更换。

②隔离开关检修

为防止事故的发生，隔离开关投入使用后，一个月检查一次，还需要定期检查维修。

a. 检查方法

(Ⅰ)导体连接处螺钉松动是产生发热的原因，应检查电线、端子紧固螺钉、电线紧固螺钉、导体接头紧固螺钉是否松动。

(Ⅱ)进行开闭操作，清扫接点。

b. 检修

(Ⅰ)触点磨损时，用细砂纸轻轻擦磨后，用中性洗剂、信纳水或汽油擦洗。

(Ⅱ)切断短路电流时，拆下隔离开关进行以下检查：测量绝缘电阻，若低于 5 MΩ，进行耐压试验，通过 2 倍的额定电压耐压试验可暂时使用，但应及时更换新品。

③接触器、继电器的检修

a. 检查触头有无粘接或接触不良。

b. 触头磨损状态

银系触点的接触器，继电器触点由于正常磨损造成表面凹凸及变色，没有必要用砂纸或锉刀打磨。

如接点突出很厉害，在烧损部分可用细锉(200 目)把接触面修整好，然后用浸有四氯化碳的布擦干净。

对不良的接触状态，可以和上述一样，用细锉打磨，防止灰尘和硫化物附着其上，保持接触面洁净。

2. 空调机组与控制柜地面配套试验

此作业所引用的标准为《铁路客车电气装置检修规则》。同时，进行空调系统维护试验需满足以下几项条件：

①从事 25 型客车空调机组与控制柜地面配套试验的人员须为车辆电工。

②作业人员必须经过培训和经理论、实作考试合格后，取得上级机关颁发的相关证书及工厂下发的上岗证后，方可进行作业。

③本工序常用工装器具有：螺丝刀、小万可螺丝刀、钳形电流表。

④检查工装、工具及着装是否符合作业要求，做好防护。

生产前查阅机组各元器件质量记录单，发现问题及时找有关人员解决，有疑问时不得盲目施工。检查试验台仪器仪表使用日期是否超期、送电情况及各功能情况。工艺过程如下：

(1)机组与试验台连接

①将被试机组吊装于机组试验小车上。

②将装于机组的试验小车推入试验站高温间。

③控制柜输出线、机组航空插头相互连接。(线端标记对应准确，端子紧固，连接紧固、可靠)

(2)功能试验

空调机组连续运转 1 h，通风、制冷、采暖及自动、手动控制功能良好，指示灯显示正确。机组自动开机或重启后，通风机、冷凝风机、压缩机依次延时按顺序启动。

①通风试验

接通电源，使机组工作处于通风状态，检查："弱风""强风"正常转换，控制柜"弱风""强风"指示正常。"弱风""强风"接触器 KM1、KM2 正常吸合，无异常声响。通风电机转向正确、无噪声。连续运转 10 min 后，检查电流、出风量，正常稳定。

②自动全暖试验

a. 将温度控制仪的设定温度调至比环境温度高出 5～7 ℃（用于使温度传感器顺利升温，以便空气预热器工作）。

b. 将通风功能选择开关置于"弱风"位，将"工况选择"开关置"全暖"位，将转换开关"SA2"置于"自动暖"位，使空调机处于弱通风、全暖状态时，检查：

空气预热器工作电流应正常。"弱风""制暖"指示灯应正常工作。"全暖"接触器 KM8、KM9 正常工作，无异常声响，自动转换正常。预热器采暖停开机的动作温度调整值应为 1.5 ℃。温度控制仪的两步控制温度相差 2 ℃。预热器与通风机的联锁作用可靠。连续工作 30 min，各部分正常工作，无噪声。

③自动半暖与均衡转换

将通风功能选择开关置于"弱风"位，将"工况选择"开关置"半暖"位，将转换开关"SA2"置于"自动"位，使空调机处于弱通风、半暖状态时（通过本机加热与降温，空调机反复启动二次），检查：

a. 每次停开机工作正常、接触器 KM8、KM9 自动均衡转换。

b. 将功能转换开关转到停机位，再重新开机到半暖状态，自动均衡转换。

④手动制暖试验

将空调机组置于手动采暖状态，检查：

a. 通风功能选择开关置于"弱风"位，将"工况选择"开关置"全暖"或"半暖"位，将转换开关"SA2"置于"手动"位，使空调机处于"弱通风""全暖"或"半暖"状态。

b. 在"全暖"状态时，在全暖状态时两组电预热器工作正常。

c. 在半暖状态时，通过停开机，检查两组电预热器的转换功能应正常。

⑤自动全冷试验

a. 将空调室的温度调至 30 ℃以上（创造空调机组室外侧工作温度），温度控制仪的设定温度调至比环境温度低出 5～7 ℃（用于使温度传感器顺利降温，以便使制冷系统工作）。根据季节变化，允许上下调整合适的整定值。

b. 通风功能选择开关置于"强风"位，将"工况选择"开关置"全冷"位，将转换开关"SA2"置于"自动"位，使空调机处于强通风、全冷状态。

c. "强风""制冷"指示灯应工作正常。

d. 接触器 KM6、KM7 工作正常、无噪声，自动转换正常。

e. 冷凝风机转向正确，无异常声响。

f. 压缩机各延时起动时间延时 60 s(70 s)。

g. 压缩机反复停开二次以上时各元件的工作正常。

⑥自动半冷与均衡转换

将通风功能选择开关置于"强风"位，将"工况选择"开关置"半冷"位，将转换开关

"SA2"置于"自动"位，使空调机处于强通风、半冷状态时（通过改变温度传感器的测试温度），检查：

a. 每次停开机工作正常、接触器 KM6、KM7 自动均衡转换。

b. 将功能转换开关转到停机位，再重新开机到半冷状态，自动均衡转换。

⑦手动制冷试验

将空调机组置于手动制冷状态，检查：

a. 通风功能选择开关置于"强风"位，将"工况选择"开关置"全冷"或"半冷"位，将转换开关"SA2"置于"手动"位，使空调机处于"强通风""全冷"或"半冷"状态。

b. 在"全冷"状态时，两组制冷压缩机工作正常。

c. 在半冷状态时，通过停开机，检查两组制冷压缩机的转换功能应正常。

⑧电流不平衡检查：三相电流值中任何一相电流值与平均值的偏差不超过平均值的10%（压缩机电机不超过 15%）。

⑨缺风试验

a. 断开控制回路空气开关 1Q 和主回路空气开关 2Q，拆下控制柜内通风机接线 1U、1V、1W，使弱通风不工作。

b. 合上 1Q、2Q，将空调机组处于全暖工作状态。

c. 当空气预热器的温度保护器温度达到（70±5）℃时，超温保护动作，通风机停止工作、空调机组停止工作，"制暖故障"指示灯亮。

d. 断开 1Q、2Q，将 SA1 置"停"位，恢复通风机接线 1U、1V、1W。

e. 合上 1Q、2Q，将机组置于强通风状态，电预热器温度降至（50±10）℃时，超温保护重新复位。

f. 重新启动制暖工作正常。

⑩偏载试验

a. 断开 1Q、2Q，拆下冷凝风机接线其中任意一相。

b. 合上 1Q 、2Q，使空调机组处于"半冷"工作状态。

c. 冷凝风机热继电器自动断开，机组停止工作。

d. 断开 1Q、2Q，将 SA1 置"停"位，恢复冷凝风机接线；合上 1Q、2Q，间隔 2 min 后恢复热继电器动作按钮。

e. 重新启动制冷，机组工作正常。

⑪零压试验

a. 使空调机组正常工作，断开 1Q，机组突然断电。

b. 合上 1Q，机组不能恢复原工作状态。

c. 必须将 SA1 开关置"停"位后，重新起机，方可工作。

⑫过欠压保护试验

对应 AC 220V 电压数值：

当电压高于 AC 253_{-5}^{0}V 时，过压保护；AC 242_{-5}^{0}V 时，恢复正常。

当电压低于 AC 187_{0}^{+5}V 时，欠压保护；AC 253_{0}^{+5} V 时，恢复正常。

(3)交车

在自检、互检合格的基础上,进行交检、交验。

典型工作任务4　客车综合控制柜空调控制系统故障处理

6.4.1　任务目标

1. 掌握通过综合控制柜分析空调常见故障的处理方法。
2. 能够独立排查空调系统的常见故障。
3. 针对不同的故障,能够独立拿出处置方案。
4. 能够最大程度保证行车安全运营,提升空调使用寿命。

6.4.2　相关配套知识

下面根据作业规程,以 TKDT-1T1 型空调电气柜为对象,举例分析空调电气系统的常见故障,并提出适当的处理方法。

对于分析故障,分析思路为:故障现象→操作排除→分析→故障点确认→处理。

1. 客车空调故障处理

空调故障指示灯亮红色或橙色,表示空调系统有故障,可通过触摸屏当前故障界面(图 6-9)查看故障信息。

图 6-9　当前故障界面

(1)压缩机(空气预热器)过载保护

正常运行时,实时监测压缩机(空气预热器)的三相工作电流,当测得压缩机(空气预热器)线电流为设定值的 1.5 倍并持续 1 min,将对压缩机(空气预热器)进行过载保护,切断相应的接触器,触摸屏显示故障信息(见图 6-9)并记录。

故障处理:将空调工况转换开关 SA2 置于"试验"位,合 Q41(或 Q42),使曾故障的压缩机(空气预热器)工作,一方面通过触摸屏查看压缩机(空气预热器)电流,另一方面用钳形电流表分别测量三相电流,当压缩机 1(空气预热器)过载保护,则测量端子排上 U16、V16、W16(U18、V18、W18)的电流,如果钳形电流表测量的数值与触摸屏显示值相符,且超过设定值的 1.5 倍,说明压缩机 1(空气预热器)有故障或设定值过低,如果确认压缩机 1(空气预热器)有故障,应将空调工况转换开关 SA2 置于"试验冷(暖)"位,合 Q42,断开 Q41,维持运行。当压缩机 2(空气预热器)过载保护,则测量端子排上 U17、V17、W17(U19、V19、W19)的电流,如果钳形电流表测量的数值与触摸屏显示值相符,且超过设定值的 1.5 倍,说明压缩机 2(空气预热器)有故障或设定值过低,如果确认压缩机 2(空气预热器)有故障,应将空调工况转换开关 SA2 置于"试验冷(暖)"位,合 Q41,断开 Q42,维持运行。

如果钳形电流表测量的数值与触摸屏显示值明显不符,应检查 JK5U、JK5V、JK5W 交流电流传感器。

(2)压缩机(空气预热器)过流保护

正常运行时,实时监测压缩机(空气预热器)的三相工作电流,当测得压缩机(空气预热器)线电流大于等于设定值 2 倍并持续 2 s,将对压缩机(空气预热器)进行过流保护,触摸屏显示故障信息并记录。

(3)压缩机(空气预热器)三相电流不平衡保护

当压缩机三相电流值最大(或最小)值与平均值的偏差大于 15%时,将在 10 s 左右切断压缩机电源进行保护,触摸屏显示出相应的故障信息并记录。

当空气预热器(PTC 元件)三相电流值最大(或最小)值与平均值的偏差大于 20%时,触摸屏显示出相应的故障信息并记录;当偏差大于等于 30%时,应在 10 s 内切断空气预热器电源进行保护。

(4)压缩机(空气预热器)缺相保护

压缩机(空气预热器)发生缺相故障时,应在 2～5 s 内切断压缩机(空气预热器)电源进行保护,触摸屏显示相应的故障信息并记录。

(5)空调机组在全自动半工况运行时,机组主回路中三相电流传感器 JK4、JK5 所测得的是Ⅰ/Ⅱ号空调机组中单台压缩机或空气预热器的三相电流值,此时压缩机或空气预热器出现过载(设定值的 1.5 倍),切断相应负载电源;出现过流(设定值的 2 倍)切断相应负载电源;出现三相电流不平衡(压缩机:15%切断压缩机电源;空气预热器:20%报警提示,30%切断空气预热器电源);出现缺相(负载的某一相电流小于 2A),切断相应负载电源,PLC 可判别相应的故障。空调机组在“试验冷”或“试验暖”半工况运行时,触摸屏上只显示相应信息,PLC 不能进行自动切断故障负载电源。

但当空调机组在自动全工况运行时,机组主回路中三相电流传感器 JK5 所测得的是空调机组中两台压缩机或空气预热器的总三相电流值,如此时空调机组发生上述故障时,PLC 要准确判断出是空调机组中具体哪一台压缩机或空气预热器的故障,就复杂得多了。PLC 通过程序控制首先将空调机组中的压缩机 1 或空气预热器 1 停止工作,然后进行检测判断。如此时空调机组电流正常,即可判断为压缩机 1 或空气预热器 1 发生故障;如此时空调机组电流仍不正常,则可判断为压缩机 2 或空气预热器 2 发生故障,切断其工作电源,然后延时 3 min 重新启动压缩机 1 或空气预热器 1。空调机组在“试验冷”或“试验暖”全工况运行时,因为电流传感器 JK5 测得的空调机组总电流如果出现不正常,PLC 不能控制空调机组先停止一台负载进行判断,所以判断故障的条件也就不能和空调机组自动全工况运行时判断故障的条件一样。

(6)热继电器保护

FR11、FR12、FR14(FR15)分别是弱风机、强风机、冷凝风机保护热继电器,当 FR14(FR15)保护动作时,同时触摸屏上显示“冷凝风机故障”;当 FR11 或 FR12 保护动作时,空调故障指示灯显示红色,同时触摸屏上显示“弱风机故障”或“强风机故障”。故障排除后,方可手动使热继电器复位,重新启动空调。

(7)空调机组内部保护

如果过流继电器或空调机组压力温度保护单元动作,压缩机(空气预热器)将停止工作,触摸屏上应显示“压缩机(预热器)1(2)内部保护故障”,空调故障指示灯显示橙色。

(8)PLC对压缩机(空气预热器)的过载、过流保护的电流动作值和压缩机(空气预热器)正常工作时的额定值是相关联的。由于空调客车硬座车、硬卧车、软卧车、餐车、行李车配套使用的空调机组型号不同,机组压缩机和空气预热器的额定电流值及额定功率也不同,因此综合控制柜在使用前,必须对应空调机组正确设定相应的压缩机电流值和空气预热器电流值。

空调机组型号、空气预热器额定功率,见表6-1。

表6-1　空调机组型号、空气预热器额定功率

序号	空调机组型号	适用车型	空气预热器功率(kW)
1	KLD-45PQU	YW	9(4.5 kW×2)
2	KLD-35PQU	RW	6(3.0 kW×2)
3	KLD-40PQU	CA	9(4.5 kW×2)
4	KLD-9PQU	XL	2.1

空调机组型号、压缩机、空气预热器额定电流,见表6-2、表6-3。

表6-2 压缩机额定电流

机组型号	KLD-29P	KLD-35	KLD-40	KLD-45
额定电流	8.6 A	10.9 A	13.6 A	

表6-3　空气预热器额定电流

机组型号	KLD-29P	KLD-35	KLD-40	KLD-45
额定电流	5.0 A		6.8 A	

空调机组压缩机配套使用的过流继电器保护电流值,见表6-4。

表6-4　过流继电器保护电流值

机组型号	KLD-29P	KLD-35	KLD-40(45)
过流继电器型号	PR-763-61	PR-763-54	PR-763-82
保护电流值	13.2 A	16.0 A	18.0 A

触摸屏在空调参数画面(图6-10)上显示的空调机组中压缩机和空气预热器的实时值(空调机组半工况运行时,为空调机组中单台负载的电流;全工况运行时,为空调机组中两台负载的总电流)。由于压缩机受机组压力、环境温度、空气预热器(PTC元件)受通风量大小等多方面因数的影响,空调机组压缩机、空气预热器工作电流值是在一定范围内变化的。因此在触摸屏上设定的空调机组电流值应根据空调机组压缩机、空气预热器的实际工作电流值来进行设定。

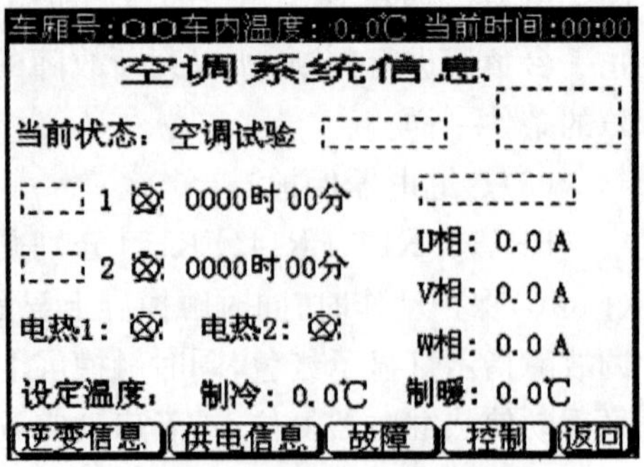

图6-10　空调系统信息界面

在触摸屏上设定空调机组电流值可参考可参考表6-5数值进行。

表6-5 空调机组电流值

序号	空调机组型号	适用车型	制暖电流设定值	制冷电流设定值
1	KLD-45	YW	5.0～5.5 A	12.0 A左右
2	KLD-35	RW	5.5～6.0 A	10.0 A左右
3	KLD-40	CA	5.5～6.0 A	12.0 A左右
4	KLD-9	XL	3.0～3.5 A	3.2 A左右

注:制暖/制冷电流设定值均为单台负载的电流值

以上给出的设定值仅是空调机组在试验和运行中的经验值。实际使用中可根据不同机型、不同生产厂家的空调机组有所变化。KLD45、KLD35、KLD40空调机组的设定值可根据情况上下浮动1 A以内,KLD9空调机组的设定值可根据情况上下浮动0.8 A以内。

一般来说,在实际运用中可以这样进行设定压缩机(空气预热器)电流值:先将空调机组置于半工况状态,待负载电流稳定后,记录电流值(单台负载),然后将空调机组置于全工况状态,待负载电流稳定后,记录电流值(两台负载总电流)。兼顾压缩机(空气预热器)半工况和全工况时的电流值,可大概取总电流的平均值作为电流设定值。

2. 排查、处理客车综合控制柜空调故障

空调机组检修完成后,可按附表6-1中内容让学生对空调机组及控制柜中的故障逐一排查、处理,并给予相应的评分。

复习思考题

1. 试述空调机组日常维护和保养的内容。
2. 空调装置电气系统检查内容有哪些?
3. 单元式空调装置经常发生的故障有哪些?
4. 如何分析单元式空调机组不制冷的故障?
5. 口述客车空调机组静态检查内容。
6. 口述客车空调机组动态检查内容。

项目7 客车空调机组调试及故障分析

项目描述

1. 在空调制造工厂进行的空调机组性能试验。

2. 在客车造修工厂进行的修旧空调机组性能试验及空调机组与电气柜配套试验、装车试验。

3. 空调机组常见故障分析。

学习目标

1. 知识目标：理解空调机组型式试验的试验项目、试验方法、试验标准。
掌握空调机组例行试验的试验项目、试验方法、试验标准。
掌握空调机组的技术参数。
掌握修旧空调机组性能试验及空调机组与电气柜配套试验、装车试验的试验项目、试验方法、试验标准。
理解空调机组电气故障、制冷故障的分析方法。
掌握空调机组常见故障分析及处理方法。

2. 能力目标：能够与他人配合进行空调机组例行试验的操作。
能够与他人配合进行修旧空调机组性能试验及空调机组与电气柜配套试验、装车试验的操作。
能够独立判断并与他人配合处理常见的空调故障。

3. 素质目标：培养学生严谨、认真、刻苦、实事求是、坚持不懈的工作态度。培养学生爱岗敬业、勇于创新的职业精神。

典型工作任务1 客车空调机组性能试验

7.1.1 任务目标

1. 理解空调机组型式试验的试验项目、试验方法、试验标准。

2. 掌握空调机组例行试验的试验项目、试验方法、试验标准。

3. 掌握空调机组的技术参数。

4. 能够与他人配合进行空调机组例行试验的操作。

7.1.2 相关配套知识

空调机组出厂时须进行性能试验。性能试验分为型式试验、例行试验。

1. 型式试验

型式试验是为了验证产品能否满足技术规范的全部要求所进行的试验。型式检验时，随机抽样一个产品，检验过程中不允许更换，有下列情况之一时应进行型式检验：

(1)新产品定型或首次生产时；

(2)产品结构、生产设备、材料、工艺有较大改变时；

(3)正常连续生产 5 年时；

(4)停产 2 年以上，恢复生产时；

(5)生产场地变更时。

2. 例行试验

例行试验是一种需要经常和反复做的试验项目，因为可以说是照惯例做的试验，应逐件进行，合格的产品应有合格证，合格证的内容包括：产品名称、编号、制造厂名或代号、制造年月、检验人员。

型式试验项目包括例行试验项目。

3. 试验条件

(1)实验室要求

①应有一间室内侧实验房间，房间内应能创造与机组正常运行相同的温湿度和风量等条件，房间的测试条件应保持在允许的范围内，试验室空调机组附近的空气流速应不超过 2.5 m/s。

②应有一间室外侧试验房间，房间具有足够的容积，房间内能创造与机组正常运行相同的温湿度及风量等条件，房间除安装要求的尺寸关系外，机组的空气排出侧与房间墙距不少于 2 m，机组其他表面和房间墙距不少于 1 m。

(2)空调机组制冷量的试验设备符合铁道行业标准规定。

(3)如无特殊说明，所有试验均按空调机组铭牌的额定电压、额定频率进行。试验室供电电压波动不超过试验电压的±3%，频率波动不超过试验频率的±1%。

(4)全部测量仪器、仪表应在计量检定周期内，并附有计量检定合格证或校准证书，工作稳定，测试准确。仪器仪表的型式和精度符合铁道行业标准规定。

4. 性能试验项目、方法及标准。

(1)外观尺寸检查。(型式、例行试验)

①检查方法

采用目视及常规测量器具进行外观和尺寸检查。

②检验标准

外观及尺寸符合按规定程序批准的图样和技术文件技术参数要求。

(2)运转试验。(型式、例行试验)

①试验方法

在试验室内进行。空调机组连续运转 1 h,测量电流、电压及蒸发器进出风温度,检查安全保护装置的灵敏可靠性,检查温度、电器控制元件等的动作。

②检验标准

a. 主电路、控制电路电压符合技术参数要求。

b. 通风机、冷凝风机转向正确、无异常机械碰撞,工作电流正常,电流不平衡度小于10%;压缩机工作电流正常,电流不平衡度小于 15%,吸排气压力符合要求。预热器工作电流正常,电流不平衡度小于 10%。

c. 蒸发器进出风温差在 10 ℃以上。

d. 低压保护继电器动作值(0.19±0.03) MPa,恢复值(0.32±0.03) MPa;高压保护继电器动作值(2.9±0.01) MPa,恢复值(2.4±0.01) MPa。

(3)制冷系统密封性试验。(型式、例行试验)

①试验方法

空调机组在正常的制冷剂充灌量下并运转后,用卤素检漏仪或其他同等精度的检漏仪器进行检漏。

②检验标准

制冷系统中制冷剂的泄漏量不超过 14 g/年。

(4)喷水试验。(型式、例行试验)

①试验方法

空调机组在运转情况下向机组均匀喷水,喷水时间不应少于 10 min。喷水试验装置应符合如下规定:

a. 能保证在车顶上全面积喷水,侧墙自上侧梁以下二分之一高度(但对侧墙设有车窗的车辆,应达到车窗下边缘),范围内的面积上喷水;其余部位为淌水。

b. 喷水强度应不低于 6 mm/min。

c. 喷水时喷头处的水压应不小于 0.10 MPa。

d. 喷头至各喷水表面的距离应不大于 1.5 m。

e. 喷头的喷水孔直径不应小于 1.0 mm。

f. 车顶喷头中心线在车辆横断面的投影应大致垂直于车顶表面。两侧喷头中心线在车辆横断面上的投影应与水平面成(45±5)°。

②检验标准

喷水结束后,检查与车体接口部位各处焊缝及接缝处不应漏水。

(5)绝缘电阻试验。(型式、例行试验)

①试验方法

喷水试验完成后，用表 7-1 规定的兆欧表测量空调机组各回路间、各回路对地间的绝缘电阻。

表 7-1 兆欧表选取等级

供电电源	发电机(3N AC 380 V)，DC 600 V 直接供电，逆变器、变频器供电	AC 220 V	DC 110 V 及以下
兆欧表等级	1 000 V 级	500 V 级	500 V 级

②检验标准

空调机组各回路间、各回路对地间的绝缘电阻不应小于 2 MΩ。

(6)介电强度试验。(型式、例行试验)

①试验方法

对空调机组各回路间、各回路对地间施加表 7-2 规定的试验电压，历时 1 min。

表 7-2 介电强度

供电电源	发电机供电(3N AC 380 V)	DC 600 V 直接供电，逆变器、变频器供电	DC 110 V	DC 110 V 以下
试验电压	AC 1 500 V、50 Hz	AC 2 500 V、50 Hz	AC 1 000 V、50 Hz	AC 500 V、50 Hz

②检验标准

无击穿或闪络现象。

(7)额定制冷量试验。(型式试验)

①试验方法

按表 7-3 规定的额定制冷工况，在试验室内进行。被试空调机组运行不少于 1 h，在工况稳定后记录数据，每隔 15 min 记录一次，直至连续 5 次的试验数据允差在规定范围以内。通过空气焓差法测量确定制冷量。

工况稳定是指试验时各参数达到工况值后 0.5 h 内不超过规定的允差范围(在此期间允许微调)。

表 7-3 空调机组试验工况 (单位：℃)

试验项目	室内侧进气参数		室外侧进气参数	
	干球温度	湿球温度	干球温度	湿球温度
额定制冷工况	29	23	35	—
最大负荷制冷工况	32.5	26	45	—
低温工况	21	15.5	21	—
凝露工况	27	24	27	—

②检验标准

空调机组实测制冷量与额定制冷量允许偏差不超过－5%。

(8)最大负荷制冷量试验。(型式试验)

①试验方法

按表 7-3 规定的最大负荷制冷工况，在试验室内进行。在第 1 h 运行期间，当空调机组停机 3 min 后，再启动连续运行 1 h，但在启动运行的最初 5 min 内允许过载保护器跳开，其后不允许动作;在运行的最初 5 min 内过载保护器不复位时,在停机不超过 30 min 内复位的,应连续运行 1 h。通过空气焓差法测量确定制冷量。

②检验标准

空调机组实测制冷量与额定制冷量允许偏差不超过−20%。

(9)最大负荷制冷工况调压启动试验。(型式试验)

①试验方法

在试验室内进行,将空调机组的输入电压调至额定电压的 90%,按表 7-3 规定的最大负荷制冷工况,连续运转 1 h 后停机(停机期间电压回升不应超过 3%),再连续启动 3 次,每次停机时间间隔为 2 min。最后一次启动机组连续运行 30 min。将空调机组的输入电压调至额定电压的 110%,按上述方法进行试验。

②检验标准

空调机组应能正常启动和工作。

(10)凝露试验。(型式试验)

①试验方法

在试验室内进行,按表 7-3 规定的凝露工况,空调机组连续运行 4 h。

②检验标准

空调机组出风口不应有雾气或水滴吹出,凝结水应能顺利地从排水孔排出,机箱的其他部位不应有渗漏凝结水的现象,电气部件接线部位不应有凝结水。

(11)制冷输入功率试验。(型式试验)

①试验方法

在额定制冷量、最大负荷制冷量试验时,测得的空调机组的电压、电流、频率、输入功率及功率因数。

②检验标准

空调机组的制冷输入功率包括压缩机、通风机、冷凝风机等的总功率,总功率因数不应小于 0.80。

(12)额定制热试验。(型式试验)

①试验方法

电热型空调机组,在额定通风量下,在电热额定制热工况下测定电热装置的输入功率及电流值。

②检验标准

电热装置的实测制热功率允许为额定值的 100%～115%(PTC 加热元件)和 100%±10%(电加热管)。

(13)空气预热器安全试验

①试验方法

试验分三个步骤。

a. 正常工作模式测试:在电热额定制热工况下,空气预热器按功能要求的最大功率开启运行至少 30 min,然后切断全部电源,超高温保护器不应发出故障信号。试验后,检查周围温度和空气温度应符合检验标准。

b. 过热保护器测试：在电热额定制热工况下，空气预热器按功能要求的最大功率开启运行至少 30 min，模拟送风机故障，过热保护器在 70 ℃±10 ℃动作，切断空气预热器电源，在 50 ℃以下复位后空气预热器能重启。整个过程超高温保护器不应发出故障信号。试验后，过热保护器和超高温保护器都不应有损坏。检查加热腔表面温度、周围元件表面温度、空气温度等应符合检验标准。

c. 超高温保护器测试：在电热额定制热工况下，空气预热器按功能要求的最大功率开启运行至少 30 min，模拟送风机、过热保护器同时失效。超高温保护器在 140 ℃±10 ℃动作后切断电加热器电源。在超高温保护器动作后，不应引起明火，检查空气预热器所在腔内的顶板、侧壁、电线等处最高表面温度，结果应符合检验标准。

②检验标准

超高温保护器在过热保护器故障时应起保护作用，该保护作用需人为干预才能恢复。进行空气预热器安全性试验时，在超高温保护器动作之后，不应引起明火，空气预热器所在腔内的顶板侧壁，电线等处最高表面温度不应超过 270 ℃，无部件损坏，无安全隐患。

(14)噪声试验。(型式试验)

①试验方法

在额定电压、额定频率下，按技术条件的规定测定空调机组整机的噪声。空调机组应安装在台架上，机组底面离地面距离大于 100 mm，测试环境为反射平面(地面)上的半自由声场，应在出风侧连接 2 m 可调节阻尼的风道，按额定的通风量进行测定，整机噪声的测点布置符合技术条件的规定。

②检验标准

空调机组的声压级噪声不应大于 78 dB(A)。

(15)振动、冲击试验。(型式试验)

①试验方法

按《轨道交通机车车辆设备冲击和振动试验》GB/T 21563—2018 中 1 类 A 级规定的试验方法进行振动、冲击试验。试验后，应重新对空调机组进行运转试验、制冷系统密封性试验、喷水试验、绝缘电阻试验和介电强度试验规定的性能测试。

②检验标准

空调机组耐振动和冲击性能应符合《轨道交通机车车辆设备冲击和振动试验》GB/T 21563—2018 中 1 类 A 级的要求。试验后，空调机组的零部件不应受损坏，紧固件不应松动，空调机组的密封、防水、绝缘、介电强度等性能应符合要求，空调机组通电后应运行正常。

(16)低温工况试验。(型式试验)

①试验方法

在试验室内进行，按表 7-3 规定的低温工况，空调机组连续运行 4 h。

②检验标准

a. 试验中空调机组运转部位不应损坏。

b. 试验中风量不应低于额定值的 75%。

(17)静压试验。(型式试验)

①试验方法

在试验室内进行，空调机组通风机运转，按技术条件的规定进行静压测定，以额定通风量时测得的静压值作为评价指标。

②检验标准

其静压值应符合空调机组技术参数的规定。

(18)通风机空气动力特性试验。(型式试验)

①试验方法

在实验室内进行，在空调机组通风机高速运转的条件下，通过调节空调机组的机外静压改变通风量，测量机外静压随通风量变化的特性曲线，要求测点不少于7个。

②检验标准

通风机的风量特性曲线应平滑。

(19)称重。(每批次抽验)

使用磅秤对空调机组进行称重，结果符合表7-4规定。

表7-4 空调机组的质量

序号	型号	质量(kg)
1	KLD-29/09TD-E(X)	约750
2	KLD-35/06TD-E(X)	约750
3	KLD-45/09TD-E(X)	约850
4	KLD-09/02TD-E(X)	约400
5	KLD-29/06-E(X)	约700
6	KLD-35/06-E(X)	约750
7	KLD-40/09-E(X)	约850
8	KLD-09/02-E(X)	约400
9	KLD-29/06GD-E(X)	约700
10	KLD-35/06GD-E(X)	约750
11	KLD-40/09GD-E(X)	约850
12	KLD-09/02GD-E(X)	约400

(20)空调机组与电气柜配套试验。(型式、例行试验)

在典型工作任务2中重点介绍。

5. 空调机组技术参数

(1) 运行速度160 km/h铁道客车用空调机组主要技术参数(见表7-5)

表7-5 运行速度160 km/h铁道客车用空调机组主要技术参数

序号	型号		KLD-29/09TD-E(X)	KLD-35/06TD-E(X)	KLD-45/09TD-E(X)	KLD-09/02TD-E(X)
1	型式		车顶平底弧顶单元式(前送底回)			
2	电源	主电路	三相AC 380×(1±10%)V,50×(1±5%) Hz(逆变器供电，有断电区)或三相四线AC 380×(1±10%)V,50×(1±5%)Hz			
3		控制电路	DC 110V(波动范围:77～137.5 V)或AC220×(1±10%)V,50×(1±5%) Hz			

续上表

序号	型号			KLD-29/09TD-E(X)	KLD-35/06TD-E(X)	KLD-45/09TD-E(X)	KLD-09/02TD-E(X)
4	制冷量(kW)			29	35	45	9
5	总风量	高速(m^3/h)		4 500	4 500	6 000	1 600
6		低速(m^3/h)		3 000	3 000	4 000	1 000
7	新风量(m^3/h)	夏季	≥35 ℃	900	600	1 000	160
8			<35 ℃	1 350	900	1 500	
9		冬季	>0 ℃	900	600	1 000	120
10			≤0 ℃且>−15 ℃	600	400	670	
11			≤−15 ℃	400	260	400	
12	机外静压(Pa)			180±20	250±15	205±20	80±10
13	制冷剂			R407C、R134a、R410A 等环保型			
14	制冷输入功率(kW)			约 14.6	约 16.5	约 20.2	约 4.8
15	外形尺寸(mm)不包括安装座及两侧护板			2 100×2 100×650(长×宽×高)	2 100×2 100×650(长×宽×高)	2 800×2 100×650(长×宽×高)	1 450×2 100×490(长×宽×高)
16	机组弧顶 R(mm)			2 360			
17	预热器功率(kW)			9.0(4.5+4.5)	6.0(3+3)	9.0(4.5+4.5)	2.1
18	构架材质			SUS304			

(2) 运行速度 120 km/h 铁道客车用空调机组主要技术参数(见表 7-6)

表 7-6 运行速度 120 km/h 铁道客车用空调机组主要技术参数

序号	型号		KLD-29/06-E(X)	KLD-35/06-E(X)	KLD-40/09-E(X)	KLD-09/02-E(X)
1	型式		车顶平底弧顶单元式(前送底回)			
2	电源	主电路	三相 AC 380×(1±10%)V 50×(1±5%)Hz			
3		控制电路	AC 220×(1±10%)V 50×(1±5%)Hz			
4	制冷量(kW)		29	35	40	9
5	总风量	高速(m^3/h)	4 500	4 500	6 000	1 600
6		低速(m^3/h)	3 000	3 000	4 000	1 000
7	新风量	高速(m^3/h)	1 500	1 100	2 000	160
8		低速(m^3/h)	1 000	750	1 300	100
9	机外静压(Pa)		180±20	250±15	205±20	80±10
10	制冷剂		R407C、R134a、R410A 等环保型			
11	制冷输入功率(kW)		约 14.6	约 16.5	约 18.8	约 4.8
12	外形尺寸(mm)不包括安装座及两侧护板(及两侧护板)		2 100×2 100×650(长×宽×高)	2 100×2 100×650(长×宽×高)	2 800×2 100×650(长×宽×高)	1 450×2 100×490(长×宽×高)
13	机组弧顶 R(mm)		2 360			
14	预热器功率(kW)		6.0(3+3)	6.0(3+3)	9.0(4.5+4.5)	2.1
15	构架材质		SUS304			

(3)运行速度 120 km/h、DC 600V 供电铁道客车用空调机组主要技术参数(见表 7-7)

表 7-7　运行速度 120 km/h、DC 600V 供电铁道客车用空调机组主要技术参数

序号	型　号		KLD-29/06GD-E(X)	KLD-35/06GD-E(X)	KLD-40/09GD-E(X)	KLD-09/02GD-E(X)
1	型式		车顶平底弧顶单元式(前送底回)			
2	电源	主电路	三相 AC 380×(1±10%)V,50×(1±5%)Hz(逆变器供电,有断电区)			
3		控制电路	DC 110 V(波动范围:77～137.5 V)			
4	制冷量(kW)		29	35	40	9
5	总风量	高速(m^3/h)	4 500	4 500	6 000	1 600
6		低速(m^3/h)	3 000	3 000	4 000	1 000
7	新风量	高速(m^3/h)	1 500	1 100	2 000	160
8		低速(m^3/h)	1 000	750	1 300	120
9	机外静压(Pa)		180±20	250±15	205±20	80±10
10	制冷剂		R407C、R134a、R410A 等环保型			
11	制冷输入功率(kW)		约 14.5	约 15.5	约 18.8	约 4.8
12	外形尺寸(mm)不包括安装座及两侧护板		2 100×2 100×650(长×宽×高)	2 100×2 100×650(长×宽×高)	2 800×2 100×650(长×宽×高)	1 450×2 100×490(长×宽×高)
13	机组弧顶 R(mm)		2 360			
14	预热器功率(kW)		6.0(3+3)	6.0(3+3)	9.0(4.5+4.5)	2.1
15	构架材质		SUS304			

典型工作任务 2　客车空调机组性能试验、配套试验、装车试验

7.2.1　学习目标

1. 掌握修旧空调机组性能试验及空调机组与电气柜配套试验、装车试验的试验项目、试验方法、试验标准。

2. 能够与他人配合进行修旧空调机组性能试验及空调机组与电气柜配套试验、装车试验的操作。

7.2.2　相关配套知识

1. 修旧空调机组性能试验项目、方法及检验标准

(1)喷水试验

试验方法及检验标准同典型工作任务 1 的喷水试验。

(2)绝缘电阻试验

试验方法及检验标准同典型工作任务 1 的绝缘电阻试验。

(3)介电强度试验

试验方法及检验标准同典型工作任务 1 的介电强度试验。

(4)运转试验

试验方法及检验标准同典型工作任务 1 的运转试验。

(5)通风量试验

试验方法:在通风机高速、低速工况下测试机组的通风量。

检验标准:通风量符合技术参数要求。

(6)额定制冷量试验

方法同典型工作任务 1 的额定制冷量试验。

检验标准:经过厂修的空调机组实测制冷量不低于原设计参数的 90%。

(7)最大负荷制冷量试验

试验方法同典型工作任务 1 的最大负荷制冷量试验。

检验标准:经过厂修的空调机组运转和启动正常。

(8)凝露试验

试验方法及检验标准同典型工作任务 1 的凝露试验。

2. 空调机组与电气柜配套试验项目、方法及检验标准

(1)试验用代号定义

T:温度传感器检出值;

ΔT:温度回差值(1.5 ℃);

T_1:空调机组从制冷工况转入通风工况时的临界温度,一般取 24 ℃;

T_3:空调机组从通风工况转入半暖工况时的临界温度,一般取 18 ℃;

$T_1+\Delta T$:空调机组转入半冷工况时的临界温度;

$T_2+\Delta T$:空调机组从半冷工况转入全冷工况时的临界温度($T_2=T_1+2$ ℃);

$T_3+\Delta T$:空调机组从制暖转入通风时的临界温度;

T_4:空调机组从半暖转入全暖时的临界温度($T_4=T_3-2$ ℃);

注:通过显示屏可以设定 T_1、T_3的值,T_1与 T_3之间必须有 4~6 ℃的差值。

(2)试验条件

①温度

a. 工作间(模拟车外环境,对应空调机组新风)内温度应能在 12~40 ℃范围内可调。

b. 空调间(模拟车内环境,对应空调机组回风)能模拟车内夏季 30 ℃以上、冬季 16 ℃以下温度。

②电源

a. AC 380 V / AC 220 V

AC 380×(1±10%)V,50×(1±5%)Hz,不小于 60 kV·A。

AC 220×(1±10%可调)V,50×(1±5%)Hz。

b. DC 110 V

DC 110 V[DC(77~137.5)V 可调],不小于 20 kV·A。

以上电源指实验间电源输出指标,并能满足技术标准规定的精度。

③试验仪表

万用表、钳形电流表、相序表等状态良好,电气测量仪表准确度均不低于 0.5 级,且在定检期内。

(3)试验准备

①将空调机组吊装至试验架上，按照空调机组型号及相关技术文件，进行空调机组与电气柜间电气连接。

②AC 380 V 电源相序正确。

(4)保护功能试验

①过、欠压保护试验

a. 过压保护试验

(Ⅰ)试验方法

在实验室内进行，空调选择开关置自动位，空调机组分别在弱风、强风自动工况下工作，风机转向正确，调整某路供电电源的相电压高于过压保护动作值 AC 253_{-5}^{0} V 且持续时间超过 5 s。

(Ⅱ)检验标准

空调机组停止工作。在 3 min 内，调整供电电源的相电压达到过压保护恢复值 AC 242_{-5}^{0} V，空调机组能够重新启动工作。

b. 欠压保护试验

(Ⅰ)试验方法

在实验室内进行，空调选择开关置自动位，空调机组分别在弱风、强风工况下工作，调整某路供电电源的相电压低于欠压保护动作值 AC 187_{0}^{+5} V 且持续时间超过 5 s。

(Ⅱ)检验标准

空调机组停止工作。在 3 min 内，调整供电电源的相电压达到欠压保护恢复值 AC 198_{0}^{+5} V，空调机组能够重新启动工作。

②电气柜的故障诊断、保护功能试验

a. 通风机热继电器保护试验

(Ⅰ)试验方法

在实验室内进行，空调选择开关置自动位，空调机组分别在全暖、全冷自动工况下工作，冷凝风机转向正确，制冷(制暖)正常的情况下，使通风机发生过载故障。

(Ⅱ)检验标准

自动全暖工况下，热继电器动作，通风机、预热器停止工作。空调指示灯显示红色，触摸屏显示空调故障，当前故障界面、故障历史界面显示弱风故障。

自动全冷工况下，热继电器动作，通风机、冷凝风机、压缩机停止工作。空调指示灯显示红色，触摸屏显示空调故障，当前故障界面、故障历史界面显示强风故障。

消除故障，热继电器复位后，空调指示灯不亮，触摸屏显示空调正常，当前故障界面无故障显示，通过触摸屏或空调选择开关重新启动，通风机可恢复工作。

b. 冷凝风机热继电器保护试验

(Ⅰ)试验方法

在实验室内进行，空调选择开关置自动位，空调机组在全冷自动工况下工作，制冷正常的情况下，使冷凝风机发生过载故障。

（Ⅱ）检验标准

热继电器动作，冷凝风机、压缩机停止工作，通风机继续运转。空调指示灯显示橙色，触摸屏显示空调故障，当前故障界面、故障历史界面显示冷凝风机故障。

故障消除，热继电器复位后，空调指示灯显示绿灯，触摸屏显示空调正常，当前故障界面无故障显示。通过触摸屏或空调选择开关重新启动，冷凝风机可恢复工作。

c. 压缩机内部保护试验

（Ⅰ）试验方法

在实验室内进行，空调选择开关置自动位，空调机组在全冷自动工况下工作，制冷正常的情况下，使压缩机发生过载故障。

（Ⅱ）检验标准

过流继电器（电动机断路器）动作，压缩机停止工作，通风机、冷凝风机继续运转。空调指示灯显示橙色，触摸屏显示空调故障，当前故障界面、故障历史界面显示制冷空调机组内部故障。

故障消除，过流继电器（电动机断路器）复位后，故障显示保持，即：空调指示灯显示橙色，触摸屏显示空调故障，当前故障界面显示制冷空调机组内部故障。通过触摸屏或空调选择开关重新启动，可消除故障显示，并重新启动空调。

d. 空气预热器内部保护试验

（Ⅰ）试验方法

在实验室内进行，空调选择开关置自动位，空调机组在全暖自动工况下工作，制暖正常的情况下，使空气预热器 1 发生过热故障。

（Ⅱ）检验标准

预热器 1、2 停止工作，通风机继续运转。空调指示灯显示橙色，触摸屏显示空调故障，当前故障界面、故障历史界面显示制暖 1 空调机组内部故障。

故障消除，故障显示保持，即：空调指示灯显示橙色，触摸屏显示空调故障，当前故障界面显示制暖 1 空调机组内部故障。通过触摸屏或空调选择开关重新启动，可消除故障显示，并重新启动空调。

（5）试验冷、试验暖工况试验

①试验冷工况

a. 试验条件

调整工作间温度不低于 30 ℃，空调间初始温度不低于 30 ℃。新风门全开。

b. 试验方法

在实验室内进行，空调选择开关置自动位，调出触摸屏空调控制界面，选择强风工况，强风接触器吸合，空调指示灯显示绿色，强风运转 5 min；选择半冷工况，冷凝接触器吸合，冷凝风机运转，延时后压缩机接触器吸合，压缩机工作 5 min；选择全冷工况，延时后压缩机接触器吸合，两台压缩机全部工作，此工况下稳定工作 1 min 后，测量强风机、冷凝风机、压缩机各相电流并记录，每 5 min 测量记录 1 次，共进行 4 次，完成后关机。

c. 检验标准

强风机、冷凝风机、压缩机运转正常，无异响异振，触摸屏无空调故障报警。强风机、冷凝风机三相电流中任何一相电流与平均值的偏差不超过平均值的10%，压缩机不超过15%。

d. 空调选择开关置试验冷位，试验冷继电器吸合，强风机、冷凝风机工作，闭合试验半工况1空开，制冷1压缩机工作；间隔10 s后，闭合试验半工况2空开，制冷2压缩机工作。稳定运转5 min后关机。空调运转正常，停、开机以及半冷、全冷工况转换正常，动作可靠。

②试验暖工况

a. 试验条件

工作间温度不高于20 ℃，空调间初始温度不高于16 ℃，新风风门全开。

b. 试验方法

在实验室内进行，空调选择开关置自动位，调出触摸屏空调控制界面，选择弱风工况，弱风接触器吸合，空调指示灯显示绿色，弱风运转5 min；选择半暖工况，延时后预热器接触器吸合，预热器工作5 min；选择全暖工况，延时后预热器接触器吸合，两台预热器全部工作，此工况下稳定工作1 min后，测量弱风机、预热器各相电流并记录，每5 min测量记录1次，共进行4次，完成后关机。

c. 检验标准

弱风机、压缩机运转正常，无异响异振，触摸屏无空调故障报警。弱风机、预热器三相电流中任何一相电流与平均值的偏差不超过平均值的10%。

d. 空调选择开关置试验暖位，试验暖继电器吸合，弱风机工作，闭合试验半工况1空开，制暖1预热器工作；间隔10 s后，闭合试验半工况2空开，制暖2预热器工作。稳定运转5 min后关机。空调运转正常，停、开机以及半暖、全暖工况转换正常，动作可靠。

(6)自动工况试验

①自动制冷工况试验

a. 试验条件

调整工作间温度不低于30 ℃，空调间初始温度不低于30 ℃，根据实验需要实时调整空调间温度。新风门全开。

b. 试验方法

在实验室内进行，空调选择开关置自动位。空调间温度>$(T_2+\Delta T)$，空调进入全冷工况；降温过程中，当$T_2>T\geqslant T_1$，空调进入半冷工况；$T_1>T>(T_1-2\Delta T)$时，空调进入强风工况；$T_1-2\Delta T\geqslant T>T_3$时，空调进入弱风工况。调整空调间温度从$T_3$上升到$T_2+\Delta T$，升温过程中，当$(T_1-\Delta T)\leqslant T<(T_1+\Delta T)$时，空调进入强风工况；当$(T_1+\Delta T)\leqslant T<(T_2+\Delta T)$，空调进入半冷工况；当$T\geqslant(T_2+\Delta T)$，空调进入全冷工况。

c. 试验标准

各工况转换温度正确，触摸屏显示正常，控制柜各电气元件、空调机组工作良好。

②自动制暖工况试验

a. 试验条件

工作间温度不高于20 ℃，空调间初始温度不高于16 ℃，根据实验需要实时调整空调间温度。新风风门全开。

b. 试验方法

在实验室内进行，空调选择开关置自动位。空调间温度$\leqslant T_4$时，空调进入全暖工况；升温过程中，当$(T_4+\Delta T)<T\leqslant(T_3+\Delta T)$ 时，空调进入半暖工况；$(T_3+\Delta T)<T<(T_1-\Delta T)$时，空调进入弱风工况；当$(T_1-\Delta T)\leqslant T<(T_1+\Delta T)$时，空调进入强风工况。调整空调间温度从 $T_1+\Delta T$ 降到 T_4，降温过程中，当$(T_3+2\Delta T)\geqslant T>T_3$ 时，空调进入弱风工况；当 $T_3\leqslant T<T_4$ 时，空调进入半暖工况；当 $T\leqslant T_4$ 时，空调进入全暖工况。

c. 试验标准

各工况转换温度正确，触摸屏显示正常，控制柜各电气元件、空调机组工作良好。

(7)预热器转换试验(适用于运行速度 160 km/h 铁道客车用空调机组)

空调机组内空气预热器分 2 组，在自动制暖工况下空气预热器功率转换由外温控制，温度控制回差为±1.5 ℃。

①试验条件

检查触摸屏管理界面半暖设定值为 15 ℃，全暖设定值为 5 ℃。实时调整外气温度传感器使检测温度为实验需要温度。

②试验方法

空调选择开关置自动位，触摸屏空调参数界面显示外气温度≤5 ℃时，2 组预热器全部工作；当 5 ℃<外气温度<15 ℃时，1 组预热器工作；当外气温度≥15 ℃时，预热器停止工作。

③试验标准

转换温度正确，触摸屏显示正常，预热器在半暖、全暖工况下工作良好。预热器功率与外温关系符合表 7-8 规定。

表 7-8 空调机组预热器功率转换与外温关系

序 号	外 温	KLD-29/09TD-E	KLD-35/06TD-E	KLD-45/09TD-E
1	≥15 ℃	0	0	0
2	15～5 ℃	4.5 kW	3 kW	4.5 kW
3	≤5 ℃	9 kW	6 kW	9 kW

(8)电动新风调节门试验(适用于运行速度 160 km/h 铁道客车用空调机组)

空调机组加装电动新风调节门 1 个，空调自动模式下，新风调节门的开度受外温控制，温度控制回差为±1.5 ℃。

①试验条件

检查触摸屏管理界面风口调节设定时间符合表 7-9 规定，调整使外气温度传感器检测温度为实验需要温度。

表 7-9 新风调节门开度与通电时间的关系

序 号	风挡	机组型式	KLD-29/09TD-E	KLD-35/06TD-E	KLD-45/09TD-E
1	强风	全开	全开位	全开位	全开位
2		Ⅰ挡	60 s	72 s	60 s
3	弱风	全开	全开位	全开位	全开位
4		Ⅱ挡	66 s	77 s	68 s
5		Ⅲ挡	81 s	95 s	83 s

注：各车型空调机组新风调节门动作时间应满足各车相关技术条件。

②试验方法

a. 空调选择开关置自动位，调整使外气温度传感器检测温度为 32 ℃。风口增大时，手动制造新风门卡死故障，120 s 后触摸屏显示风门故障；消除故障，调整使外气温度传感器检测温度为 38 ℃，风口从全开位返回减小时，手动制造新风门卡死的故障，30 s 后触摸屏显示风门故障。

b. 自动制冷工况下，调整使外气温度传感器检测温度，从 32 ℃上升到 35 ℃，新风调节门从全开位到Ⅰ挡位，记录动作时间，再将检测温度恢复到 32 ℃，电动新风调节门恢复到全开状态。

c. 自动制暖工况下，调整使外气温度传感器检测温度，从 8 ℃下降到 0 ℃时，新风调节门从全开位到Ⅱ挡位，记录动作时间；再将检测温度从 0 ℃下降至 −15 ℃时，新风调节门调整到Ⅲ挡，记录动作时间。试验完毕后，检测温度恢复到 0 ℃以上，电动新风调节门恢复到全开状态。

③试验标准

a. 新风调节门开度与外温的关系见表 7-10。

表 7-10　新风调节门开度与外温的关系

序　号	工　　况	外温(T_e)	新风门开度
1	制冷及通风工况(夏季)	$T_e \geqslant 35$ ℃	Ⅰ挡
2		$T_e < 35$ ℃	全开
3	采暖及通风工况(冬季)	$T_e > 0$ ℃	全开
4		-15 ℃ $< T_e \leqslant 0$ ℃	Ⅱ挡
5		$T_e \leqslant -15$ ℃	Ⅲ挡

b. 风口从全开位减小操作到Ⅰ挡、Ⅱ挡、Ⅲ挡的动作时间符合表 7-9 或相关技术条件规定。

3. 装车试验项目、方法及检验标准

(1)试验场地

在整车调试厂房内进行。

(2)绝缘电阻试验

①试验方法

用绝缘表在电气柜内测量，电气主回路中各线对地(壳体)的绝缘。

②检验标准

绝缘阻值不小于 2 MΩ。

(3)通风试验

①试验方法

先后开启弱风机、强风机。

②检验标准

通风机运转平衡，无异响振动，转向正确。各出风口风速均匀，出风量的大小须随“强风”“弱风”转换而变化，各出风口无异声。

(4)制暖试验

①试验方法

开启制暖工况。

②检验标准

空调机组控制柜对车内辅助电加热器的控制须正常。在“制暖”位工作一段时间后，车内须无异常情况，各辅助电加热器的工作须正常。空气预热器与通风机连锁作用可靠。自动、手动制暖功能良好，工作正常。

(5)制冷试验

①试验方法

在外温许可时开启制冷工况。

②检验标准

自动、手动制冷功能良好，工作正常。

典型工作任务3 客车空调机组故障分析

7.3.1 学习目标

1. 理解空调机组电气故障、制冷故障的分析方法。
2. 掌握空调机组常见故障分析及处理方法。
3. 能够独立判断并与他人配合处理常见的空调故障。

7.3.2 相关配套知识

1. 空调机组的正常工作状态

单元式空调机组是由全封闭式压缩机以及其他部件组成的封闭制冷循环系统。由于机组采用全封闭的结构，机组上不设压力表，所以无法直接掌握系统内部的工作压力变化。要判断机组工作状态，只能通过客室降温、通风情况、机组电气控制设备的工作状态、仪表显示和指示灯显示情况等进行分析推断。这对判断制冷系统工作的情况是很不方便的。因此，必须熟练掌握机组工作中的正常状态，区别发生故障的不正常状态，才能较为准确的判断空调机组的运行情况。机组正常工作的特点如下所述：

(1)启动机组通风机、冷凝风机运转后，压缩机至少延时 60 s 再起动，并且各台压缩机的起动时间应相互错开。这时电流表指针摆动应正常，一般先增大，然后很快下降，稳定到一定位置。各电动机在启动时应没有异常的振动及摩擦声响。压缩机起动平稳，无剧烈振动，没有敲击声或拉锯声。机组工作后，运转平稳，无特别噪声。

(2)机组起动一定时间后，客室各出风口应有冷风吹出，室内温度均匀下降。

(3)机组在全冷工况工作时，回风口和出风口温差在 8～10 ℃范围内是正常的。

(4)机组工作电流的大小对反映压缩机组工作状态有重要参考价值。在正常情况下，客室回风口温度为 24～30 ℃时，机组工作电流：制冷量为 29 kW 的机组在全冷工况下电流不低于 20～22 A，半冷工况，电流不低于 13～15 A；制冷量为 40 kW 机组在全冷工况电流不低于 29～31 A，单机工况，电流不低于 20～22 A。机组工作电流若低于上述值，系统可能有泄漏，若偏高太多，则可能有机械或电气方面的故障。

(5)空调温控情况良好，外温在 36 ℃左右时，客室内温度能大约控制在 22～27 ℃。

(6)通风系统良好，各空气滤网清洁，无堵塞现象，出风口或回风口无水滴出。

2. 空调机组故障检查、分析方法

(1)电气系统故障检查、分析

①外观检查

a. 检查电器元件有无变色、烧毁、松脱、裂损、断线及绝缘体烧损发出的焦糊汽味。

b. 检查保护电器的动作情况。

c. 检查触摸屏故障记录。

②控制电路试验

断开主电路空开，进行各工况试验，检查各继电器、接触器动作情况。若不符合规定者，则说明与此电器有关的电路存在问题，在此电路中进行逐项分析和检查，一般便可发现故障。工作中必须注意人身及设备的安全。要遵守安全操作规程，不得随意触动带电部分。

③利用仪表器材检查

a. 利用万用表的电阻挡检测线路、电器元件及电动机的绕组阻值。

b. 利用绝缘表检测线路、电动机对地绝缘。

c. 利用万用表的电压挡检测线路的电压是否正常、三相是否平衡。

d. 利用试电笔检查线路故障；也可以用完好的电器元件替换可疑的电气元件的方法找出故障元件；也可采用局部输入信号的方法，查找机组控制线路中的故障点。

e. 利用钳形电流表检测通风机、冷凝风机的工作电流。

f. 利用钳形电流表检测压缩机的工作电流。

压缩机的额定电流，是制造厂在试验室做性能试验时，在测量额定制冷量情况下，所测量的额定电流。它是在标准规定的额定制冷工况(室内侧空气干球温度 29 ℃ ，室内侧空气湿球温度 23 ℃，室外侧空气干球温度 35 ℃)下测量的。若空调机组是在接近标准规定的额定制冷工况下运行，其工作电流接近额定电流，说明空调机组制冷量能达到它的额定制冷量。若工作电流低于产品的额定电流，则其输入功率低，说明其制冷量小于额定制冷量；若测出电流高于额定电流，不说明其制冷量高于额定制冷量，说明空调机组有故障，应检查原因。因此，可根据压缩机工作电流偏离额定电流情况来粗略判断压缩机工作是否正常，当压缩机工作电流低于正常工作电流，可定为制冷剂不足。

总之，检查分析电气故障的顺序和方法，应按不同的故障情况灵活掌握，力求迅速有效地找出故障点，判明故障原因，及时排除故障。

(2)制冷系统故障检查、分析

①吸气压力对系统的影响

a. 吸气压力低：吸气压力低于正常值，其原因有制冷剂量少，冷负荷小，冷凝压力低及过滤器不畅通等。以上几种原因都会引起系统循环量减小，冷凝负荷也相应减小，冷凝压力下降。

b. 吸气压力高：吸气压力高于正常值，其原因有制冷剂充注过多，冷负荷大，冷凝压力高以及压缩机效率差等。以上几种原因会引起系统循环量增加，冷凝负荷增加，使其冷凝压力升高。

②排气压力对系统的影响

a. 排气压力高:排气压力高于正常值,其原因有冷却介质流量低或冷却介质温度高,制冷剂充注量过多,冷负荷大等。以上原因会引起系统的循环量增加,冷凝负荷也相应增加。为了调整散热量,只能提高冷凝温度,才能解决系统的热平衡。对于冷却介质流量低和冷却介质温度高的情况,它使冷凝器散热效果降低而引起冷凝温度升高。制冷剂充注过多的另一个原因是多余制冷剂占据了部分冷凝管,使冷凝面积减少,引起冷凝温度升高。

b. 排气压力低:排气压力低于正常值,其原因有压缩机效率差,制冷剂量少,冷负荷小,冷却介质温度低,干燥过滤器不通畅。以上几种原因都会引起系统循环量下降,冷凝负荷量小而使冷凝温度下降。

③蒸发温度、冷凝温度对制冷系统的影响

制冷系统的蒸发温度与其吸气压力是对应的,冷凝温度是与排气压力是对应的,分析了吸气压力与排气压力的变化情况,就等于分析了蒸发温度与冷凝温度的变化情况。实质上系统的吸气温度与排气温度关系很密切。即吸气温度高,排气温度也相应提高,反之则低。吸气温度与系统的流量有关系,流量大则吸气温度低,反之则高。温度过高、过低都不好,应在正常范围内变动。

④高压部分各表面温度对系统的影响

a. 压缩机外壳温度变化对压缩机和系统的影响

(Ⅰ)压缩机温度过高的影响及原因:压缩机表面温度超出正常范围,主要是系统的吸气温度过高(高于 15 ℃),过高的过热蒸汽进入压缩机后,使压缩机的温度上升。过热蒸汽的温度越高,压缩机的温度升得越高,其后果是对油的冷却不利;以致影响运动件的润滑,加速磨损,严重者会引起冷冻油结碳,加速阀板组的磨损,同时也使系统的制冷量下降,也不利于电机的冷却,加速电机绝缘老化。

(Ⅱ)压缩机温度过低的影响及原因:压缩机表面温度低于正常范围,其原因是吸气温度过低(空调机组为低于 5 ℃),这对冷冻油和电机绕组的冷却有利,但它会使系统的制冷量下降。吸气温度特别低时,会使 3/4 以上外壳结露。有液击的可能,这是对压缩机的致命打击,应特别注意。同时油内溶解大量的制冷剂,也不利于运动件润滑。

b. 排气管温度变化对系统的影响:夏季正常情况下,压缩机的排气管温度比较高,出现不正常的高温,轻者使压缩机制冷量下降,重者使压缩机不能工作。排气温度过低,排气管不烫手,这说明吸气温度特别低,压缩机可能会产生湿冲程运行或系统内工质相当少。压缩机湿冲程会损坏阀结构,制冷剂在不足情况下运行,影响电机绕组的散热,加速绝缘材料的老化。

c. 冷凝器散热管温度变化的影响及原因:正常情况是排气管进入的前半部散热管很热,但其温度是逐步下降的趋势,后半部散热管的热感程度与前半部有较大的降低。这是由于后半部管内制冷剂已逐步液化,已达到冷凝温度和过冷温度。不正常情况时,一种是前半部不太热,后半部接近常温(环境温度),其原因是压缩机吸入液态制冷剂或制冷剂量少;另一种现象是整个冷凝管都很热,其原因是制冷剂量过多或通风量小,或环境温度很高。

d. 干燥过滤器温度情况:情况与输液管相同,但它有一个突出的不正常现象是过滤器发凉，其原因是过滤器滤网部分网孔被污物阻塞，使过滤器不畅通，制冷剂流过过滤网时，有节流现象。还有一种不正常情况是过滤器不热，与环境温度相近，其原因是过滤网全部被污物堵塞，制冷剂流不过去。

e. 输液管温度情况：正常情况下，输液管为温热，不正常情况为比较热，其原因是冷凝器散热不好，冷凝器温度高或制冷剂充注量太多。

⑤低压部分有关温度对系统的影响

a. 毛细管情况正常情况：毛细管很凉并有露水，有液体流动声。不正常情况：一表面很凉也结露，但流动声较响是气体流动，其原因是制冷剂量少；二表面不凉，不结露，听不到流动声音，其原因是毛细管堵塞。

b. 蒸发器温度正常情况：蒸发器外表面很冷，其冷凝露水不断地滴下来，进出风温度差较大，通常可在 8～10 ℃。不正常情况：蒸发器表面不太凉，露水不多或不结露，可以听到流动声很响，进出风温差小，其原因是制冷剂不足。

c. 吸气管温度正常情况：吸气管手感很凉并结露。不正常情况一是吸气管太冷甚至结霜，致使压缩机大面积结露。原因是制冷剂流量大，液体不能在蒸发器内全部气化，有液体回流现象。其危害性是压缩机有可能进行湿冲程压缩，严重时会产生液击，阀片受到威胁，二是吸气管不凉，不结露，压缩机很热，其原因是制冷剂流量小或制冷剂量不足，其后果是使排气温度上升，制冷量下降。也可能是蒸发器严重脏堵，通风不好，使热交换很差。

⑥环境温度对系统的影响

室外气温超出规定值(一般为 45 ℃)系统运行就有可能超出正常情况，主要发生在冷凝温度高，排气温度高，制冷量下降，其后果是引起超负荷运行。

3. 空调机组常见故障分析、处理

(1)空调机组不工作

这类故障一般发生在供电线路与控制线路上。

①电源部分

a. 电源无电、缺相：检查电源柜上的电压表或电气综合柜触摸屏各相电压值，可确定故障，进行处理。

b. 电源电压过高或过低：电源电压超过规定值，会使保护电器动作，切断控制线路，控制回路则无法工作。处理方法是调整输入电源。

②电气控制电路

a. 控制电路的电源线路断路：测量与检查电源线路供电电压，找出断路部位并修复。

b. 接插件接触不良：测量接插件两端接线端子，若不导通，重新接插，再测量确认接触良好。

c. 选择开关内部断路：通过万用表测量，确定故障后更换。

(2)只有通风机工作

这类故障可能是电气控制线路本身的故障，也可能是制冷系统与风机系统的故障，这些故障会引起有关保护器件的动作而切断电路。它虽反映在电气控制系统上，但故障可能是电气方面，也有可能发生在制冷系统等方面。

①电气控制部分：应检查机组控制电器和有关保护电器的故障，最常见的是冷凝风机或

压缩机电机的保护电器动作，应查找原因并处理后，将保护电器复位。还可检查以下几点。

a. 接线端子接触不良：如压缩机接线端子松弛。修复。

b. 冷凝风机和压缩机交流接触器线路断路：检查测量交流接触器线圈和两接线端子。若不导通，更换导线或接触器。

c. 压力继电器损坏：测量其接线端子不导通。进行修复或更换压力继电器。

d. 温度控制器调节不当：整定值高于车内温度，或传感器温度修正值不对。重新调整。

e. 温度控制器损坏：如发现其常开触点不闭合，应更换或修复温度控制器。

f. 保护电器有故障：如测量进出接线端子不导通，处于断开位置。检查、修复或更换过载保护器。

②电机部分：冷凝风机与压缩机电机过热、短路或烧坏，测量电机部分绝缘电阻和线圈电阻值。损坏者更换。

(3)压缩机不启动

开机后通风机、冷凝风机运转，而压缩机不运转，且电机发出“嗡嗡”的电磁噪声。这是压缩机不启动或电机做极慢速度的运转，时间稍长一点，过载保护器就会动作而切断电源。这类故障主要出在压缩机内。

①电源及电器部分

缺相运行，即电机三相线路断了一相，电机作两相运行。这时电流很大，噪声很大，随后保护器件动作。检查修复电源及有关电气器件。

②压缩机部分

a. 压缩机机械部分故障，压缩机内部机械部分故障，造成压缩机损坏。更换压缩机。

b. 压缩机电气部分故障，压缩机电机绕组匝间短路或绝缘层严重老化，电机运转慢，电流极大，并发出“嗡嗡”噪声，不多时保护器件动作，使压缩机停机。更换压缩机。

(4)出风口无风

通风机没有运转。先检查通风机主电源回路是否有电，通风机接触器主触点是否闭合，热继电器是否动作，空气开关是否跳闸断开。再通过输送至通风机的三相电源线，检查通风机电机绕组绝缘情况，以判别电机是否烧损。

如果以上检查没有问题，应检查控制回路。如工况转换开关，通风机接触器线圈回路，以及与其有关的电器、接线等(其他各电机电器不动作故障，都可以此类推)，一般可以很快找出故障点。

风量小的原因可能是通风机电源相序不对，造成反转，或者是蒸发器滤网堵塞、蒸发器翅片间脏堵造成通风不畅，结霜、结冰堵塞。

(5)空调机组在运行中突然发生故障停机

①压缩机缺油造成拉缸、烧瓦等故障。

②高、低压继电器保护动作，指示灯显示红色，压缩机停机。

a. 高压继电器动作

(Ⅰ)制冷剂过量。这种情况往往在刚刚对系统充氟后出现。部分冷凝管被液体占据，排气压力过高，吸气管和泵壳结露，超载运行，引起热保护器动作。放掉部分制冷剂到规定量(吸气管结露)为止。

(Ⅱ)制冷系统吸入空气。部分冷凝管被空气占据,排气压力高,排气温度特高,吸气压力也高,泵壳很热,造成保护电器动作。停机排空气。

(Ⅲ)冷凝器外部结垢,通风不畅。清洗冷凝器。

(Ⅳ)冷凝风机反转或故障。调换相线或更换风机。

(Ⅴ)环境温度高于 45 ℃。

b. 低压继电器动作

(Ⅰ)制冷剂泄漏,查漏、补焊、抽真空、充注制冷剂。

(Ⅱ)干燥过滤器或毛细管堵塞, 吸气压力过低,毛细管中流动声大,吸气管不结露,过滤器外部发凉。更换。

(Ⅲ)蒸发器热交换严重不良,蒸发器或滤网脏堵严重,清洗。

(Ⅳ)通风机反转或故障。调换相线或更换风机。

(Ⅴ)客室温度低。

(6)机组制冷效果差

①系统内制冷剂泄漏,机组工作电流显示偏低。泄漏点常发生在工艺管、压力继电器接头、各管路焊接接口处等。查漏、补焊、抽真空、充注制冷剂。

②各空气滤尘网或蒸发器污脏堵塞,造成热交换不良。清洗滤尘网或蒸发器。

③蒸发器结冰,主要原因是蒸发器或空气滤尘网脏堵非常严重,热交换效果极差。关闭制冷系统,打开通风机化冰。

④温度控制器整定温度偏高或有故障。调整或更换温控器。

⑤制冷剂冲注量过多,蒸发温度高,吸气压力高,吸气管及泵壳结露,严重者有轻度湿冲程。放出一部分制冷剂。

⑥系统中混入不凝气体(空气)或水分造成局部冰堵,排气压力高,泵壳温度高,压缩机运行电流高。停机放空气或更换干燥剂。

⑦冷凝器表面脏堵而风量小,散热效果很差,排气压力和排气温度高,输液管温度高。清洗冷凝器。

⑧压缩机部分故障:如活塞与气缸严重磨损,排气量下降,制冷能力下降,或气阀泄漏严重,吸气压力上升,排气压力下降,压缩比提不高等故障。更换压缩机。

(7)机组振动且运转噪声大

空调机组在运行时,会产生不可避免的、有规律的运动噪声,声音比较低沉,并有节奏,这是正常噪声。若发出异常的刺耳的噪声就是有故障。若不及时发现和处理,将会损坏机件。

①制冷剂液与油进入气缸,活塞进行液体压缩,液体对气阀阀片的冲击声产生震动使压缩机抖动。

②管路安排不当,因压缩机震动而引起共振。加减震措施,固定部分管路。

③压缩机底脚螺栓太紧,造成压缩机振动引起底盘共振。适当调整压缩机底脚螺栓。

④风机电机轴承磨损严重,轴向跳动发出振动声。更换轴承或风机。

⑤通风机叶轮碰壳,发出金属摩擦声,叶轮支头螺钉松动。调整叶轮位置,紧固支头螺钉。

(8)出风口或回风口漏水

①机组排水孔堵塞,排水不畅。疏通排水通道。

②机组安装不良,防雨密封圈密封不严或防雨密封圈安装座焊接不良有漏缝。重新安装、补焊。

(9)新风预热器故障

①通风机停转。通风机停转时检查通风机,进行处理。

②新风预热器断路。新风预热器接线盒内断线或接线松动。及时修复。

③温度保护开关不良。检查温度保护开关,常温下触点应闭合,(70±5) ℃以上应断开。及时更换。

④过热保护熔丝熔断。过热保护熔丝熔断时找出熔断原因,进行处理。

(10)空调机组有异常气味

①空调机组的异常气味有可能是制冷系统泄漏时散发出的气味,如制冷剂和冷冻机油的气味,应及时补漏并添加制冷剂。

②电气系统元件过热、烧损,发出绝缘体焦糊气味。找出原因,进行处理。

4. 空调机组常见故障处理方法汇总表(见表7-11)

表7-11 空调机组常见故障处理方法汇总表

故障内容	故障原因	检查分析	处理方法
不出风	1. 通风机接触器故障 2. 通风机配线断 3. 电机绕组烧损	1. 测量线圈及主触点 2. 测量配线,检查航空插及电机接线盒 3. 测量绕组阻值	1. 更换 2. 修理 3. 更换
风量小	1. 通风机反转 2. 滤网脏堵 3. 蒸发器脏堵或结冰	1. 检查风机转向 2. 检查 3. 检查	1. 调换相线 2. 清扫滤网 3. 清扫滤网或送风化冰
不制冷	1. 控制柜电气故障 2. 压缩机故障 3. 高压继电器动作 4. 低压继电器动作 5. 检查制冷系统	1. 检查测量 2. 测量绕组阻值、绝缘 3. 检查冷凝器、冷凝风机 4. 检查蒸发器、滤网、通风机 5. 检查制冷剂量、脏冰堵	1. 更换 2. 更换 3. 修理 4. 修理 5. 修理
冷量不足	1. 滤网脏堵 2. 换热器脏堵 3. 蒸发器结冰 4. 制冷剂少量泄漏	1. 检查 2. 检查 3. 检查 4. 测量压缩机电流	1. 清扫滤网 2. 清扫 3. 送风化冰 4. 修理
不制暖	1. 通风机不工作 2. 控制柜电气故障 3. 预热器配线断或温度保护故障 4. 预热器烧损	1. 检查测量 2. 检查测量 3. 测量,检查航空插 4. 测量阻值	1. 修理 2. 更换 3. 修理 4. 更换
振动噪声大	1. 通风机安装不良或故障 2. 压缩机安装不良或故障	1. 检查 2. 检查	1. 调整、更换 2. 调整、更换
漏水	1. 排水管堵塞 2. 防水密封圈密封不良 3. 防水密封圈安装座有缝隙	1. 检查 2. 检查 3. 检查	1. 疏通 2. 重新安装机组 3. 补焊

复习思考题

1. 空调机组型式试验的试验项目有哪些?
2. 简述空调机组例行试验的项目、方法、标准。
3. 空调机组例行试验实训。
4. 简述空调机组与电气柜配套试验中的自动工况试验的条件、方法、标准。
5. 空调机组与电气柜配套试验中的试验冷、试验暖工况试验实训。
6. 简述空调机组高、低压继电器保护动作的原因及处理方法。
7. 空调机组不出风故障排查实训。

参 考 文 献

[1] 卢毓骏.客车空调装置[M].北京:中国铁道出版社,2007.
[2] 张宝霞.铁道车辆制冷与空气调节[M].北京:中国铁道出版社,2005.
[3] 李晓东.制冷原理与设备[M].北京:机械工业出版社,2016.
[4] 马汉伦.铁道车辆空调与制冷装置[M].北京:中国铁道出版社,1997.

附录

附表 3-1　R12 饱和热力性质表

温度	绝对压力	密度	比体积	焓		熵	
		液体	气体	液体	气体	液体	气体
℃	MPa	kg/m³	m³/kg	kJ/kg		kJ/(kg·K)	
−60	0.022 61	1 572.3	0.639 92	146.62	324.61	0.780 6	1.615 6
−50	0.039 11	1 544.7	0.384 94	155.18	329.39	0.819 7	1.600 4
−40	0.064 09	1 516.5	0.243 42	163.86	334.18	0.857 7	1.588 2
−30	0.100 26	1 487.7	0.160 57	172.67	338.94	0894 6	1.578 4
−29.75	0.101 33	1 487.0	0.159 00	172.89	339.06	0.895 5	1.578 2
−28	0.109 10	1 481.9	0.148 41	174.44	339.89	0.901 9	1.576 7
−26	0.118 54	1 476.0	0.137 36	176.23	340.83	0.909 1	1.575 1
−24	0.128 60	1 470.1	0.127 31	178.02	341.78	0.916 3	1.573 5
−22	0.139 31	1 464.1	0.118 15	179.81	342.72	0.923 4	1.572 0
−20	0.150 70	1 458.1	0.109 78	181.62	343.65	0.930 5	1.570 6
−18	0.162 79	1 452.1	0.102 13	183.42	344.59	0.937 6	1.569 3
−16	0.175 62	1 446.1	0.095 12	185.24	345.52	0.944 7	1.568 0
−14	0.189 20	1 440.0	0.088 70	187.06	346.44	0.951 7	1.566 7
−12	0.203 58	1 433.8	0.082 80	188.89	347.37	0.958 7	1.565 5
−10	0.218 78	1 427.6	0.077 37	190.72	348.29	0.965 6	1.564 4
−8	0.234 83	1 421.4	0.072 37	192.56	349.20	0.972 6	1.563 3
−6	0.251 76	1 415.1	0.067 77	194.41	350.11	0.979 5	1.562 3
−4	0.269 60	1 408.8	0.063 52	196.27	351.01	0.986 3	1.561 3
−2	0.288 39	1 402.5	0.059 59	198.13	351.91	0.993 2	1.560 3
0	0.308 15	1 396.1	0.055 95	200.00	352.81	1.000 0	1.559 4
2	0.328 91	1 389.6	0.052 58	201.88	353.69	1.006 8	1.558 6
4	0.350 71	1 383.1	0.049 46	203.76	354.57	1.013 6	1.557 7
6	0.737 58	1 376.5	0.046 56	205.65	355.45	1.020 3	1.556 9
8	0.397 56	1 369.9	0.043 86	207.56	356.32	1.027 0	1.556 1

续上表

温度	绝对压力	密度	比体积	焓		熵	
		液体	气体	液体	气体	液体	气体
℃	MPa	kg/m³	m³/kg	kJ/kg		kJ/(kg·K)	
10	0.422 67	1 363.2	0.041 35	209.46	357.18	1.033 7	1.555 4
12	0.448 95	1 356.5	0.039 01	211.38	258.03	1.040 4	1.544 7
14	0.476 43	1 349.7	0.036 83	213.31	358.88	1.047 1	1.554 0
16	0.505 14	1 342.8	0.034 80	215.24	359.71	1.053 7	1.553 3
18	0.535 13	1 335.9	0.032 90	217.18	360.54	1.060 3	1.552 7
20	0.566 42	1 328.9	0.031 12	219.14	361.36	1.066 9	1.552 1
22	0.599 05	1 321.8	0.029 46	221.10	362.17	1.073 5	1.551 5
24	0.633 05	1 314.6	0.027 90	223.07	262.97	1.080 1	1.550 9
26	0.668 46	1 307.4	0.026 43	225.05	363.76	1.086 6	1.550 3
28	0.705 31	1 300.1	0.025 06	227.04	264.54	1.093 2	1.549 8
30	0.743 65	1 292.7	0.023 77	229.04	365.31	1.099 7	1.549 2
32	0.783 50	1 285.2	0.022 56	231.06	366.07	1.106 2	1.548 7
34	0.824 91	1 277.6	0.021 42	233.08	366.81	1.112 7	1.548 1
36	0.867 91	1 269.9	0.020 34	235.12	367.54	1.119 2	1.547 6
38	0.912 53	1 262.2	0.019 33	237.16	368.26	1.125 7	1.547 0
40	0.958 82	1 254.3	0.018 38	239.22	268.96	1.132 2	1.546 5
42	1.006 8	1 246.3	0.017 48	241.29	369.65	1.138 7	1.545 9
44	1.056 6	1 238.1	0.016 62	243.38	370.33	1.145 1	1.545 4
46	1.108 1	1 229.9	0.015 82	245.47	370.98	1.151 6	1.544 8
48	1.161 4	1 221.5	0.015 05	247.59	371.62	1.158 0	1.544 3
50	1.216 6	1 213.0	0.014 33	249.71	372.24	1.164 5	1.543 7
52	1.273 7	1 204.4	0.013 65	251.85	372.85	1.171 0	1.543 1
54	1.332 7	1 195.6	0.013 00	254.01	373.43	1.177 4	1.542 5
56	1.393 8	1 186.6	0.012 38	256.18	373.99	1.183 9	1.541 8
58	1.456 8	1 177.5	0.011 80	258.38	374.53	1.190 4	1.541 1
60	1.521 9	1 168.1	0.011 24	260.58	375.05	1.196 9	1.540 4

附表 3-2　R22 饱和热力性质表

温度	绝对压力	密度	比体积	焓		熵	
		液体	气体	液体	气体	液体	气体
℃	MPa	kg/m³	m³/kg	kJ/kg		kJ/(kg·K)	
−60	0.037 50	1 463.7	0.536 80	133.27	378.59	0.726 0	1.877 0
−50	0.064 53	1 435.6	0.323 85	144.03	383.42	0.775 2	1.848 0
−48	0.071 45	1 429.9	0.294 53	146.19	384.37	0.784 9	1.842 8
−46	0.078 94	1 424.2	0.268 37	148.36	385.32	0.794 4	1.837 6
−44	0.087 05	1 418.4	0.244 98	150.53	386.26	0.803 9	1.832 7
−42	0.095 80	1 412.6	0.224 02	152.70	387.20	0.813 4	1.827 8
−40.81	0.101 33	1 409.2	0.212 60	154.00	387.75	0.818 9	1.825 0
−40	0.105 23	1 406.8	0.205 21	154.89	388.13	0.822 7	1.823 1
−38	0.115 38	1 401.0	0.188 29	157.07	389.06	0.832 0	1.818 6
−36	0.126 28	1 395.1	0.173 04	159.27	389.97	0.841 3	1.814 1
−34	0.137 97	1 389.1	0.159 27	161.47	390.89	0.850 5	1.809 8
−32	0.150 50	1 383.2	0.146 82	163.67	391.79	0.859 6	1.805 6
−30	0.163 89	1 377.2	0.135 53	165.88	392.69	0.868 7	1.801 5
−28	0.178 19	1 371.1	0.125 28	168.10	393.58	0.877 8	1.797 5
−26	0.193 44	1 365.0	0.115 97	170.33	394.47	0.886 8	1.793 7
−24	0.209 68	1 358.9	0.107 49	172.56	395.34	0.895 7	1.789 9
−22	0.226 96	1 352.7	0.099 75	174.80	396.21	0.904 6	1.786 2
−20	0.245 31	1 346.5	0.092 68	177.04	397.06	0.913 5	1.782 6
−18	0.264 79	1 340.3	0.086 21	179.30	397.91	0.922 3	1.779 1
−16	0.285 43	1 334.0	0.080 29	181.56	398.75	0.931 1	1.775 7
−14	0.307 28	1 327.6	0.074 85	183.83	399.57	0.939 8	1.772 3
−12	0.330 38	1 321.2	0.069 86	186.11	400.37	0.848 5	1.769 0
−10	0.354 79	1 314.7	0.065 27	188.40	401.20	0.957 2	1.765 8
−8	0.380 54	1 308.2	0.061 03	190.70	401.99	0.965 8	1.762 7
−6	0.407 69	1 301.6	0.057 13	193.01	402.77	0.974 4	1.759 6
−4	0.436 28	1 295.0	0.053 52	195.33	403.55	0.983 0	1.756 6
−2	0.466 36	1 288.3	0.050 19	197.66	404.30	0.991 5	1.753 6
0	0.497 99	1 281.5	0.047 10	200.00	405.05	1.000 0	1.750 7
2	0.531 20	1 274.7	0.044 24	202.35	405.78	1.008 5	1.747 8
4	0.566 05	1 267.8	0.041 59	204.71	406.50	1.016 9	1.745 0
6	0.602 59	1 260.8	0.039 13	207.09	407.20	1.025 4	1.742 2
8	0.640 88	1 253.8	0.036 83	209.47	407.89	1.033 8	1.739 5
10	0.680 95	1 246.7	0.034 70	211.87	408.56	1.042 2	1.736 8

续上表

温度	绝对压力	密度	比体积	焓		熵	
		液体	气体	液体	气体	液体	气体
℃	MPa	kg/m³	m³/kg	kJ/kg		kJ/(kg·K)	
12	0.722 86	1 239.5	0.032 71	214.28	409.21	1.050 5	1.734 1
14	0.766 68	1 232.2	0.030 86	216.70	409.85	1.058 9	1.731 5
16	0.812 44	1 224.9	0.029 12	219.14	410.47	1.067 2	1.728 9
18	0.860 20	1 217.4	0.027 50	221.59	411.07	1.075 5	1.726 3
20	0.910 02	1 209.9	0.025 99	224.06	411.66	1.083 8	1.723 8
22	0.961 95	1 202.3	0.024 57	226.54	412.22	1.092 1	1.721 2
24	1.016 0	1 194.6	0.023 24	229.04	412.77	1.100 4	1.718 7
26	1.072 4	1 186.7	0.021 99	231.55	413.29	1.108 6	1.716 2
28	1.130 9	1 178.8	0.020 82	234.08	413.79	1.116 9	1.713 6
30	1.191 9	1 170.7	0.019 72	236.62	414.26	1.125 2	1.711 1
32	1.255 2	1 162.6	0.018 69	239.19	414.74	1.133 4	1.708 6
34	1.321 0	1 154.3	0.017 71	241.77	415.14	1.141 7	1.706 1
36	1.389 2	1 145.8	0.016 79	244.38	415.54	1.149 9	1.703 6
38	1.460 1	1 137.3	0.015 93	247.00	415.91	1.158 2	1.701 0
40	1.533 6	1 128.5	0.015 11	249.65	416.25	1.166 5	1.698 5
42	1.609 8	1 119.6	0.014 33	252.32	416.55	1.174 7	1.695 9
44	1.688 7	1 110.6	0.013 60	255.01	416.83	1.183 0	1.693 3
46	1.770 4	1 101.4	0.012 91	257.73	417.07	1.191 3	1.690 6
48	1.855 1	1 091.9	0.012 26	260.47	417.27	1.199 7	1.687 9
50	1.942 7	1 082.3	0.011 63	263.25	417.44	1.208 0	1.685 2
52	2.033 3	1 072.4	0.011 04	266.05	417.56	1.216 4	1.682 4
54	2.127 0	1 062.3	0.010 48	268.89	417.63	1.225 8	1.679 5
56	2.223 9	1 052.0	0.009 95	271.76	417.66	1.233 3	1.676 6
58	2.324 0	1 041.3	0.009 44	274.66	417.63	1.241 8	1.673 6
60	2.427 5	1 030.4	0.008 96	277.61	417.55	1.250 4	1.670 5

附表 3-3　R134a 饱和热力性质表

温度	绝对压力	密度	比体积	焓		熵	
		液体	气体	液体	气体	液体	气体
℃	MPa	kg/m³	m³/kg	kJ/kg		kJ/(kg·K)	
−60	0.0159 1	1 474.3	1.079 0	123.36	361.31	0.684 6	1.801 0
−50	0.029 45	1 446.3	0.606 20	135.67	367.65	0.741 0	1.780 6
−40	0.051 21	1 417.7	0.361 08	148.14	374.00	0.795 6	1.764 3
−30	0.084 38	1 398.4	0.225 94	160.79	380.32	0.848 6	1.751 5
−28	0.092 70	1 382.4	0.206 80	163.34	381.57	0.859 1	1.749 2
−26.07	0.101 33	1 376.7	0.190 18	165.81	382.78	0.869 0	1.747 2
−26	0.101 67	1 376.5	0.189 58	165.90	382.82	0.869 4	1.747 1
−24	0.111 30	1 370.4	0.174 07	168.47	384.07	0.879 8	1.745 1
−22	0.121 65	1 364.4	0.160 06	171.05	385.32	0.890 0	1.743 2
−20	0.132 73	1 358.3	0.147 39	173.64	386.55	0.900 2	1.741 3
−18	0.144 60	1 352.1	0.135 92	176.23	387.79	0.910 4	1.739 6
−16	0.157 28	1 345.9	0.125 51	178.83	389.02	0.920 5	1.737 9
−14	0.170 82	1 339.7	0.116 05	181.44	390.24	0.930 6	1.736 3
−12	0.185 24	1 333.4	0.107 44	184.07	391.46	0.840 7	1.734 8
−10	0.200 60	1 327.1	0.099 59	186.70	392.66	0.950 6	1.733 4
−8	0.216 93	1 320.8	0.092 42	189.34	393.87	0.960 6	1.732 0
−6	0.234 28	1 314.3	0.085 87	191.99	395.06	0.970 5	1.730 7
−4	0.252 68	1 307.9	0.079 87	194.65	396.25	0.980 4	1.729 4
−2	0.272 17	1 301.4	0.074 36	197.32	397.43	0.990 2	1.728 2
0	0.292 80	1 294.8	0.069 31	200.00	398.60	1.000 0	1.727 1
2	0.314 62	1 268.1	0.064 66	202.69	399.77	1.009 8	1.726 0
4	0.337 66	1 281.4	0.060 39	205.40	400.92	1.019 5	1.725 0
6	0.361 98	1 274.7	0.056 44	208.11	402.06	1.029 2	1.724 0
8	0.387 61	1 267.9	0.052 80	210.84	403.20	1.038 8	1.723 0
10	0.414 61	1 261.0	0.049 44	213.58	404.32	1.048 5	1.722 1
12	0.443 01	1 254.0	0.046 33	216.33	405.43	1.058 1	1.721 2
14	0.472 88	1 246.9	0.043 45	219.09	406.53	1.067 7	1.720 4
16	0.504 25	1 239.8	0.040 78	221.87	407.61	1.077 2	1.719 6
18	0.537 18	1 232.6	0.038 30	224.66	408.69	1.086 7	1.718 8
20	0.571 71	1 225.3	0.036 00	227.47	409,75	1.096 2	1.718 0
22	0.607 89	1 218.0	0.033 85	230.29	410.79	1.105 7	1.717 3
24	0.645 78	1 210.5	0.031 86	233.12	411.82	1.115 2	1.716 6
26	0.685 43	1 202.9	0.030 00	235.97	412.84	1.124 6	1.715 9

续上表

温度	绝对压力	密度	比体积	焓		熵	
		液体	气体	液体	气体	液体	气体
℃	MPa	kg/m³	m³/kg	kJ/kg		kJ/(kg·K)	
28	0.726 68	1 195.2	0.028 26	238.84	413.84	1.134 1	1.715 2
30	0.770 20	1 187.5	0.026 64	241.72	414.82	1.143 5	1.714 5
32	0.815 43	1 179.6	0.025 13	244.62	415.78	1.152 9	1.713 8
34	0.862 63	1 171.6	0.023 71	247.54	416.72	1.162 3	1.713 1
36	0.911 85	1 163.4	0.022 38	250.48	417.65	1.171 7	1.712 4
38	0.963 15	1 155.1	0.021 13	253.43	418.55	1.181 1	1.711 8
40	1.016 6	1 146.7	0.019 97	256.41	419.43	1.190 5	1.711 1
42	1.072 2	1 138.2	0.018 87	259.41	420.28	1.199 9	1.710 3
44	1.130 1	1 129.5	0.017 84	262.47	421.11	1.209 2	1.709 6
46	1.090 3	1 120.6	0.016 87	265.47	421.92	1.218 6	1.708 9
48	1.252 9	1 115.5	0.015 95	268.53	422.69	1.228 0	1.708 1
50	1.317 9	1 102.3	0.015 09	271.62	423.44	1.237 5	1.707 2
52	1.385 4	1 092.9	0.014 28	274.74	424.15	1.246 9	1.706 4
54	1.455 5	1 083.2	0.013 51	277.89	424.83	1.256 3	1.705 5
56	1.528 2	1 073.4	0.012 78	281.06	425.47	1.265 8	1.704 5
58	1.603 6	1 063.2	0.012 09	284,27	426.07	1.275 3	1.703 5
60	1.681 8	1 052.9	0.011 44	287.50	426.63	1.284 8	1.702 4

附表 6-1　排查、处理客车综合控制柜空调故障评分记录表

班级：　　　　学号：　　　　姓名：　　　　操作时间：　　　分钟

操作开始时间：　　时　　分　　　　操作结束时间：　　时　　分

序号	考核内容	考核要点		配分	评分标准	扣分	得分
1	作业时间	规定时间 20 min 内完成		10	每超过 1 min 扣 2 分；不足 1 min，按 1 min 扣分		
2	作业过程	静态检查	柜门上的指示灯、开关等原件是否完好、有无缺损	50	1. 静态检查漏检一处，扣 1 分； 2. 送控制电源，并确认控制电源状态操作漏做一项，扣 1 分； 3. 仪表使用前未校验，扣 5 分； 4. 功能检查操作漏做一项，扣 5 分		
			柜内器件外观有无烧毁或缺损				
			柜内每个接地线是否完好				
			柜内导线有无烧毁过热痕迹				
			熔断器指示帽有无掉落				
			端子排附近有无悬空的导线等异常				
			热继电器指示按钮有无弹起				
			确认 Q1、Q2、Q3 均处于断开位				
			确认 Q20、Q30 均处于断开位				
			确认电源供电转换开关 SA1 处于“停止”位				
			确认空调工况转换开关 SA2 处于“停止”位				
			测量 Q1、Q2、Q3 输入端是否有 DC 600V				
			测量 Q20 端是否有 DC 110V				
		送控制电源，并确认控制电源状态	必须依次闭合 Q20、Q30、Q19、触摸屏、传感器、PLC 等控制电路得电				
			操作触摸屏，观察 DC 110V 本车电压和母线电压是否正常				
		电源转换控制功能检查	分别闭合 Q1、Q2、Q3				
			操作触摸屏，观察 DC 600V I 路、II 路供电电压是否正常				
			操作 SA1，置于自动位				
		空调机组控制功能检查	闭合 Q4，转换开关 SA2 置于自动位，通过触摸屏查看空调机组相应状况				
			转换开关 SA2 置于试验冷位，闭合 Q41，制冷 1 运行，适当延时再闭合 Q42，制冷 2 运行，通过触摸屏查看压缩机相应状况				
			转换开关 SA2 置于试验暖位，闭合 Q41，制暖 1 运行，适当延时再闭合 Q42，制暖 2 运行，通过触摸屏查看空气预热器、客室电热相应状况				

续上表

序号	考核内容	考核要点		配分	评分标准	扣分	得分
2	作业过程	空调机组控制功能检查	正确分析、判断故障点，处理故障 排查完故障后通电试验				
3	作业质量	1. 故障设置3件；其中静态故障1件，动态故障2件，故障排除后试验、确认； 2. 发现故障在序号下方打“√” ①　②　③		30	1. 故障报出，但故障点未查到，扣5分； 2. 每漏一件故障，扣10分； 3. 在排查故障过程中产生新的故障，每件扣5分； 4. 故障处理后配件安装松动或漏装，每件扣2分		
4	安全及其他	1. 工具、仪表使用正确； 2. 规定穿戴劳动防护用品		10	1. 工具、仪表使用错误，每次扣5分； 2. 作业完毕后工具材料遗留在赛场，每件扣1分； 3. 未按规定穿戴扣3分； 4. 未执行安全作业规程，扣10分		
合计				100			

评定人签字：

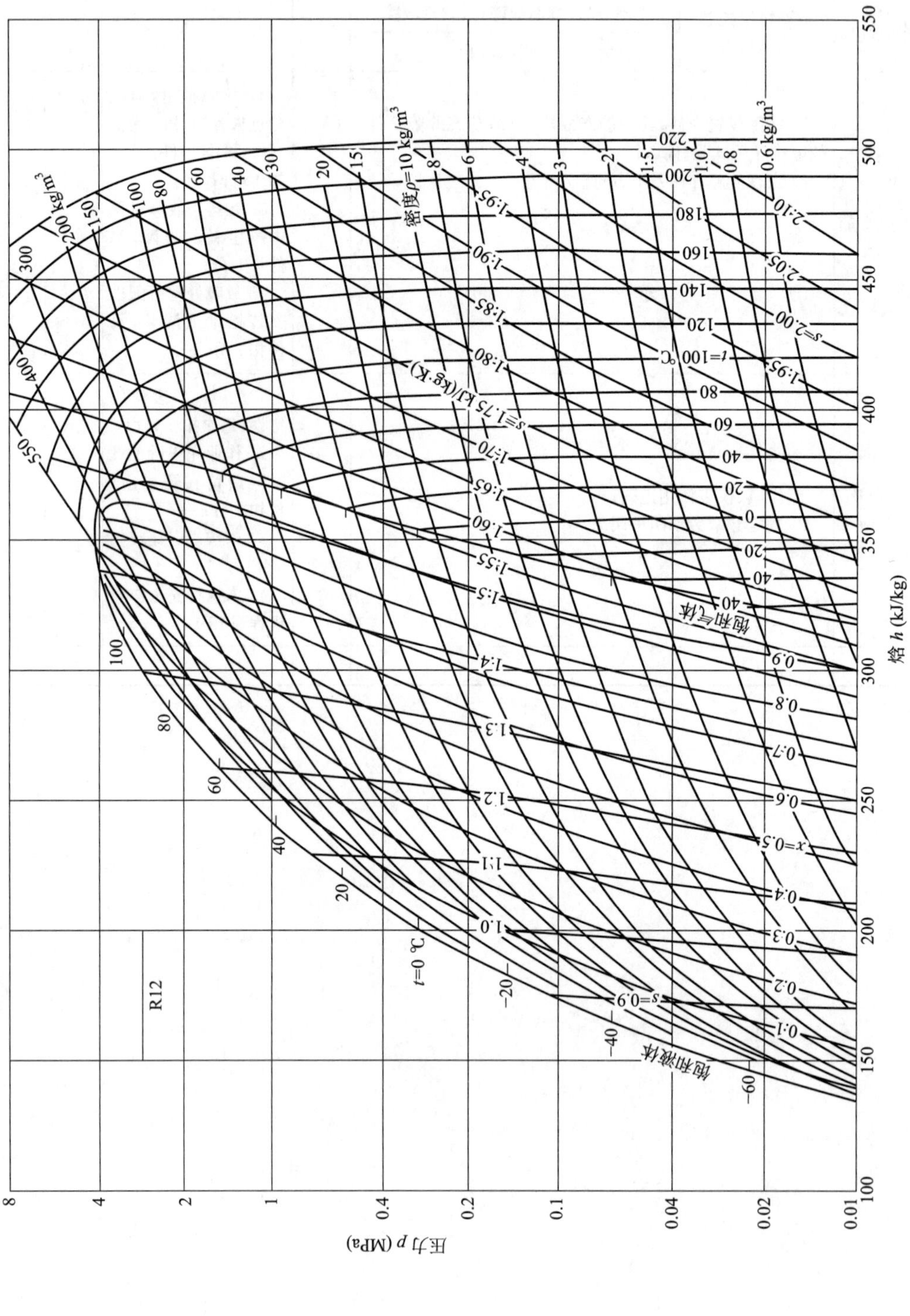

附图 3-1 R12压—焓图

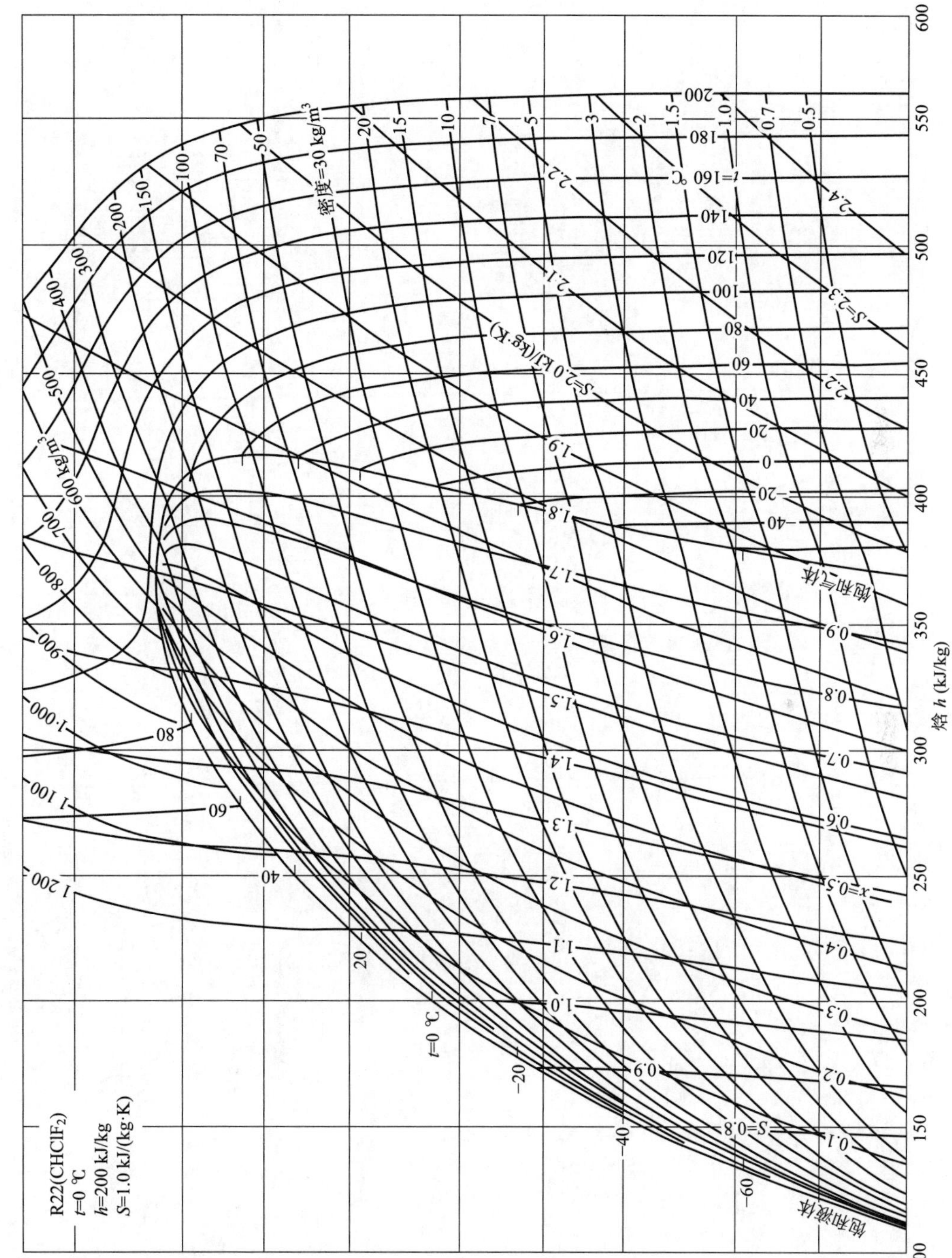
R22(CHClF$_2$)
t=0 ℃
h=200 kJ/kg
S=1.0 kJ/(kg·K)
压力 p (MPa)
焓 h (kJ/kg)
饱和液体
饱和气体
密度=30 kg/m^3
600 kg/m^3
S=2.0 kJ/(kg·K)
t=160 ℃
x=0.5

附图 3-2 R22压—焓图

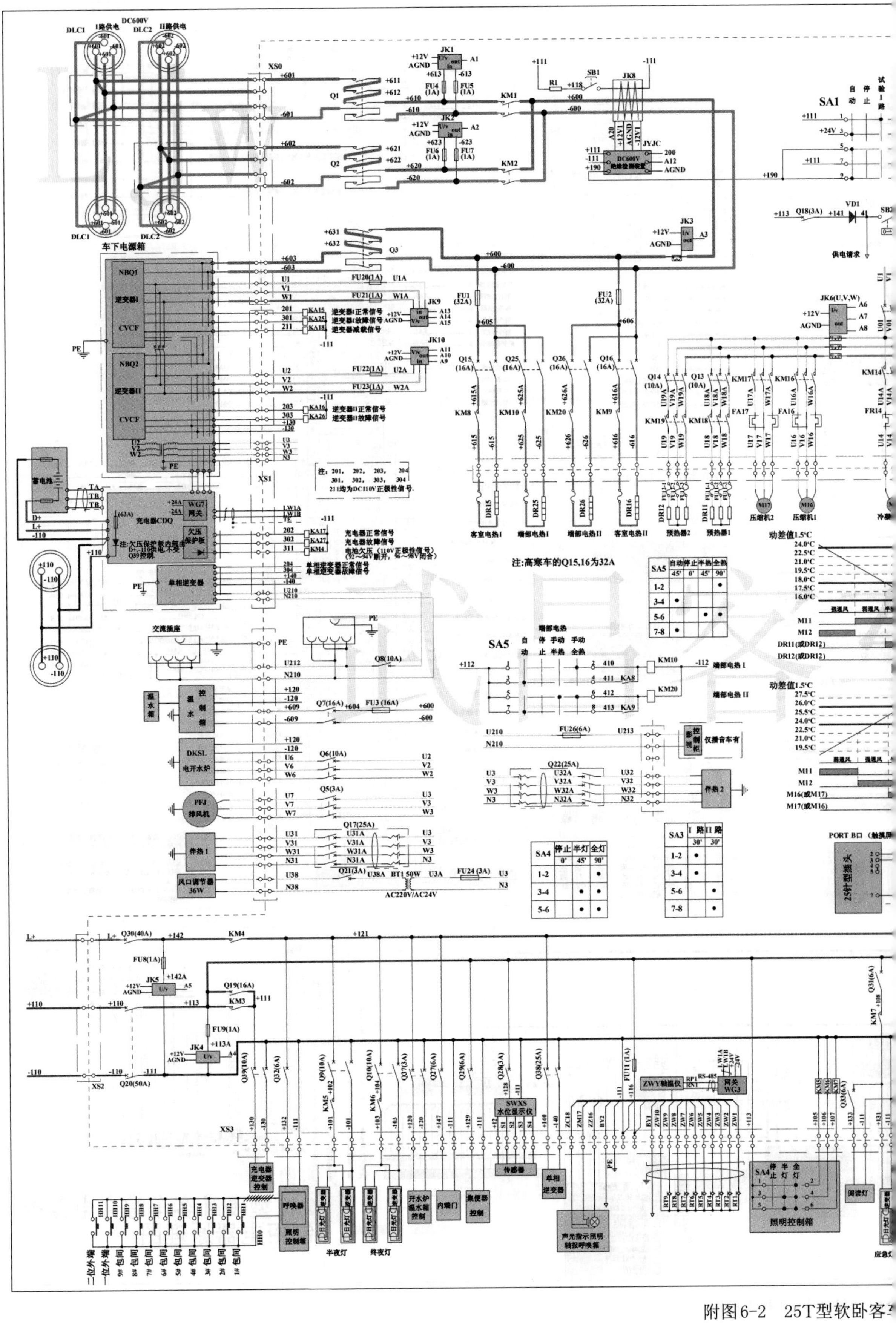

附图6-2　25T型软卧客

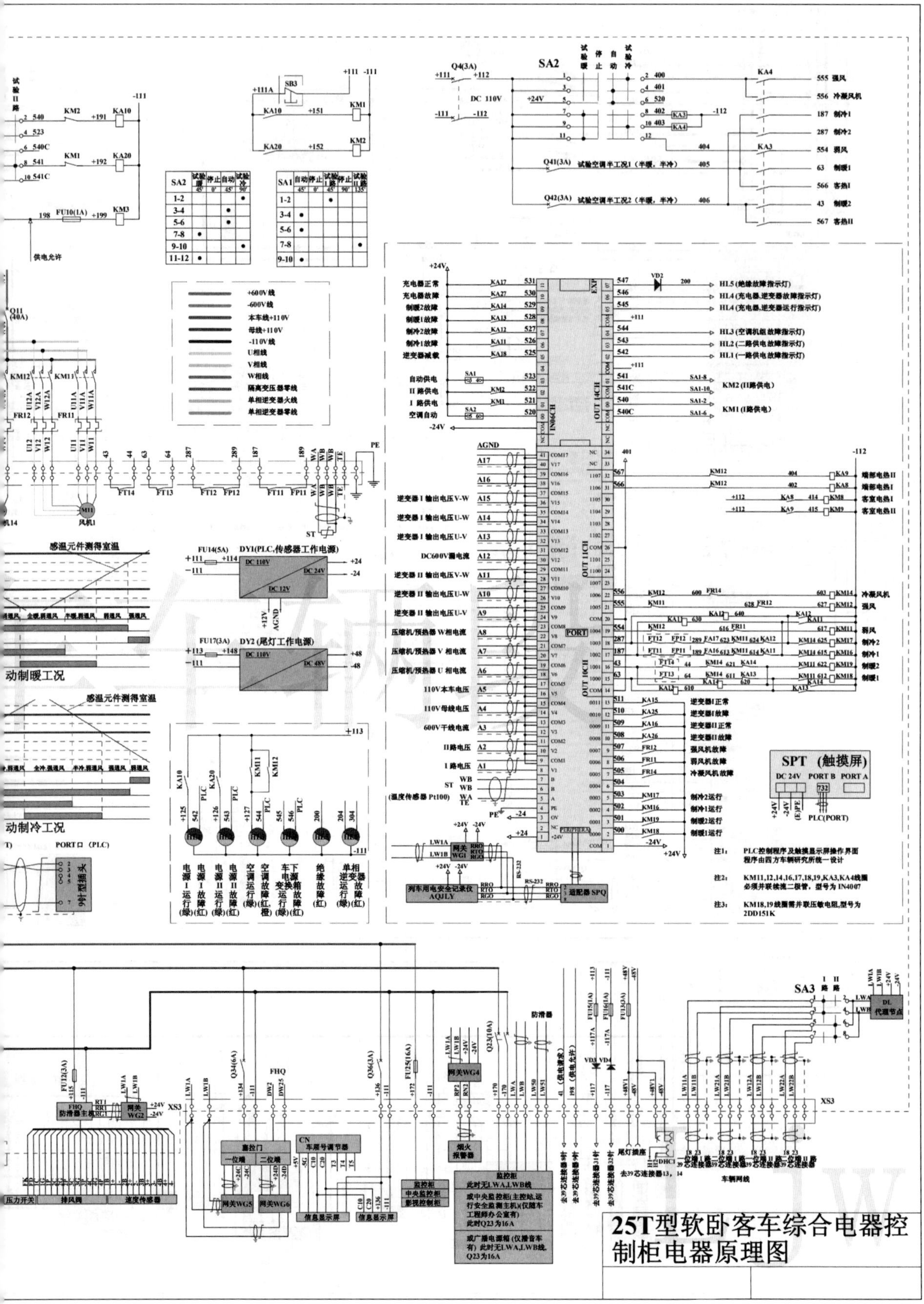

综合电器控制柜电器原理图